Nuxt3
フロントエンド開発の教科書

WINGSプロジェクト 齊藤新三［著］ 山田祥寛［監修］

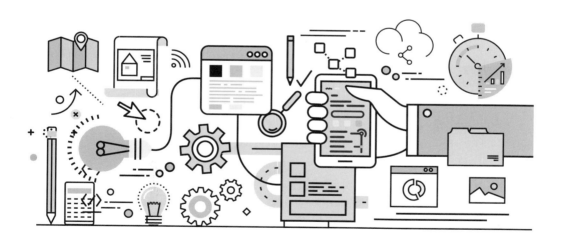

技術評論社

はじめに

　技術評論社から『Vue 3 フロントエンド開発の教科書』が刊行されたのが 2022 年 9 月です。おかげさまで、読者諸兄姉からの好評をいただき、今回、その続編にあたる本書が刊行されたのは、非常にありがたいことです。

　ここで裏話をすると、実は、Vue 本体の解説書にあたる『Vue 3 フロントエンド開発の教科書』よりも Nuxt の解説書である本書の方が、企画としては先でした。その頃は、Nuxt のバージョンは 2 であり、Vue 本体もバージョン 3 のベータ版が世に出るかどうかという時期でした。Vue のバージョン 3 が出てくるのに合わせ、Vue 3 の解説書のほうが先ではないかという話になり、『Vue 3 フロントエンド開発の教科書』が先に世に出ることになります。

　さらに、この『Vue 3 フロントエンド開発の教科書』のひとつの章として Nuxt を紹介するというのが当初の企画でした。もちろん、Vue 3 を利用した Nuxt の解説章です。しかし、本書がそうであるように、Nuxt の解説がそもそもひとつの章に収まるはずはありません。しかも、Nuxt 3 の開発が始まったばかりの頃であり、解説するには時期尚早ということもあいまり、いっそのこと、続編という形で一冊の書籍にしたほうがいいのではないか、という思いが強まりました。その思いを、そのまま WINGS プロジェクト、および、技術評論社が受け取ってくださり、無事、このように書籍として世に出る運びとなりました。

　Vue 3 に続き、Nuxt 3 も TypeScript のメリットを最大限に活かせるような作りに生まれ変わっており、さらに、script setup をベースにした Composition API の記述方法が非常に心地よいコーディング体験を提供してくれます。さらに、Vue 3 以上に痒い所に手が届く機能が満載であり、それらが、Nuxt 2 に比べてさらに使いやすくなっています。

　そのような、Nuxt 3 の体験を、読者諸兄姉も味わっていただけたらなら、これほど嬉しいことはありません。

齊藤新三

本書の読み方

本書が目指すところと章構成

　本書は、Nuxt のバージョン 3 を、TypeScript でコーディングしていくための入門書です。内容的にも、『Vue 3 フロントエンド開発の教科書』の続編のような内容となっており、『Vue 3 フロントエンド開発の教科書』で作成したアプリケーションを Nuxt 3 で作成するにはどのようなコーディングになるかという解説からはじめ、Nuxt 3 独特の機能を紹介しています。さらには、最終的に Nuxt 3 アプリケーションを実際の本番環境にデプロイし、稼働させるところまで解説しています。

　具体的には、次のような章構成となっています。

導入編

■ 第 1 章 Nuxt を初体験

　この章では、Nuxt とは何か、Vue と Nuxt の関係といった概論解説からはじめ、Nuxt の開発環境の構築方法を解説します。さらに、最初の Nuxt プロジェクトを作成し、実行するところまで解説します。

■ 第 2 章 Nuxt アプリケーションの基本

　この章では、Nuxt 3 でのコーディングの基本を紹介します。といっても、Nuxt 3 のコーディングの基本は Vue 3 のコーディングです。そこで、Vue 3 コーディングのイロハである『Vue 3 フロントエンド開発の教科書』のコンポーネントコーディングの内容を、リファレンス形式でギュッと 1 章に圧縮して紹介します。さらに、Vue 3 にはない、Nuxt 3 独自のステート管理のコーディング方法も紹介します。

基本編

■ 第 3 章 Nuxt でのルーティング

　この章では、Nuxt 3 のルーティング機能を紹介します。Nuxt 3 のルーティングは内部で Vue Router を利用しているため、基本的な考え方は、Vue Router のそれにあたります。一方で、Nuxt ではより使いやすい方法が用意されています。そのより使いやすいルーティング機能の紹介から始め、より簡単にページ構成を作れるレイアウト機能やヘッダ機能も紹介します。

■ 第 4 章 Nuxt のデータ取得処理

　この章では、Nuxt 3 に標準で備わっているデータ取得機能を紹介します。JavaScript/TypeScript でデータ取得を行う場合、fetch( ) 関数が標準となっていますが、Nuxt 3 には、より使いやすく、Nuxt 3 アプリケーションと親和性が高い関数群が用意されています。実際の Web API からデータを取得し、表示するサンプルを通して、これらの関数を紹介します。

■ **第 5 章 Nuxt のサーバ機能**

この章では、Nuxt 3 のサーバ機能を紹介します。Nuxt 3 はフロントエンド開発用のフレームワークのひとつであるものの、サーバサイドで動作するように作られています。この動作原理を最大限に活かして、Nuxt 単体でサーバ API エンドポイントが作成できるようになっています。その方法を紹介します。

■ **第 6 章 Nuxt でのエラー処理**

この章では、Nuxt 3 のエラー処理機能を紹介します。どんなアプリケーションでもエラー発生は避けられません。発生したエラーをどれだけ適切に対処できるかが要となります。そのような対処を効率よく行える仕組みが Nuxt 3 には備わっているので、それらを紹介します。

■ **第 7 章 Nuxt のミドルウェア**

この章では、Nuxt 3 のミドルウェア機能を紹介します。Nuxt 3 では、ルーティングの際に自動的に処理を挟み込める仕組みであるミドルウェアを、簡単に組み込めるようになっています。簡単なログイン機能の実装を行いながら、これらのミドルウェアを紹介していきます。

応用編

■ **第 8 章 Nuxt の動作の仕組み**

この章では、Nuxt 3 の動作原理を紹介します。Nuxt 3 では、画面が表示されるその仕組みとしてさまざまな方法が用意されています。Nuxt 3 の動作原理を紹介しながら、これらの画面表示の方法とその違いを紹介していきます。これらが、本番での動作と関わってきます。さらに、本番動作を前提としたアプリケーションへとサンプルを完成させるために、データストアのひとつである Redis の導入、および、Nuxt アプリケーションと Redis との連携も紹介します。

■ **第 9 章 Nuxt を本番環境へデプロイ**

この章では、Nuxt 3 アプリケーションを本番環境で動作させる方法を紹介します。つまり、デプロイに関する解説です。Nuxt 3 アプリケーションをデプロイさせる先としてどのようなものを選択すればいいのかの概説からはじめ、実際に、Netlify、AWS Lambda、Heroku にデプロイさせていきます。

◎ 本書での学習方法

一部、リファレンス的に紹介する場合を除き、本書ではほぼ全てのソースコードを掲載したハンズオン形式になっています。プログラミングというのは、ソースコードや解説を読むだけでは身に付かないところが多々あります。ぜひ実際にソースコードを入力、動作させた上で、解説を読むように進めていってください。

◎ 本書を学習する上での前提知識

本書では、『Vue 3 フロントエンド開発の教科書』の続編という位置付けから、『Vue 3 フロントエンド開発の教科書』の内容を前提としています。もちろん、『Vue 3 フロントエンド開発の教科書』を未読の読者にも極力配慮して解説を行っていますが、その知識内容を前提としている点は変わりません。

そのため、Vue 3+Vue Router+Pinia によるアプリケーション開発が未修得の場合は、まず、次の拙著を参考にしてください。

『Vue 3 フロントエンド開発の教科書』齊藤新三（技術評論社）

◎ 本書のサンプルとダウンロード先について

本書は、『Vue 3 フロントエンド開発の教科書』の続編という位置付けから、極力、『Vue 3 フロントエンド開発の教科書』掲載のサンプルを、そのまま Nuxt に置き換えたらどうなるかという視点で作成しています。そのため、Vue 3+Vue Router+Pinia と Nuxt 3 のコーディング方法の違いが、よりはっきりわかるようにしています。

また、本書ではほぼ全てのソースコードを掲載していますので、ダウンロードサイトからサンプルをダウンロードする必要はありません。とはいえ、完成形や正常動作を確認したい場合のために、以下のページからダウンロードできます。

https://wings.msn.to/index.php/-/A-03/978-4-297-13685-7/

ダウンロードしたファイルは、zip 形式で圧縮されています。ファイルを解凍（展開）すると、フォルダが作成され、その中に chap01 〜 chap09 と、チャプターごとのフォルダがあります。それぞれチャプターフォルダ内に、サンプルごとのフォルダが格納されています。そのフォルダ上で次のコマンドを実行すると、サンプルプロジェクトが実行できる環境が整います。

```
npm install
```

なお、このコマンドの意味、および、各プロジェクトの実行方法は、1.3 節で紹介します。

◎ 本書の構成

リスト

▼ **リスト 2-30 state/app.vue**

```
<script setup lang="ts">
import type {Member} from "@/interfaces";

//会員情報リストをステートとして用意。
useState<Map<number, Member>>(                                              ❶
  "memberList",                                                             ❷
  (): Map<number, Member> => {                                              ❸
    const memberListInit = new Map<number, Member>();
    memberListInit.set(33456, {id: 33456, name: "田中太郎", email: "bow@example.com", points: ↵
35, note: "初回入会特典あり。"});                                              ❹
    memberListInit.set(47783, {id: 47783, name: "鈴木二郎", email: "mue@example.com", points: ↵
53});
    return memberListInit;                                                  ❺
  }
);
</script>

<template>
  <TheBaseSection/>                                                         ❻
</template>
```

　ソースコードです。リスト番号の横には、サンプルプログラムのフォルダ名とファイル名が記載されています。入力する際、また、ダウンロードサンプルを参照する際の参考にしてください。

　長いソースコードは、右端に折り返し記号 ↵ が付記されています。この記号があるコードを入力する際は、1 行で入力してください。

構文

算出プロパティの用意

```
const 変数名 = computed(
  (): 算出結果のデータ型 => {
    算出処理
    return 算出結果;
  }
);
```

　定型的なコードやコマンドなどは構文としてまとめています。

Note

本文の内容を補足する解説です。

Column

本文とは直接関係のないですが、参考になる追加情報です。

Contents

導入編

第 1 章 Nuxt を初体験　　1

導入編

第 2 章 Nuxt アプリケーションの基本　　23

基本編

第 3 章 Nuxt でのルーティング　　　　　　　　　65

第 **4** 章

基本編

Nuxt のデータ取得処理　　　　105

第 **5** 章　基本編
Nuxt のサーバ機能 　　147

第 **6** 章　基本編
Nuxt でのエラー処理 　　185

基本編

第 7 章 Nuxt のミドルウェア 219

第 **8** 章 応用編
Nuxt の動作の仕組み 247

第 **9** 章 応用編
Nuxt を本番環境へデプロイ 277

第 **1** 章

導入編

Nuxtを初体験

Nuxt の世界へようこそ！ Nuxt は、JavaScript によるフロ
ントエンド開発のフレームワークである Vue をベースにした
フレームワークです。その Nuxt を解説する本書の最初の章
として、本章では、Nuxt とは何か、Vue とどういう関係にあ
るのかから話を始め、Nuxt を開発するための環境構築を行
います。また、その環境を使って、初めての Nuxt アプリケー
ションを作成、実行します。

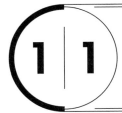

Vue と Nuxt の関係

　本書で解説する Nuxt は、JavaScript によるフロントエンド開発のフレームワークである Vue をベースに、さまざまな機能を付け加えたフレームワークです。本節では、その Nuxt は Vue にどのような機能が付け加わったのか、Nuxt の特徴は何かを紹介します。

◎ 1.1.1 フロントエンドフレームワーク Vue

　Nuxt をこれから習得しようという本書の読者諸兄姉は、すでに **Vue** がどのようなフレームワークなのかはご存じと思いますが、ここで簡単に紹介することにします。Vue の本体となる **Vue.js** が、Evan You によってリリースされたのが 2014 年です。その Vue.js は、JavaScript コード上の変数と DOM 要素が自動的に連動する**リアクティブシステム**をコアに含みながらも、軽量であり、それゆえに軽快に動作するフレームワークでした。そのためか、人気を博すようになり、順当にアップデートを重ねていきます。

　そして、2020 年 9 月にメジャーアップデートであるバージョン 3 がリリースされます。ただし、このアップデートは Vue.js 本体のみであり、それに追随する主要なモジュール類がバージョン 3 に対応できておらず、遅れるところ約 1 年半、2022 年 2 月 7 日に、Vue.js 本体のみならず、主要なモジュールも含めて、Vue を作成するプロジェクトのデフォルトバージョンが 3 になりました。

　このような新しい Vue プロジェクトに含まれる主なモジュールを列挙すると、次の通りです。

- シングルページアプリケーションを手軽に実現できる **Vue Router**
- コンポーネント間横断でデータを管理できる**ステート管理**モジュールとしての **Pinia**
- Vue のユニットテストを容易にできる **Vitest** と **Vue Test Utils**

　さらに、これらのプロジェクト内のソースコードをひとまとめにして、実行できるファイル類へと変換してくれるツール、つまり、プロジェクトのビルドツールとして **Vite** が、そのプロジェクトの根幹となっています。

◎ 1.1.2 Vue 3 の特徴

　では、これらのモジュール類が Vue.js のバージョン 3 に対応するまでに、なぜこれほどの時間がかかったのかというと、それがそのまま、Vue.js のバージョン 3 の特徴とバージョン 2 からの変化の大きさを物語っています。以下、主要な特徴を 3 点紹介します。

▍TypeScript の採用

　一番大きな変化と言えるのが、この TypeScript の採用です。Vue.js のバージョン 3 をリリースするにあたり、Evan You は内部コードを、それまでの JavaScript から、全て TypeScript へと書き換えていま

す。そのおかげで、Vue 3 プロジェクトは、TypeScript コーディングを標準でサポートするようになります。TypeScript の型システムをフル活用したコーディングが可能となり、型安全なアプリケーション作成が行えるようになりました。

これは、逆からみると型厳密を意識せずに Vue.js と連携させてきたモジュールはことごとく対応できないか、かなりの大改造をしなければならないことになります。

その最も典型的な例が、ステート管理モジュールです。Vue 2 では、**Vuex** というモジュールが利用されていましたが、この Vuex が最後まで TypeScript に対応できず、Vue 3 では、代わりに **Pinia** が開発、採用されるようになります（もちろんその他の理由もありますが）。

Composition API の採用

TypeScript の採用と同じくらいの大きな変化があるのが、**Composition API** とその簡略化した記述である **script setup** タグの標準採用です。Vue.js バージョン 2 では、コンポーネント内のさまざまなデータや処理を定義するにあたり、オブジェクトリテラルの形式で記述されていました。この記述方法を、**Options API** といいます。

そのような記述形式から、**setup()** というひとつの関数内にデータも処理も定義できるように変わり、この記述方法のおかげで、非常にスッキリしたコードが記述できるようになりました。さらに、script setup タグを採用することで、setup() 関数すらも記述する必要がなくなり、よりスッキリしたコードが記述できるようになりました。

Vite の標準採用

さらには、**Vite** の標準採用も大きな変化です。Vue は、バージョン 2 までのプロジェクト基盤として、**Webpack**[*1] を採用していました。この Webpack でも問題なく動作していたのですが、プロジェクトのビルドに時間がかかり、そのため、開発効率が落ちるという問題がありました。

その問題を解決するために、より早く動作する Vite が開発されました。この Vite は「ヴィート」と発音し、フランス語の「速い」の意味です。実際に、その名称通り、Webpack と比べてかなり軽快に動作するようになっています。

NOTE Vite が速い理由

Vite が軽快に動作する理由は、開発段階では、複数のモジュールファイルをひとつにまとめる、すなわち、モジュールバンドルを行わないからです。ブラウザに、モジュールファイルをそのまま読み込ませて実行させるため、モジュールバンドルの処理時間が不要となり、高速に動作するようになっています。

---

*1　複数の JavaScript モジュールファイルを、実行可能なひとつの JavaScript ファイルにまとめてくれるツールのひとつ。このようなツールを**モジュールバンドラ**といい、Webpack はモジュールバンドラのデファクトスタンダードとして利用されてきました。

◎ 1.1.3　Nuxt とは

　そのような Vue は、もちろん、Vue.js 単体で動作させるようにプロジェクトを作成することも可能です。しかし、バージョン 2 の頃から、Vue.js 単体で利用されることは稀であり、Vue Router や Vuex などの各種モジュールを標準で利用することの方が多いというのが実情でした。そして、Vue Router や Vuex を利用するとなると、もともと Vue.js と連動するように作られたとはいえ別モジュールのため、それぞれに設定を記述する必要がありました。

　そこで、これらのよく利用するモジュール類をワンパックにし、設定を別途記述する必要がないような状態で利用できるように作られたフレームワークが、**Nuxt.js（ナクストジェーエス）**、略して **Nuxt** です。さらに、非同期でデータを簡単に取得できる機能やサーバサイドレンダリング機能なども追加されています。なお、サーバサイドレンダリングについては後述します。

◎ 1.1.4　Nuxt 3 とは

　そのような Nuxt のバージョンは、つい先日までは、Vue 2 をベースにした Nuxt 2 でした。そして、満を持して、2022 年 11 月 16 日に Vue 3 に対応した Nuxt 3 がリリースされました。こちらも、Vue 3 同様に、本体である Vue.js のバージョン 3 がリリースされてから 2 年、Vue 3 が Vue プロジェクトのデフォルトになってから半年以上が経過しています。そして、これほどの年月を要した理由は、まさに 1.1.2 項で説明した Vue そのものがバージョン 3 に対応するのに時間がかかったのと同じ理由です。

　まず、Nuxt 3 も、内部コードを全て TypeScript で書き換えています。それに伴い、Nuxt プロジェクトそのもののコーディングも、TypeScript によるコーディングを完全サポートしています。Vue 3 同様に、TypeScript の型システムを利用した型安全なコーディングが可能となっています。本書でも、この TypeScript での Nuxt コーディングを紹介していきます。

　また、script setup タグを標準採用しており、スッキリしたコードが記述できるようになっています。こちらも、Vue 3 がベースになっているので、当たり前ですね。

　さらに、Nuxt 2 では、プロジェクトのビルドツールとして Webpack が採用されていましたが、Nuxt 3 では Vue 3 に合わせて Vite が採用されています。こちらも、Vue 3 同様に軽快に動作するようになっています。

　そのような、Nuxt 3 に含まれる主な機能と本書で紹介する章を、簡単に表 1-1 にまとめておきます。

▼ **表 1-1　Nuxt の主な機能**

機能	内容	紹介章
ファイルシステムルーティング	フォルダ構成がそのままルーティング設定情報とできる	第 3 章
レイアウト	画面の共通レイアウトが設定できる	第 3 章
ステート管理	Pinia を利用しなくてもステート管理ができる	第 2 章
オートインポート	インポート文を記述しなくてもモジュールを利用できる	第 2 章
データ取得関数	JavaScript 標準の fetch() 関数をより使いやすくした関数が利用できる	第 4 章
エラー処理	種々のエラー処理を簡単に行える	第 6 章
ミドルウェア	画面遷移の前に処理を挟み込むことができる	第 7 章
サーバ API エンドポイント	Web API などのエンドポイントを Nuxt 単独で用意できる	第 5 章
レンダリングモードの切替	4 種のレンダリングモードをパスごとに設定できる	第 8 章

◎ **1.1.5　サーバサイド Web アプリケーションと CSR**

　Nuxt 3 の特徴解説を、もう少し続けます。そのためには、Web アプリケーションの動作の仕組みについて理解が必要です。

　JavaScript が非推奨だった頃の Web アプリケーションは、ほぼ全て**サーバサイド** Web アプリケーションと呼ばれるものでした。この動作の仕組みを図にすると、図 1-1 のようになります。

▼ **図 1-1　サーバサイド Web アプリケーションの動作イメージ**

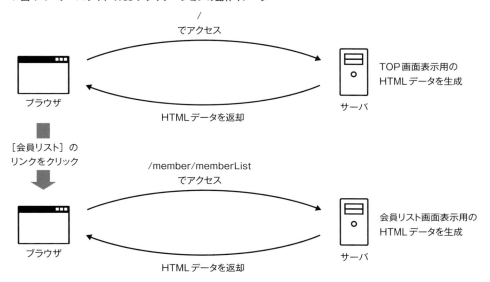

　例えば、ルート URL、すなわち、パスが "/" の画面を表示させる場合は、サーバで "/" に対応する TOP 画面用の HTML データを生成し、それをブラウザにレスポンスとして返し、ブラウザはその HTML データをレンダリングします。その後、表示された画面の、例えば、［会員リスト］のリンクをクリックしたら、そのリンクパス（例えば、/member/memberList）に対応した会員リスト画面の HTML データをサーバ上で生成し、同じく、レスポンスとしてブラウザに返します。このように、サーバサイド Web アプリケーションは、画面に表示する HTML データの生成を、全てサーバ上で行います。このサーバサイド Web アプリケーションは、今でも健在であり、アプリケーション作成言語として、PHP や Java などが利用されています。

　一方、現在では、画面表示に必要な HTML データの生成、すなわち、**レンダリング**のほとんどをブラウザ上で行う Web アプリケーションが存在します。この仕組みを図にすると、図 1-2 のようになります。

▼ 図 1-2　シングルページアプリケーションの動作イメージ

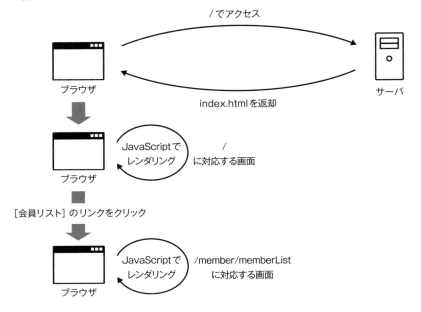

　ブラウザが、例えば、パスが "/" の URL にアクセスすると、まず、サーバは "/" に対応する index.html を返します。その index.html を経由して JavaScript ファイルを読み込みます。その後は、その JavaScript コードがブラウザ上で動作して、表示に必要なほぼ全ての HTML データの生成、すなわち、レンダリングを行います。その後、表示された画面の、例えば、[会員リスト] のリンクをクリックしたら、サーバにアクセスするのではなく、JavaScript コードによって会員リスト画面のレンダリングを行います。その際に、もしデータベース内のデータなど、サーバ側のデータが必要な場合は、JavaScript によってサーバにアクセスしてデータのみを取得します。

　このように、全ての画面レンダリングをブラウザ、すなわち、クライアント側で行う仕組みのことを、**クライアントサイドレンダリング（Client-Side Rendering）**、略して **CSR** といいます。そして、サーバから読み込むファイルが、1 ページ分（上記例では index.html）のみで、その後の画面は全て CSR で行うアプリケーションのことを、**シングルページアプリケーション**といいます。

　1.1.1 項で紹介した Vue+Vue Router（+Pinia）を利用した Vue 3 アプリケーションは、この CSR によるシングルページアプリケーションの作成に最適化されています。

◎ 1.1.6　CSR の問題点と SSR とユニバーサルレンダリング

　この CSR アプリケーションは、サーバサイド Web アプリケーションに比べて、ユーザビリティの点で大きな利点があります。というのは、アプリケーションの処理そのものがブラウザ上で行われるため、ユーザの操作に応じてその都度処理を行うことができる、つまり、ユーザ操作に即応可能だからです。

　一方、次のような問題点もあります。

■ ダウンロード時間の問題

サーバサイドアプリケーションの場合は、サーバサイドで生成された、これから表示する画面 1 ページ分の HTML データのみをブラウザはダウンロードすればよく、ダウンロード時間がそれほど必要ありません。しかし、CSR、特にシングルページアプリケーションの場合は、全画面を表示させる動作に必要なアプリケーションそのものをブラウザはダウンロードする必要があり、そのため、初期ダウンロードに時間がかかってしまいます。このダウンロード時間が、ネットワークが貧弱な環境や、モバイル環境などでは、問題となってしまいます。

■ SEO の問題

サーバサイド Web アプリケーションの場合、表示された画面というのは静的な HTML データと区別がつかないため、クローラが簡単にインデックスできます。一方、CSR の場合は、まさにダウンロード時間の問題のため、クローラがインデックスしきれずに次に移動してしまうことがありえます。そのため、サーバサイド Web アプリケーションや静的 Web サイトに比べて、完全にインデックスされるまでに時間がかかってしまいます。それだけ、SEO 的に不利といえます。

これらの問題を解決するために、サーバサイドが復活します。この復活したサーバサイドでのレンダリングを、**サーバサイドレンダリング**（**Server-Side Rendering**）、略して **SSR** といいます。この SSR には、PHP や Java による従来のサーバサイド Web アプリケーションだけではなく、JavaScript をサーバサイドの処理言語として採用されたものも含まれています。

ただし、Nuxt は単なる SSR に留まりません。Nuxt では、これまで、クライアントサイドでレンダリングしていた処理をサーバサイドで行い、クライアントサイドとサーバサイドの分業を行います。この分業された状態を、**ハイドレーション**（**Hydration**）といい、ハイドレーションを実現するレンダリングを、**ユニバーサルレンダリング**（**Universal Rendering**）といいます（図 1-3）。

▼ **図 1-3　Nuxt のユニバーサルレンダリングの動作イメージ**

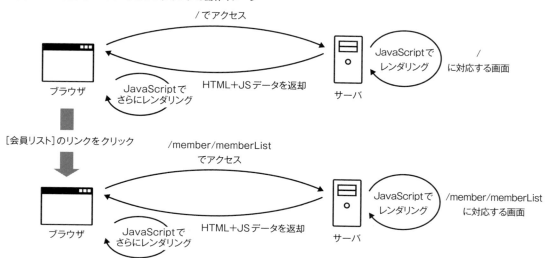

　単なる SSR との違いは、まず、CSR のコードと同じものがサーバ上で動作します。そして、サーバでレンダリングされた HTML データがブラウザに返されます。さらに、その時に、どうしてもクライアントサイドでも動作しないといけないものについては、JavaScript コードもクライアントに渡されます。この仕組みにより、ブラウザがダウンロードするデータが 1 ページ分のデータのみであるにもかかわらず、ユーザ操作に即応可能となる、いわば、CSR と SSR のいいとこ取りが可能となります。

◎ 1.1.7 SSG と ISG とハイブリッドレンダリング

　このユニバーサルレンダリングは、非常に優れたレンダリング方法です。しかし、問題がないわけではありません。それは、やはり、表示速度の問題です。ブラウザが画面表示を要求して初めて表示に必要な処理が実行されるため、その処理分の時間がかかってしまいます。これは、ユニバーサルレンダリングに限らず、SSR でも CSR でも、レンダリングという処理がある限りは、その分の時間がかかってしまいます。この処理時間に関しては、そもそも表示する内容がユーザの操作に合わせてその都度変化するようなもの、ユーザの要求に合わせてデータを取得、加工するようなものの場合は、仕方がないことといえます。

　一方で、もしユーザの操作に合わせて表示内容が変わらない、例えば、ブログサイトのようなページだとすると、画面表示のリクエストに応じてその場でレンダリングする必要はありません。あらかじめ表示に必要な HTML データ、場合によっては html ファイルそのものを用意しておき、それを表示リクエストに応じてブラウザに返すだけの方法が可能です。この方法だと、処理が含まれない分、圧倒的に表示速度は速くなります。

　Nuxt は、この方法にも対応しており、これを、**静的サイトジェネレーション（Static Site Generation）**、略して **SSG** といいます（図 1-4）。

▼ 図 1-4　SSG の動作イメージ

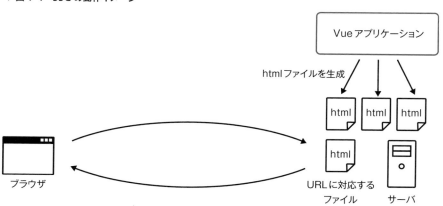

　SSG を利用する場合、SSR や CSR と同様に作成された Vue アプリケーションから、静的な html ファイルを生成させます。そのように生成された html ファイル類一式を Web サーバにアップロードすれば、通常の静的サイトと同様の扱いが可能となります。また、サーバ側で SSG を自動実行できるサービスも存在しており、その場合は、アプリそのものをサーバにデプロイしておくことで、適切なタイミングで html ファイル一式が自動生成されます。

　ただし、この SSG が利用できるのは、先述の通り、ブログサイトのように表示内容がほぼ変化しないものが前提です。そのため、表示内容が適宜変化するようなサイトには向きません。そこで、この問題を解決するレンダリング手法があり、それが、**インクリメンタル静的ジェネレーション（Incremental Static Generation）**、略して **ISG** という、Nuxt 3 から新たに導入されたレンダリング方式です（図 1-5）。

▼ **図 1-5　ISG の動作イメージ**

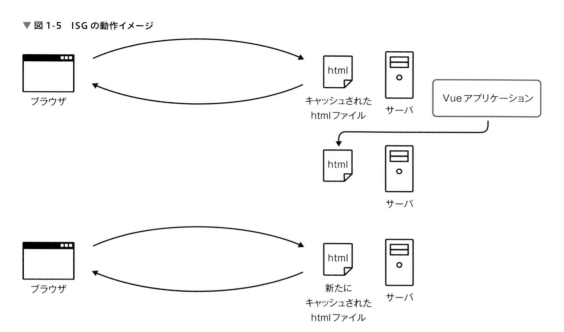

　ブラウザから画面表示のリクエストが届くと、サーバにキャッシュされた html ファイルを返します。すでに存在するファイルを返すだけなので、静的サイトと同様に高速に表示されます。その後、表示内容に変更がある場合は、バックグラウンドで新たな html ファイルを生成し、キャッシュしておきます。次にアクセスがある場合は、その新しくキャッシュされたファイルをブラウザに返します。この ISG を利用すると、静的サイトなみの高速な表示が実現できる一方で、SSR なみに情報更新に対応した表示が可能となります。

　さらに、Nuxt 3 では、ここまで紹介してきたレンダリング方法、すなわち、CSR、ユニバーサルレンダリング、SSG、ISG のどれかひとつを選択するというのではなく、ひとつのアプリケーション内で混在させることができる**ハイブリッドレンダリング（Hybrid Rendering）**に対応しています。どのレンダリング方式を採用するかを、パスごとに選択できます。例えば、ほぼ内容が変化しない商品紹介の各ページに関しては SSG とする一方で、管理画面については即応性を重視してユニバーサルレンダリングを選択する、のようなことが可能です。これらのレンダリングの違い、および、ハイブリッドレンダリングについては、第 8 章で詳しく扱います。

　ここまで紹介してきた 4 種のレンダリングモード + ユニバーサルレンダリングそれぞれの長所と短所を、表 1-2 にまとめておきます。

▼ 表 1-2　4 種＋1のレンダリングモード

レンダリングモード	長所	短所
SSR Server-Side Rendering	各ページの表示速度が速い SEO に強い	即応性に欠ける
CSR Client-Side Rendering	即応性が高い	初回表示速度が遅い SEO に弱い
ユニバーサル	各ページの表示速度が速い 即応性が高い SEO に強い	Nuxt のような専用フレームワークが必要
SSG Static Site Generation	各ページの表示速度が非常に速い	データの変更に合わせてページ内容が変更できない
ISG Incremental Static Generation	各ページの表示速度が非常に速い データの変更に合わせてページ内容が変更できる	ページ内容変更が一定間隔になるため、その都度のデータ変更ができない

◎ 1.1.8　Nuxt 3 のハイブリッドレンダリングと Nitro

　このような柔軟なレンダリングが可能となったのは、Nuxt 3 用に新しく開発されたサーバエンジンの **Nitro**（**ナイトロ**）のおかげです。

　Vue プロジェクトが典型ですが、CSR の場合は、プロジェクト自体をビルドして生成されたファイル一式をサーバにアップロードすれば問題なく動作します。SSG の場合も同様です。このように、ビルド作業を開発環境で行い、その結果をアップロードする場合は、サーバ側で Vue アプリケーションや Nuxt アプリケーションを動作させる環境は不要です

　一方、SSR やユニバーサルレンダリング、ISG の場合は、作成したアプリケーションそのものをサーバ上で動作させる必要があり、当然、そのための動作環境が存在する必要があります。Nuxt では、この動作環境は、原則 Node.js です。そのため、Nuxt アプリケーションをサーバ上で動作させるには、Node.js が動作するサーバを選択する必要があります。

　Nuxt 2 の場合は、この Node.js 上で動作する Nuxt アプリケーションコードに加えて、依存するモジュールも動作環境に含まれている必要がありました。この仕組みが足枷となって、**AWS Lambda** や **Azure Functions** といった**サーバレス**コンピューティング上で動作させる際に不具合を引き起こす可能性がありました。それは、たとえ Node.js をサーバレスの実行環境（**ランタイム**）として選択していたとしてもです。

　このような問題を解決するために、Nitro が開発され、Nuxt 3 の基幹部分（**サーバエンジン**）に据えられました。Nuxt アプリケーションコードを Nitro が解析し、時には Node.js 上でユニバーサルレンダリングを行い、時には SSG としてファイルを生成し、時には ISG として適切なタイミングで生成ファイルを更新したりします。また、Nitro では、依存モジュールに関しても、開発段階でのみ必要とするように作られており、そのため、サーバレスで不具合が起きる問題も解消され、稼働の時間も大幅に短縮されました。この Nitro のおかげで、Nuxt 3 では、Nuxt 2 に比べて、デプロイ先の選択肢が大幅に増えました。このデプロイに関しては、第 9 章で詳しく扱います。

◎ 1.1.9 Nitro に含まれている http サーバ h3

さらに、Nitro には内部に軽量 http サーバの **h3** が含まれています。先述のように、Nuxt アプリケーションは、サーバサイドで動作させることができます。この仕組みを活かして、Nuxt アプリケーションそのものに、サーバ API エンドポイント機能を実装させてしまえば、Java や PHP などのサーバサイド Web アプリケーションを API エンドポイントとして別途用意せずに済みます。

Nuxt 2 では、この Nuxt アプリケーションでの API 機能の実現のためには、**サーバミドルウェア**という機能を利用する必要があり、少々複雑なコーディングが必要でした。これが、Nuxt 3 では簡単なコーディングで利用できるようになりました。これは、Nitro に h3 が含まれたおかげです。この API 機能の実現については、第 5 章で紹介します。

本書では、このように Nuxt 2 に比べて大幅に進化した Nuxt 3 を、TypeScript を用いてコーディングしていく方法を紹介していきます。

COLUMN **Vue 3.3 と TypeScript 対応強化**

1.1.1 項で説明したように、Vue 3 は 2020 年にリリースされました。その後もアップデートを重ね、原稿執筆時点では、3.3 が最新となっています。この 3.0 → 3.1 → 3.2 → 3.3 へとアップデートを重ねるうちに、バグフィックスは当然として、さまざまな細かい機能追加も行われています。

そのアップデート作業の中心として行われたのが、TypeScript への対応強化でした。1.1.2 項で説明したように、Vue 3 の特徴のひとつに、内部コードを全て TypeScript で作り直した点があります。そのメリットをより活かせるように、Vue 3 アプリケーションを TypeScript で記述する際、型チェックや入力補完が働くように型定義などを拡充しています。さらに、そのような型チェックや入力補完を VS Code 上で的確に実現できるように、拡張機能の Volar も改良が重ねられ、現在に至っています。

これらの恩恵は、当然、Nuxt のコーディングでも受けることができます。

1│2　Nuxt の環境構築

　概論はここまでにしておき、第 2 章からは実際に Nuxt のコーディング方法を紹介していきます。その前に、コーディング環境が必要です。

◎ 1.2.1　Nuxt のコーディングに必要なもの

　先述のように、本書では、TypeScript を利用して Nuxt 3 アプリケーションを作成していきます。そして、TypeScript での Nuxt 3 コーディングに必要なツールは、次のものです。

- Visual Studio Code
- Visual Studio Code の拡張機能 Volar
- Visual Studio Code の拡張機能 TypeScript Vue Plugin
- Node.js

　実は、これらのツールは、TypeScript での Vue 3 コーディングに必要なツールと同じです。そのため、すでに TypeScript での Vue 3 コーディング環境が整っている読者諸兄姉は、次節に進んでいただいてもかまいません。

◎ 1.2.2　Visual Studio Code のインストール

　それでは、順に必要なツールをインストールしていきましょう。まず、**Visual Studio Code（VS Code）**です。VS Code は、Microsoft がリリースしているテキストエディタです。なお、すでにインストールされている場合は、次項に進んでください。

　VS Code のサイトにアクセスしてください。URL は次の通りです。

　https://code.visualstudio.com/

図 1-6 の画面が表示されます。

▼ 図 1-6　VS Code サイトのトップページ

このページのダウンロードボタンからファイルをダウンロードしてください。ダウンロードしたファイルは、macOS の場合は、zip ファイルとなっているので、解凍すれば、そのまま VS Code のアプリケーションファイル（app ファイル）となっているので、アプリケーションフォルダに格納してください。

Windows の場合は、exe ファイルとなっており、これがインストーラです。起動して、インストーラの指示に従ってインストールを行ってください。

インストールが終了したら、起動してください。初回起動時は、図 1-7 のように英語表示になっています。

▼ 図 1-7　初回起動時の VS Code の画面

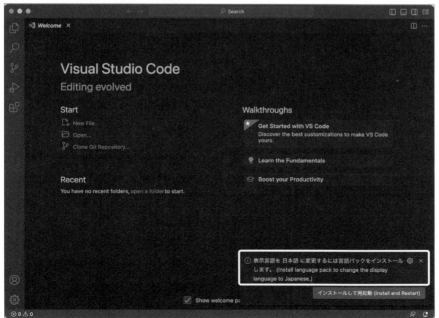

　右下に日本語言語パック（日本語化の拡張機能）をインストールするメッセージボックスが表示されているので、［インストールして再起動］のボタンをクリックしてください。これで、日本語表示になります。

　もしもメッセージボックスが表示されない場合は、日本語化の拡張機能を手動でインストールすることもできます。拡張機能のインストールは、左側のアクティビティバー上のマークをクリックします。表示された検索窓に「japanese」と入力すると、「Japanese Language Pack for VS Code」がリストに表示されます。これをクリックすると、詳細内容が表示されます（図 1-8）。

▼ 図 1-8　日本語化拡張機能の詳細が表示された VS Code の画面

　この詳細画面、あるいは、リスト中の［Install］をクリックして日本語化拡張機能をインストールしてください。インストール後、VS Code を再起動すると、日本語化されています。

◎ 1.2.3　VS Code 拡張機能のインストール

　VS Code のインストールが終了したら、次は、拡張機能の **Volar** のインストールを行います。Volar は、Vue 3 用の拡張機能ですが、Nuxt 3 でも利用します。

　前項の日本語化拡張機能をインストールしたのと同様の手順で、拡張機能の検索窓に「volar」を入力し、Volar 拡張機能を検索し、インストールを行ってください（図 1-9）。

▼ **図 1-9 Volar 拡張機能の詳細が表示された VS Code の画面**

　Vue 3 や Nuxt 3 のコーディングにおいて、TypeScript を利用する場合は、さらにもうひとつ **TypeScript Vue Plugin** を入れておく必要があります。こちらは、実は、Volar を検索した際にすでに表示されています（図 1-10）。こちらをインストールしておいてください。

▼ **図 1-10 TypeScript Vue Plugin 拡張機能の詳細が表示された VS Code の画面**

◎ 1.2.4 Node.js のインストール

環境構築の最後は、**Node.js** のインストールです。まず、Node.js のサイトにアクセスしてください。URL は次の通りです。

https://nodejs.org/ja/

図 1-11 の画面が表示されます。

▼ **図 1-11　Node.js サイトのトップページ**

画面中央にダウンロードボタンが 2 個確認できます。このうち、「LTS」という表記がある方が、「推奨版」という表記からもわかるように安定版です。このボタンをクリックして、ファイルをダウンロードしてください。

ダウンロードしたファイルは、macOS 版、Windows 版ともにインストーラとなっているので、起動してください。起動後は、インストーラの指示に従って、インストールを行ってください。

インストールの終了後、コマンドで確認しておきましょう。ターミナルを起動し、次のコマンドを実行してください。

```
% node -v
v18.15.0
```

上記のように、インストールしたものと同じバージョンが表示されれば、インストール成功です。

1│3 Nuxt プロジェクトの作成と実行

前節で環境構築が完了しました。早速、Nuxt プロジェクトを作成し、実行させるところまで行いましょう。

◎ 1.3.1　Nuxt プロジェクトの作成の 2 手順

Nuxt プロジェクトを作成する大まかな手順は、次の 2 手順です。

1. プロジェクト作成コマンドの実行

プロジェクトを格納する親フォルダにてコマンドを実行します。すると、自動的にフォルダが作成され、プロジェクトファイル一式が作成されています。

2. 依存パッケージのインストール

作成されたプロジェクトフォルダ内には、雛形となるプロジェクトファイル一式が自動生成されていますが、プロジェクトを実行させるのに必要な依存パッケージが含まれていません。それをコマンドでインストールします。

◎ 1.3.2　Nuxt プロジェクトの作成コマンド

順に行っていきましょう。ここでは、初めての Nuxt プロジェクトとして、「hello-nuxt」を作成することにします。Nuxt プロジェクト作成コマンドは次の通りです。

Nuxt プロジェクト作成コマンド

```
npx nuxi init プロジェクト名
```

hello-nuxt プロジェクトを格納する親フォルダ上で、上記コマンドの最後のプロジェクト名を「hello-nuxt」として、コマンドを実行してください。例えば、筆者の環境では、この章で作成する Nuxt プロジェクトの親フォルダは、ユーザホームフォルダ直下に作成した Workdir/GihyoNuxt/chap01 としていますので、次のコマンドとなります。

```
% cd Workdir/GihyoNuxt/chap01
% npx nuxi init hello-nuxt
```

親フォルダはどこでもかまいませんので、上記例を参考にコマンドを実行してください。

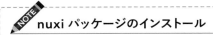

nuxi パッケージのインストール

上記 npx コマンドを実行した際、特に初回など、場合によっては次のようなメッセージが表示されることがあります。

```
Need to install the following packages:
  nuxi@3.6.1
Ok to proceed? (y)
```

　これは、Nuxt プロジェクトを作成する **nuxi** パッケージそのものがインストールされていないために、インストールを行うかどうかの質問です。この場合は、「y」を入力して、次に進めるようにしてください。

　すると、hello-nuxt フォルダが作成され、内部にプロジェクトに必要なファイル一式が作成されています。これらのファイルの役割は、1.3.5 項で解説します。

◎ 1.3.3　Nuxt プロジェクトへの依存パッケージインストール

　hello-nuxt プロジェクトが作成されたといっても、動作に必要なパッケージが含まれていないため、このままでは動作しません。次に、それらをインストールします。
　これは、hello-nuxt フォルダ上で行います。cd コマンドで hello-nuxt まで移動した上で、次のコマンドを実行してください。

npm パッケージのインストールコマンド

```
npm install
```

　すると、パッケージのインストールが開始されます。インストール中は、コマンドラインツール上にさまざまな表示が行われますが、最終的にプロンプトが返れば、インストール終了です。

情報提供のお願いが表示されたら

依存パッケージのインストール途中に、次のメッセージが表示されることがあります。

```
 Nuxt collects completely anonymous data about usage.
 This will help us improve Nuxt developer experience over time.
 Read more on https://github.com/nuxt/telemetry

? Are you interested in participating? (Y/n)
```

　これは、その文面通り、Nuxt の開発者チームに、使用状況データを匿名で送信してもいいかどうかをたずねるものです。これらのデータは、よりよい Nuxt の開発に利用されるそうなので、特に問題がなければ、［Y］を入力して次に進めるようにしてください。

◎ 1.3.4 Nuxt プロジェクトの実行コマンド

　さあ、初めての Nuxt プロジェクトが作成されました。早速、このプロジェクトを実行し、ブラウザに表示させましょう。

　Nuxt プロジェクトを実行するコマンドは次の通りです。このコマンドで、開発用サーバが起動され、ブラウザに表示させることができます。

開発用サーバ起動コマンド

```
npm run dev
```

　実際に、hello-nuxt フォルダ上で、上記コマンドを実行してください。すると、コマンドラインツール上では、図 1-12 のような表示となり、開発用サーバが起動します。

▼ 図 1-12　開発用サーバが起動したターミナル画面

```
Nuxi 3.6.1
Nuxt 3.6.1 with Nitro 2.5.2

  > Local:      http://localhost:3000/
  > Network:    http://192.168.1.13:3000/

✔ Nuxt Devtools is enabled v0.6.4 (experimental)
ⓘ Vite client warmed up in 1977ms
✔ Nitro built in 826 ms
✔ Vite server hmr 17 files in 1353.002ms
▯
```

　図 1-12 の画面に記載されている次の URL にブラウザからアクセスしてください。

```
http://localhost:3000/
```

　図 1-13 の画面が表示されれば、無事成功です。

▼ 図 1-13 表示された hello-nuxt プロジェクトの画面

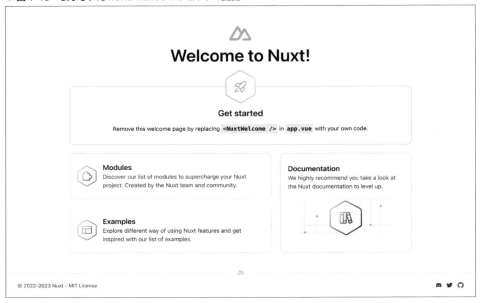

なお、図 1-12 のように、開発用サーバが起動したままでは、プロンプトは返りません。この開発用サーバを終了させるには、［ctrl］+［C］キーを押下します。

NOTE ブラウザに直接表示させるコマンド

Nuxt の公式ドキュメントには、開発用サーバの起動コマンドとして、次のものが記載されています。

開発用サーバ起動コマンド

```
npm run dev -- -o
```

このコマンドで開発用サーバを起動すると、開発用サーバが起動すると同時に、自動的にブラウザの新規タブが開き、先の URL にアクセスします。これを可能にしているのが、**-o** オプションです。これは、**--open** オプションでも同じです。

ただし、npm run dev に直接オプションは渡せません。というのは、npm run dev 自体が **nuxi dev** コマンドのエイリアスとなっており、-o や --open は、この nuxi dev コマンドのオプションだからです。このような npm run コマンドのエイリアスの本体に対してオプションを渡す場合は、間に **--** を記述する必要があります。上記構文の -o の前の "--" はこのための記述です。

◎ 1.3.5 Nuxt プロジェクト内の構成

無事、初めての Nuxt プロジェクトが起動できたところで、Nuxt プロジェクトのフォルダ構成を見ていくことにします。hello-next フォルダ内は、図 1-14 のようになっています。

▼ 図 1-14　hello-nuxt プロジェクト内の構成

```
hello-nuxt  ← プロジェクトルートフォルダ
├─ .nuxt  ←自動生成された Nuxt アプリケーションが格納されたフォルダ
├─ node_modules  ←パッケージが格納されたフォルダ
├─ public  ← Web に公開するファイル類を格納するフォルダ
├─ server  ← エンドポイント API サーバ処理を行うファイル類を格納するフォルダ
├─ tsconfig.json  ←server フォルダ内の TypeScript に関する設定ファイル
├─ .gitignore  ←Git 管理対象から除外するファイルの設定ファイル
├─ .npmrc  ←npm コマンドの設定ファイル
├─ app.vue  ←メインの単一コンポーネントファイル
├─ nuxt.config.ts  ←この Nuxt アプリケーションの設定ファイル
├─ package-lock.json  ←npm の依存関係に関する設定ファイル
├─ package.json  ←npm に関する設定ファイル
├─ README.md  ←ReadMe ファイル
└─ tsconfig.json  ←TypeScript に関する設定ファイル
```

図 1-14 を見ればわかるように、新規作成された Nuxt プロジェクト内にあるコンポーネントは、メインとなる app.vue コンポーネントだけです。さらに、設定ファイル類やフォルダも必要最小限のもののみとなっています。このように、Nuxt 3 では、新規作成プロジェクト内の構成要素を必要最低限のもののみとしているのも特徴です。

ここから、必要に応じてフォルダやファイルを追加していくことになります。どのような場合にどのようなフォルダやファイルを追加するかは、本書の以降の章を通して解説していきますが、最大限にフォルダが増えた場合、どのようなフォルダ構成になるのか、それぞれのフォルダがどのような役割なのかを、図 1-15 にまとめておきます。

▼ **図 1-15　Nuxt プロジェクトの最大構成**

```
📁 hello-nuxt  ←プロジェクトルートフォルダ
  ├ 📁 .nuxt  ←自動生成された Nuxt アプリケーションが格納されたフォルダ
  ├ 📁 .output  ←デプロイ用のファイル一式が格納されたフォルダ
  ├ 📁 assets  ←画像や CSS ファイルなどのアセット類を格納するフォルダ
  ├ 📁 components  ←コンポーネントファイルを格納するフォルダ
  ├ 📁 composables  ←コンポーザブル定義ファイルを格納するフォルダ
  ├ 📁 layouts  ←レイアウト用のコンポーネントファイルを格納するフォルダ
  ├ 📁 middleware  ←ミドルウェアに関するファイルが格納されたフォルダ
  ├ 📁 modules  ←独自モジュールが格納されたフォルダ
  ├ 📁 node_modules  ←npm パッケージが格納されたフォルダ
  ├ 📁 pages  ←ルーティングに必要なコンポーネントファイルが格納されたフォルダ
  ├ 📁 plugins  ←プラグインが格納されたフォルダ
  ├ 📁 public  ← Web に公開するファイル類を格納するフォルダ
  ├ 📁 server  ← エンドポイント API サーバ処理を行うファイル類を格納するフォルダ
  ├ 📁 utils  ← ヘルパー関数ファイルを格納するフォルダ
  ├ 📄 .env  ←環境変数設定ファイル
  ├ 📄 .gitignore  ←Git 管理対象から除外するファイルの設定ファイル
  ├ 📄 .nuxtignore  ←Nuxt のビルドから除外するファイルの設定ファイル
  ├ 📄 app.config.ts  ←title など、この Nuxt アプリケーション利用するデータを定義するファイル
  ├ 📄 app.vue  ←メインの単一コンポーネントファイル
  ├ 📄 nuxt.config.ts  ←この Nuxt アプリケーションの設定ファイル
  ├ 📄 package-lock.json  ←npm の依存関係に関する設定ファイル
  ├ 📄 package.json  ←npm に関する設定ファイル
  ├ 📄 README.md  ←ReadMe ファイル
  └ 📄 tsconfig.json  ←TypeScript に関する設定ファイル
```

第 2 章

導入編

———

Nuxtアプリケーションの基本

前章では、Nuxtに関しての概説と準備のみで、コーディングは行っていません。本章からコーディングを行っていきます。といっても、Nuxtの基本はVueですので、まず、本章では、Vueコーディングの基礎をまとめて紹介します。ところどころ、Nuxtならではの内容も登場しますが、しばらくはVue 3コーディング方法の紹介です。それだけでは、おもしろくありませんので、本章の最後には、Nuxt独特のステート管理の方法も紹介します。

2｜1 SFC への記述の基本

第 1 章で紹介したように、Nuxt の基本は Vue です。そのため、一番中心となるファイルが app.vue と、**.vue** ファイルになっています。本節では、まず、この .vue ファイルへの記述方法、すなわち、Vue の記述方法を紹介します。

もっとも、Vue の記述方法だけで 1 冊の書籍となるぐらいの内容がありますので、ここでは Vue 3 で新たに導入されたものを中心に、主要なもののみに絞って紹介します。

なお、本節の内容は、すでに Vue 3 によるコーディングを行っている読者諸兄姉には、復習のような内容となっていることをご了承ください。

◎ 2.1.1 SFC である .vue ファイル

Vue プロジェクトでは、コンポーネント単位でのアプリケーション作成方法をとります。これは、Nuxt でも同様です。**コンポーネント**とは、HTML と CSS 記述、および、それらを制御する JavaScript をワンセットとして画面を部品化したものです。そして、まさにこれらワンセットをひとつのファイルに記述したものが .vue ファイルであり、次のような構造となっています。

.vue ファイルの構造

```
<script setup lang="ts">
    ⋮
</script>
<template>
    ⋮
</template>
<style>
    ⋮
</style>
```

❶
❷
❸

順序は前後しますが、❷が HTML を記述する**テンプレートブロック**、❸が CSS を記述する**スタイルブロック**、そして、❶がそれらを制御する JavaScript/TypeScript コードを記述する**スクリプトブロック**です。このように、コンポーネントに必要な要素をひとつのファイルにまとめたものを、**単一ファイルコンポーネント（Single-File Components）**、略して、**SFC** といいます。そして、.vue ファイルは、まさに SFC そのものであり、これが Vue の、ひいては Nuxt アプリケーション作成の基本単位となります。

ところで、構文の❶の script タグに属性が 2 個記述されています。このうち、lang＝"ts" の属性が、このスクリプトブロックとして TypeScript コードが記述されていることを意味します。もうひとつの **setup** 属性は、

Vue 3 プロジェクトで新たに導入された属性であり、この属性のおかげで、非常に簡潔にスクリプトブロックが記述できるようなりました。

◎ 2.1.2　リアクティブなテンプレート変数の基本の ref()

では、実際にどのように簡潔な記述になるのか、実際にサンプルを作成して、確認することにします。1.3.2 節を参考にしながら、新たなプロジェクトとして sfc-basic を作成し、app.vue をリスト 2-1 の内容に書き換えてください。

▼ リスト 2-1　sfc-basic/app.vue

```
<script setup lang="ts">
const widthInit = Math.round(Math.random() * 10); ──────────────────●①
const heightInit = Math.round(Math.random() * 10); ──────────────────
const width = ref(widthInit); ──────────────────────────────────●②
const height = ref(heightInit); ─────────────────────────────────
const area = computed( ──────────────────────────────────────
  (): number => {
    return width.value * height.value;                           ●③
  }
); ──────────────────────────────────────────────────────────
setInterval(
  ():void => {
    width.value = Math.round(Math.random() * 10); ──────────────●④
    height.value = Math.round(Math.random() * 10); ─────────────
  },
  1000
);
</script>

<template>
  <p>縦{{height}}で横が{{width}}の長方形の面積は{{area}}</p> ──────────●⑤
</template>
```

このプロジェクトを表示させると、図 2-1 のような画面が表示されます。ただし、1 秒ごとに表示内容が変わります。

▼ 図 2-1　1 秒ごとに表示内容が変わる画面

縦5で横が8の長方形の面積は40

このアプリケーションは、0 〜 10 の乱数を 2 個発生させ、それらを縦横の長さとする長方形の面積を計算するものです。さらに、その乱数が 1 秒ごとに変わり、それに合わせて計算された面積の値も変化します。

このように、変数の値が変化すると、それに合わせて自動的に表示内容が変わることを**リアクティブ**といい、Vue はこのリアクティブを実現する仕組みである**リアクティブシステム**を含んでいます。当然、Vue をベースに

した Nuxt にも含まれています。ただし、リアクティブシステムを利用するためには、そのためのコーディングが必要になります。それが、リスト 2-1 の❷の ref() 関数や❸の computed() 関数です。

　もう少し、具体的に見ていくと、リスト 2-1 の❶で乱数の初期値を 2 個発生させています。その変数である widthInit や heightInit は、このままではリアクティブな変数とはなりません。そこで、❷のように、この変数に対して **ref()** 関数を適用することで、リアクティブな変数とします。それが、width や height です。実際、❺のテンプレートブロックで表示させている変数は、❶の widthInit や heightInit ではなく、width や height になっているのは、そのためです。なお、変数をテンプレートブロックで表示する場合は、**{{ }}** で囲みます。これを、**マスタッシュ構文**といいます。

　ref() に関して、構文としてまとめると次のようになります。

ref() によるリアクティブ変数の用意

```
const 変数名 = ref(値);
```

　ただし、この ref() によって用意されたリアクティブな変数の値を変更する場合は、**.value** プロパティへアクセスします。それが、❹です。❹のコードは、setInterval() 関数の引数のアロー関数内のコードであり、これが、まさに 1 秒ごとに実行されるコードです。ここで新たな乱数を生成させ、それをリアクティブな変数である width や height の value プロパティに代入することで、表示が自動的に変化するようになります。

2.1.3　計算結果をリアクティブとする computed()

　では、面積はどうかというと、❸の computed() の戻り値である area が該当します。リアクティブ変数をもとに算出された値をリアクティブな変数とする場合は、**computed()** 関数を利用します。引数は、算出処理が書かれたアロー関数です。これを、**算出プロパティ**といいます。

　構文としてまとめると次のようになります。

算出プロパティの用意

```
const 変数名 = computed(
  (): 算出結果のデータ型 => {
    算出処理
    return 算出結果;
  }
);
```

アロー関数

　computed() 関数は、その引数として関数を渡すことになっています。その場合、JavaScript/TypeScript では、関数式や無名関数、アロー関数など、さまざまな方法が用意されていますが、Vue/Nuxt のコーディングではアロー関数が推奨されています。これは、詳細は割愛しますが、JavaScript の this の問題を避けるためです。

◎ 2.1.4 Nuxtはオートインポート

ところで、すでにVueコーディングを行っている読者諸兄姉がリスト2-1のコードを見ると、違和感を覚えるかもしれません。通常のVueプロジェクトでは、リスト2-1の❷のref()関数や❸のcomputed()関数を利用しようとするならば、次のインポート文を記述する必要があります。

```
import {ref, computed} from "vue";
```

しかし、リスト2-1にはこのコードがありません。実は、Nuxtには**オートインポート**（**Auto imports**）という機能があり、明示的にインポート文を記述しなくても、必要関数などを自動的にインポートしてくれます。この機能があるおかげで、リスト2-1では、先のインポート記述がなくても問題なく動作するようになっています。

◎ 2.1.5 オブジェクトをまとめてリアクティブにできるreactive()

リアクティブなテンプレート変数を用意するコードは、ref()以外にreactive()という関数もあります。そこで、sfc-basicと同じ処理を行うものとして、sfc-reactiveを作成し、リスト2-1をreactive()を利用したコードに変更してみましょう。

これは、リスト2-2のようになります。リスト2-1との違いは、番号が付与されている行です。

▼ **リスト2-2 sfc-reactive/app.vue**

```ts
<script setup lang="ts">
const widthInit = Math.round(Math.random() * 10);
const heightInit = Math.round(Math.random() * 10);
const rectangle = reactive({
  width: widthInit,
  height: heightInit                                              ❶
});
const area = computed(
  (): number => {
    return rectangle.width * rectangle.height;                    ❷
  }
);
setInterval(
  ():void => {
    rectangle.width = Math.round(Math.random() * 10);
    rectangle.height = Math.round(Math.random() * 10);            ❸
  },
  1000
);
</script>

<template>
  <p>縦が{{rectangle.width}}で横が{{rectangle.height}}の長方形の面積は{{area}}</p>   ❹
</template>
```

実行結果はリスト 2-1 と同じです。

リスト 2-2 のポイントは、❶です。リスト 2-1 では、横の長さと縦の長さを、それぞれ width と height と、ref() を利用して別々のリアクティブなテンプレート変数としました。一方、リスト 2-2 では、❶のように、縦横の長さをまとめたひとつのオブジェクトリテラルを用意し、それをまとめて rectangle というリアクティブなテンプレート変数としています。この時に活躍する関数が、**reactive()** です。

この reactive() はオブジェクトをまとめてリアクティブなテンプレート変数とするため、各データは、そのオブジェクト内のプロパティという形でアクセスする必要があります。そのため、縦の長さ、横の長さそれぞれのデータを利用しようとすると、リスト 2-2 の❷や❸のように、rectangle.width や rectangle.height というコードになります。

そして、このコードは、テンプレートブロックでも同様であり、❹のような記述になります。

構文としてまとめると次のようになります。

オブジェクトをまとめてリアクティブな変数とする reactive()

```
const 変数名 = reactive(オブジェクト);
```

このように、リアクティブな変数を用意するものとして、Vue では、ref() と reactive() という 2 種類の関数が利用できるようになっています。

これらの使い分けに関しては、まず、ref() の利用をお勧めします。その方がコードの見通しがよくなるからです。一方、どうしてもオブジェクトをまとめてリアクティブにしたい場合もあり、その際に reactive() を利用するようにしてください。

◎ 2.1.6　イベント処理で利用されるメソッド

もうひとつ、スクリプトブロックでよく記述する構文として、**メソッド**があります。

サンプルで確認していきましょう。sfc-method プロジェクトを作成し、app.vue をリスト 2-3 の内容に書き換えてください。

▼ **リスト 2-3　sfc-method/app.vue**

```
<script setup lang="ts">
const msg = ref("まだ");
const onButtonClick = (label: string, event: Event): void => {
  const target = event.target as HTMLButtonElement;
  const text = target.innerText;
  msg.value = `${label}と${text}`;
};
</script>

<template>
  <p>{{msg}}</p>
  <button v-on:click="onButtonClick('Hello', $event)">こんにちは</button>
</template>
```
❶
❷

　このプロジェクトを表示させると、図 2-2 の①の画面が表示されます。画面中のボタンをクリックすると、②の画面に変わります。

▼ 図 2-2　ボタンをクリックすると表示内容が変化した画面

①　②

| まだ | Helloとこんにちは |
| こんにちは | こんにちは |

　リスト 2-3 の❶がメソッドを定義しているコードであり、そのメソッドを v-on ディレクティブでイベントハンドラとしているコードが❷です。

　メソッドを定義する構文は次の通りです。何のことはない、アロー関数を変数に代入するコードです。

メソッド

```
const メソッド名 = (引数): void => {
    ⋮
};
```

　イベントハンドラの引数について補足しておきます。メソッドのアロー関数の引数定義には、次の 4 パターンあります。

1. 引数なし

　引数を不要とする場合です。この場合は、リスト 2-4 のコードパターンとなります。なお、メソッドの利用コードについては、button への click イベントの例としています。

　❶のように、アロー関数の引数は何も記述しません。それに合わせて、❷の v-on デレクティブの属性値は、メソッド名のみ記述します。

▼ リスト 2-4　引数なしのメソッド

```
<script setup lang="ts">
const onButtonClick = (): void => {  ──────────────────────────────── ❶
    ⋮
};
</script>


<template>
<button v-on:click="onButtonClick">……</button>  ──────────────────── ❷
</template>
```

2. イベントオブジェクトのみ

　発生したイベントを表すオブジェクトを引数で受け取る場合は、リスト 2-5 のコードパターンとなります。❶のように、アロー関数の引数にはイベントオブジェクトを表す引数を定義します。データ型は **Event** です。

　一方、❷の v-on ディレクティブの属性値は、引数なしの場合と同様に、メソッド名のみ記述します。こうすることで、自動でイベントオブジェクトが渡されるようになります。

▼ リスト 2-5　イベントオブジェクトを引数とするメソッド

```
<script setup lang="ts">
const onButtonClick = (event: Event): void => {                                          ❶
    ⋮
};
</script>


<template>
<button v-on:click="onButtonClick">……</button>                                          ❷
</template>
```

3. 任意の引数

　メソッドでは、任意の引数の受け渡しが可能です。その場合は、リスト 2-6 のコードパターンとなります。

　❶のように、アロー関数の引数には任意の引数を任意の数だけ定義できます。通常の関数と同様です。❶では、文字列型の label と数値型の point が定義された例となっています。

　これに合わせて、v-on ディレクティブの属性値は、❷のように、メソッド名に続けて ( ) を記述し、メソッドの定義通りの引数を記述します。❷では、例として、第 1 引数の label に文字列「Hello」が、第 2 引数のpoint に数値の「45」が渡されるようなコードとなっています。

▼ リスト 2-6　任意の引数の受け渡しメソッドの例

```
<script setup lang="ts">
const onButtonClick = (label: string, point: number): void => {                          ❶
    ⋮
};
</script>


<template>
<button v-on:click="onButtonClick('Hello', 45)">……</button>                              ❷
</template>
```

4. 任意の引数とイベントオブジェクト

　3 の応用で、任意の引数とイベントオブジェクトの両方を受け取る場合は、引数定義の中に Event 型の引数をひとつ記述します。リスト 2-3 の❶が該当します。❶では、第 1 引数に文字列型の label を、第 2 引数に

Event 型の event を定義しています。

このパターンの注意点は、v-on ディレクティブの属性値記述です。❷の第 2 引数のように、Event 型の引数が定義されたところに、**$event** を記述します。この記述によって、自動的にイベントオブジェクトが渡されるようになります。

---

 event.target の型アサーション

リスト 2-3 の❶のアロー関数内のコードは、第 2 引数のイベントオブジェクトからボタンのラベルを取得し、それと第 1 引数を使って生成した表示文字列をテンプレート変数 msg に格納する処理です。そのボタンラベルを取得するコードについて、補足しておきます。

これが JavaScript ならば、次の 1 行で済みます。

```
const text = event.target.innerText
```

ところが、TypeScript の場合は、このコードはエラーとなります。ここに、TypeScript の型厳密が現れています。

まず、event（Event オブジェクト）の **target** プロパティは、**EventTarget** オブジェクトとなります。ところが、この EventTarget オブジェクトには、innerText プロパティはありません。そこで、イベントが発生したターゲットの実体であるボタンに型変換する必要があります。その型変換のキーワードが **as** であり、ボタンを表すオブジェクトが **HTMLButtonElement** です。結果的に、次の 1 行が必要となります。

```
const target = event.target as HTMLButtonElement;
```

◎ 2.1.7 その他のスクリプトブロック記述

ref()、computed()、reactive()、メソッドと、スクリプトブロックへの主要な記述方法を紹介してきたところで、その他のものに関しては、以下、リファレンス的に紹介していきます。

リアクティブな変数の変化を監視する watchEffect()

Vue には、リアクティブな変数を監視し、その値が変化したら処理を実行する機能として、**ウォッチャー**というのがあります。

そのウォッチャーとして利用される関数が **watchEffect()** であり、次の構文のように、引数としてアロー関数を渡します。関数内に、リアクティブな変数に応じて実行される処理を記述します。そして、Vue インスタンスは、このアロー関数内に含まれるリアクティブな変数全てを監視し、値が変化すると、アロー関数内の処理を自動実行します。

watchEffect()

```
watchEffect(
  (): void => {
    リアクティブな変数に応じて実行される処理
  }
);
```

　watchEffect() を利用した例は、リスト 2-7 のようなコードとなります。

　このコードでは、リアクティブな変数 priceMsg と cocktailNo があるものとして、アロー関数内でこれらの変数を利用しています。cocktailNo の値を引数としてカクテルの情報を取得する getCocktailInfo() 関数を実行し、その結果を priceMsg に格納するというものです。そして、この priceMsg と cocktailNo のどちらかでも値が変化したら、このコードが実行される仕組みとなっています。

▼ **リスト 2-7　watcheffect/app.vue**

```
watchEffect(
  (): void => {
    priceMsg.value = getCocktailInfo(cocktailNo.value);
  }
);
```

監視対象を明示する watch()

　ウォッチャーにはもうひとつ関数があります。**watch()** です。

　これは、次の構文のように、第 1 引数に監視対象のリアクティブな変数を記述し、第 2 引数にアロー関数を記述します。第 3 引数は、アプリケーションの初回起動時にアロー関数内の処理を実行するかどうか、つまり、即時実行のオプションであり、省略した場合には false（即時実行しない）として扱われます。

　また、アロー関数の引数は、監視対象の変数が変化した際の変化前の値（oldVal）と変化後の値（newVal）です。これらの引数も省略可能です。

watch()

```
watch(監視対象リアクティブな変数,
  (newVal: データ型, oldVal: データ型): void => {
    監視対象が変化した際に実行される処理
  },
  {immediate: true}
);
```

　watchEffect() の例であるリスト 2-7 のコードを watch() を利用して書き換えると、リスト 2-8 のようになります。この場合は、監視対象変数が cocktailNo であり、その cocktailNo の変化の前後の値は利用せず、即時実行なしとなります。

▼ **リスト 2-8　watch/app.vue**

```
watch(cocktailNo,
  (): void => {
    priceMsg.value = getCocktailInfo(cocktailNo.value);
  }
);
```

ライフサイクルフック

　Vue のコンポーネントは、単に生成されて表示されるだけではなく、生成される途中で初期化処理やリアクティブ変数の用意など、さまざまな状態を経ています。さらには、非表示になったり、再表示されたりといった状態もあります。

　このような、コンポーネントが生成されてから非表示になるまでのさまざまな状態のことを、**ライフサイクル**といい、図 2-3 のような順序となっています。

▼ **図 2-3　Vue アプリケーションのライフサイクル**

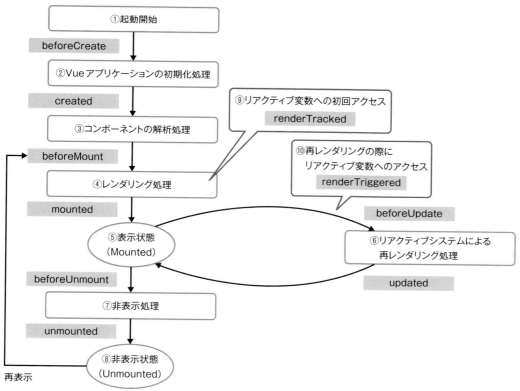

　そして、これらライフサイクルごとに任意の処理を実行できる仕組みが整っています。このライフサイクルに応じた処理のことを、**ライフサイクルフック**といい、表 2-1 の関数が用意されています。

▼ 表 2-1　ライフサイクルフック

ライフサイクルフック関数	実行タイミング	図 2-3 中のタイミング
onBeforeMount	コンポーネントの解析処理後、決定した DOM をレンダリングする直前	③と④の間
onMounted	DOM のレンダリングが完了し、表示状態（**Mounted** 状態）になった時点	④と⑤の間
onBeforeUpdate	リアクティブデータが変更され、DOM の再レンダリング処理を行う前	⑥の前
onUpdated	DOM の再レンダリングが完了した時点	⑥の後
onBeforeUnmount	コンポーネントの DOM の非表示処理を開始する直前	⑦の前
onUnmounted	コンポーネントの DOM の非表示処理が完了した（**Unmounted** な状態になった）時点	⑧の前
onErrorCaptured	配下のコンポーネントを含めてエラーを検知した時点	該当なし
onActivated	コンポーネントが待機状態ではなくなった時点	該当なし
onDeactivated	コンポーネントが待機状態になった時点	該当なし
onRenderTracked	リアクティブ変数に初めてアクセスが発生した時点	⑨
onRenderTriggered	リアクティブ変数が変更されたのを検知して、その変数へのアクセスがあった時点	⑩

　これらのライフサイクルフック関数の使い方は、onRenderTracked() と onRenderTriggered() 以外は全て同じです。onMounted() を例にすると、次の構文となります。

デバッグ以外のライフサイクルフックの使い方

```
onMounted(
  (): void => {
    行いたい処理
  }
);
```

　一方、onRenderTracked() と onRenderTriggered() はデバッグ用の関数です。onRenderTracked() を例にすると、次の構文となります。引数として、デバッグ用のオブジェクトである **DebuggerEvent** が渡されるので、このオブジェクトの各プロパティを確認することで、デバッグに有効な情報を取得できます。

デバッグ用ライフサイクルフックの使い方

```
onRenderTracked(
  (event: DebuggerEvent): void => {
    行いたい処理
  }
);
```

◎ 2.1.8　テンプレートブロック記述

　スクリプトブロックへの記述方法の解説はここまでにして、テンプレートブロックへの記述に話を移していきます。といっても、テンプレートブロックへの記述方法は、Vue 2 時代から大きくは変化していません。

ですので、すでに登場したものも含めて、以下、リファレンス的に紹介していきます。

　なお、誌面の都合上、簡単なリファレンスにとどめることをご了承ください。より詳細な解説は、拙著『Vue 3 フロントエンド開発の教科書』を参照してください。

マスタッシュ構文

　リアクティブな変数を表示させる基本構文は、これまでにも再三登場している **{{ }}** の**マスタッシュ構文**を使います。

属性に変数をバインドする v-bind

　ただし、マスタッシュ構文はタグの属性には使えません。タグの属性にリアクティブ変数を割り当てる場合は、**v-bind** ディレクティブを使います。構文は、次のようになります。

v-bind

```
v-bind:属性名="テンプレート変数"
```

　例としては、リスト 2-9 のようなコードです。この場合は、テンプレート変数として用意された url を a タグの href 属性として割り当てます。

▼ **リスト 2-9　v-bind の例**

```
<a v-bind:href="url" target="_blank">Nuxt.jsのサイト</a>
```

イベントを設定する v-on

　v-on ディレクティブは、リスト 2-3 ですでに登場しています。イベントを設定するディレクティブであり、次の構文となります。

　イベントとしては、リスト 2-3 の **click** をはじめとして、フォーカスを失ったときの **blur** や入力内容が更新されたときの **input** など、JavaScript で用意されているイベントがそのまま利用できます。

v-on

```
v-on:イベント名="イベント発生時に実行するメソッド名"
```

双方向データバインディングの v-model

　v-model ディレクティブは、双方向データバインディングのディレクティブと呼ばれ、テンプレート変数と入力コントロールの値を連動させるディレクティブです。構文は、次のようになります。

v-model

```
v-model="テンプレート変数"
```

　例としては、リスト 2-10 のようなコードです。この場合は、テンプレート変数として用意された inputNameModel の値と input タグ入力欄の入力値が連動します。ここでは、単なるテキスト入力欄の例ですが、ラジオボタンやチェックボックス、ドロップダウンリストなど、さまざまな入力コントロールで連動させることができます。

▼ リスト 2-10　v-model の例

```
<input type="text" v-model="inputNameModel">
```

HTML 文字列をそのまま表示させる v-html

　v-html ディレクティブは、HTML 文字列をそのまま表示させることができるディレクティブです。マスタッシュ構文など、テンプレート部分に HTML 文字列をバインドする場合は、自動で HTML エスケープされるようになっています。このとき、エスケープさせずにレンダリングさせたい場合に v-html ディレクティブを利用します。

　構文は、次のようになります。

v-html

```
v-html="HTML記述のテンプレート変数"
```

　例としては、リスト 2-11 のようなコードです。この場合は、テンプレート変数として用意された HTML 文字列の htmlStr が、そのままタグはタグとして section タグ内にレンダリングされます。

▼ リスト 2-11　v-html の例

```
<section v-html="htmlStr"></section>
```

静的コンテンツ表示の v-pre

　v-pre ディレクティブは、マスタッシュ構文も含めて、配下のタグ内のテンプレート記述を全て無効化し、そのまま表示させるディレクティブです。

　例としては、リスト 2-12 のようなコードです。この場合、section タグ内の p タグの v-on ディレクティブの記述や {{hello!}} というコードは、click イベントの設定やテンプレート変数 hello の値を表示するというような解析処理は行われず、そのまま表示されます。

▼ リスト 2-12　v-pre の例

```
<section v-pre>
  <p v-on:click="showHello">{{hello!}}</p>
</section>
```

データバインディングを初回のみに制限する v-once

　v-once ディレクティブは、データバインドを初回の 1 回だけ行うディレクティブです。例としては、リスト 2-13 のようなコードです。この場合、テンプレート変数の price は、最初に表示した時点の値で固定され、その後、変数の値が変化しても表示内容は変化しないようになります。

▼ リスト 2-13　v-once の例

```
<p v-once>金額は{{price}}円です。</p>
```

マスタッシュ構文の非表示に役立つ v-cloak

　v-cloak ディレクティブは、マスタッシュ構文がレンダリングされる前に一瞬そのまま表示されてしまわないように、該当箇所を一時的に非表示するためのディレクティブです。

　例としては、リスト 2-14 のようなコードです。この場合、マスタッシュ構文がレンダリングされて、テンプレート変数 hello の値が p タグ内に表示されるまで、p タグには v-cloak 属性が付与されたままとなります。その後、hello の値が表示されると同時に、v-cloak 属性が削除されます。この仕組みを利用して、スタイルブロックに属性セレクタとして v-cloak を用意しておき、そのスタイルプロパティとして非表示を表す display: none を設定しておきます。このコードにより、マスタッシュ構文がレンダリングされるまで、一時的に非表示にすることが可能となります。

▼ リスト 2-14　v-cloak の例

```
<template>
  <p v-cloak>{{hello}}</p>
</template>
<style>
[v-cloak] {
  display: none;
}
</style>
```

条件分岐の v-if

　ここから制御のディレクティブを 3 個紹介します。最初に条件分岐のディレクティブで、構文は次のようになります。

条件分岐ディレクティブ

```
v-if="条件"
    ⋮
v-else-if="条件"
    ⋮
v-else
```

　例としては、リスト 2-15 のようなコードです。この場合は、テンプレート変数 randomNumber の値によって表示内容が「優です。」、「良です。」、「可です。」、「不可です」と分岐します。

▼ **リスト 2-15　条件分岐ディレクティブの例**

```
<p>
  点数は{{randomNumber}}点で
  <span v-if="randomNumber >= 80">優です。</span>
  <span v-else-if="randomNumber >= 70">良です。</span>
  <span v-else-if="randomNumber >= 60">可です。</span>
  <span v-else>不可です。</span>
</p>
```

表示と非表示の切り替えを行う v-show

　v-show ディレクティブは、v-if と同じく条件分岐のように利用できます。構文は次のようになります。

　ただし、v-if とは似て非なるディレクティブです。v-if の場合は、条件に合致しなかった場合、タグそのものは全くレンダリングされません。一方、v-show の場合は、条件に合致してもしなくても、タグはレンダリングされており、条件に合致しなかった場合は、そのスタイルとして display: none が適用されて非表示になっているだけです。

v-show ディレクティブ

```
v-show="条件"
```

　例としては、リスト 2-16 のようなコードです。この場合は、テンプレート変数 showOrNot の値がなんであれ、p タグはレンダリングされます。その上で、showOrNot が false の場合は非表示となります。

▼ **リスト 2-16　v-show ディレクティブの例**

```
<p v-show="showOrNot">
  条件に合致したので表示
</p>
```

なお、v-if と v-show との使い分けに関しては、次のように考えてください。

- **v-if**：表示・非表示の切り替えレンダリングコストがかかるため、表示・非表示が画面表示段階で決まっている場合に使用する。
- **v-show**：初回レンダリングコストはかかるが表示・非表示の切り替えコストが低いため、画面表示後に表示・非表示が頻繁に切り替わる場合に使用する。

ループ処理の v-for 〜配列〜

ディレクティブを紹介する最後として、ループのディレクティブである **v-for** を紹介します。構文としては、次のようになります。

v-for ディレクティブ

```
v-for="エイリアス in ループ対象"
```

上記構文中の**エイリアス**は、ループ対象によっていくつかパターンがあります。以下、順に紹介します。

ただし、その前に共通内容として、この v-for を利用する場合は、**v-bind:key** ディレクティブを記述することが推奨されている点を補足しておきます。v-bind:key ディレクティブの値でもって、Vue 本体がループによって生成された各要素を識別します。そのため、v-bind:key の値としては、ループ処理後、一意となる文字列が適しています。

このような v-for ディレクティブでの配列のループは、次の構文です。

配列の v-for

```
v-for="各要素を格納する変数 in ループ対象"
    または
v-for="(各要素を格納する変数, インデックス値を格納する変数) in ループ対象"
```

例としては、リスト 2-17 のようなコードです。この場合は、配列 cocktailList 内の各要素とそのインデックスがリスト表示されます。

▼ **リスト 2-17　配列ループの例**

```
<ul>
  <li
    v-for="(cocktailName, index) in cocktailList"
    v-bind:key="cocktailName">
    {{cocktailName}}(インデックス{{index}})
  </li>
</ul>
```

ループ処理の v-for 〜オブジェクト〜

オブジェクトのループは、次の構文です。

オブジェクトの v-for

```
v-for="(各プロパティの値を格納する変数，各プロパティ名を格納する変数) in ループ対象"
    または
v-for="(各プロパティの値を格納する変数，各プロパティ名を格納する変数，インデックス値を格納する変数) ↩
in ループ対象"
```

　例としては、リスト 2-18 のようなコードです。この場合は、カクテルのひとつであるホワイトレディの ID や名称、金額などさまざまなデータが格納されたオブジェクトリテラルである whiteLady の各プロパティが、そのプロパティ名とともに定義リストの形式で表示されます。

▼ **リスト 2-18　オブジェクトループの例**

```
<dl>
  <template
    v-for="(value, key) in whiteLady"
    v-bind:key="key">
    <dt>{{key}}</dt>
    <dd>{{value}}</dd>
  </template>
</dl>
```

 制御のディレクティブでの template タグ

　リスト 2-18 では、dt タグと dd タグのワンセットをまとめてループする必要があります。このように複数のタグをまとめて制御の対象としたい場合は、template タグを利用し、その template タグに v-if や v-for などの制御のディレクティブを記述します。

ループ処理の v-for 〜 Map 〜

Map のループは、次の構文です。

Map の v-for

```
v-for="[各要素のキーを格納する変数，各要素の値を格納する変数] in ループ対象"
```

　例としては、リスト 2-19 のようなコードです。この場合は、カクテルの ID をキー、カクテル名を値とする Map オブジェクトであるテンプレート変数 cocktailList をループさせています。結果、各カクテルの ID とカクテル名がリスト表示されます。

▼ **リスト 2-19　Map ループの例**

```
<ul>
  <li
    v-for="[id, cocktailName] in cocktailList"
    v-bind:key="id">
    IDが{{id}}のカクテルは{{cocktailName}}
  </li>
</ul>
```

NOTE　連想配列と Map

　TypeScript ／ JavaScript において、連想配列でデータを管理する場合、オーソドックスな方法はオブジェクトを利用する方法です。TypeScript には、この連想配列としてのオブジェクトの型定義として、**インデックスシグネチャ**があり、このインデックスシグネチャを導入することで、より連想配列らしいデータ表現が可能となっています。

　ただし、この方法は純粋な連想配列ではなく、あくまでオブジェクトを流用しているに過ぎません。そのため、連想配列としてのオブジェクトのループは、一般的なオブジェクトのループと同じ構文が使えます。

　一方、2015 年以降、JavaScript には純粋な連想配列オブジェクトとして **Map** が導入されており、TypeScript でも利用できます。この Map を利用することで、効率よくデータ管理が行えます。そのため、本書の以降のサンプルでも、Map によるデータ管理を多用していきますので、その使い勝手を味わってください。

2│2　コンポーネント間連携

前節で、ひとつの .vue ファイル内への記述に関しては、一通り紹介したことになります。

本節では、コンポーネントを増やします。複数のコンポーネントが連携して画面を表示する方法を紹介してきます。

といっても、本節の内容も、Vue 3 のコーディングの範囲となりますので、前節同様、すでに Vue 3 によるコーディングを行っている読者諸兄姉には、復習のような内容となっていることをご了承ください。

◎ 2.2.1　基本のコンポーネントタグ記述

自コンポーネントに他のコンポーネントを埋め込む基本は、コンポーネントタグの記述です。

具体例を見ていきましょう。新たなプロジェクトとして components-basic を作成し、プロジェクト内に components フォルダを作成してください。その中に、リスト 2-20 の OneSection.vue ファイルを作成してください。

▼ リスト 2-20　components-basic/components/OneSection.vue

```
<template>
  <section class="box">
    <h4>ひとつのコンポーネント</h4>
    <p>
      コンポーネントとは、…
    </p>
  </section>
</template>

<style scoped>
.box {
  border: green 1px dashed;
  margin: 10px;
}
</style>
```

さらに、その components フォルダ内に parts フォルダを作成し、リスト 2-21 の TheSupplement.vue ファイルを作成してください。

▼ リスト 2-21 components-basic/components/parts/TheSupplement.vue

```
<template>
  <section class="box">
    <h2>利用方法</h2>
    <p>
      タグを記述。
    </p>
  </section>
</template>

<style scoped>
.box {
  border: orange 1px dotted;
  margin: 10px;
}
</style>
```

その上で、app.vue をリスト 2-22 の内容に書き換えてください。

▼ リスト 2-22 components-basic/app.vue

```
<template>
  <section>
    <h1>コンポーネント基礎</h1>
    <OneSection/>
    <OneSection/> ――――――――――――――――――――――❶
    <PartsTheSupplement/> ―――――――――――――――❷
  </section>
</template>

<style>
section {
  border: blue 1px solid;
  margin: 10px;
}
</style>
```

このプロジェクトを表示させると、図 2-4 の画面が表示されます。

▼ 図 2-4　コンポーネントを利用して表示させた画面

図 2-4 の破線で囲まれた部分が、リスト 2-20 の OneSection コンポーネントがレンダリングされた結果です。そして、そのようにレンダリングさせる記述がリスト 2-22 の❶のタグです。まさにコンポーネント名のタグです。

このように、他のコンポーネントを埋め込んでレンダリングしたい場合は、単にそのコンポーネント名、すなわち、.vue ファイル名のタグを記述するだけです。

◎ 2.2.2　Nuxt はコンポーネントもオートインポート

ところで、すでに Vue でコーディングを行っている読者諸兄姉は、またもや、このプロジェクトのコーディングに違和感を覚えるかもしれません。通常、他のコンポーネントを利用する場合、次のインポート文がスクリプトブロックに必要です。

```
import OneSection from "@/components/OneSection.vue";
```

実は、Nuxt では、components フォルダ内のコンポーネントファイルのインポートも自動化されています。そのため、コンポーネント名のタグを記述するだけで問題なく動作します。

さらに、このオートインポートは強力であり、サブフォルダ内のコンポーネントファイルも自動インポートされます。

ただし、その場合は、タグ名が変わってきます。それが、リスト 2-22 の❷のタグです。PartsTheSupplement.vue というファイルは存在しません。これは、parts フォルダ内の TheSupplement.vue を表す記述であり、Nuxt はそのように解釈して、リスト 2-21 の TheSupplement.vue ファイルをレンダリングします。図 2-4 の破線の部分が、そのことを物語っています。

サブフォルダ内のコンポーネント名

　Nuxt の公式ドキュメントによると、サブフォルダ内のコンポーネントファイル名には、サブフォルダ名を含めること を推奨しています。となると、リスト 2-21 の TheSupplement.vue は、タグ名と同様の PartsTheSupplement. vue の方が、より推奨されたファイル名ということになります。

　ここで、ひとつ実験をしてみます。以下の 4 ファイルを準備します。その上で、リスト 2-22 の ❷ のように PartsTheSupplement タグを記述したら、どれが読み込まれるかというものです。

① components/PartsTheSupplement.vue
② components/parts/PartsTheSupplement.vue
③ components/parts/TheSupplement.vue
④ components/wow/PartsTheSupplement.vue

　結果は、①→②→③の順番で読み込まれていきます。さらに、④は全く読み込まれません。この仕組みは、コンポー ネント設計の上で、意識しておいた方がよいといえます。

◎ 2.2.3　親から子にデータを渡す Props

　components-basic プロジェクトでは、単に静的なコンポーネントをレンダリングするだけでした。コン ポーネント利用の真骨頂は、コンポーネント間でデータのやり取りが行えるところです。そのうち、まず、本項 では、親から子にデータを渡す仕組みを紹介します。

　新たなプロジェクトとして components-props を作成し、プロジェクト内に components フォルダを作 成してください。その中に、リスト 2-23 の OneMember.vue ファイルを作成してください。

▼ リスト 2-23　components-props/components/OneMember.vue

```
<script setup lang="ts">
//Propsインターフェースの定義。
interface Props {                                                    ┐
  id: number;                                                        │
  name: string;                                                      │
  email: string;                                                     ├── ❶
  points: number;                                                    │
  note?: string;                                                     │
}                                                                    ┘
//Propsオブジェクトの設定。
const props = defineProps<Props>();  ──────────────────────────────── ❷

//このコンポーネント内で利用するポイント数のテンプレート変数。
const localPoints = ref(props.points);  ───────────────────────────── ❸
//Propsのnoteを加工する算出プロパティ。
const localNote = computed(  ──────────────────────────────────────── ❹
  (): string => {
    let localNote = props.note;  ───────────────────────────────────── ❺
```

```
    if(localNote == undefined) {
      localNote = "--";
    }
    return localNote;
  }
);
// ［ポイント加算］ボタンをクリックしたときのメソッド。
const pointUp = (): void => {
  localPoints.value++;
}
</script>

<template>
  <section class="box">
    <h4>{{name}}さんの情報</h4>
    <dl>
      <dt>ID</dt>
      <dd>{{id}}</dd>
      <dt>メールアドレス</dt>
      <dd>{{email}}</dd>
      <dt>保有ポイント</dt>
      <dd>{{localPoints}}</dd>
      <dt>備考</dt>
      <dd>{{localNote}}</dd>
    </dl>
    <button v-on:click="pointUp">ポイント加算</button>
  </section>
</template>

<style scoped>
.box {
  border: green 1px solid;
  margin: 10px;
}
</style>
```

❻

その上で、app.vue をリスト 2-24 の内容に書き換えてください。

▼ **リスト 2-24　components-props/app.vue**

```
<script setup lang="ts">
//会員リストデータを用意。
const memberListInit = new Map<number, Member>();
memberListInit.set(33456, {id: 33456, name: "田中太郎", email: "bow@example.com", points: 35, ↵
note: "初回入会特典あり。"});
memberListInit.set(47783, {id: 47783, name: "鈴木二郎", email: "mue@example.com", points: 53});
const memberList = ref(memberListInit);

//会員リスト内の全会員のポイント合計の算出プロパティ。
const totalPoints = computed(
  (): number => {
```

```
      let total = 0;
      for(const member of memberList.value.values()) {
        total += member.points;
      }
      return total;
    }
);

//会員情報インターフェース。
interface Member {
  id: number;
  name: string;
  email: string;
  points: number;
  note?: string;
}
</script>

<template>
  <section>
    <h1>会員リスト</h1>
    <p>全会員の保有ポイントの合計: {{totalPoints}}</p>
    <OneMember
      v-for="[id, member] in memberList"
      v-bind:key="id"
      v-bind:id="id"
      v-bind:name="member.name"
      v-bind:email="member.email"
      v-bind:points="member.points"
      v-bind:note="member.note"/>
  </section>
</template>
```

❶

　このプロジェクトを表示させると、図2-5の①の画面が表示されます。画面中の［ポイント加算］ボタンをクリックすると、②のようにその会員のポイントが増加します。一方で、全会員の保有ポイントの合計は変化しません。これを変化させる方法は、次項で紹介します。

▼ 図 2-5　2 人分の会員情報を表示させた画面

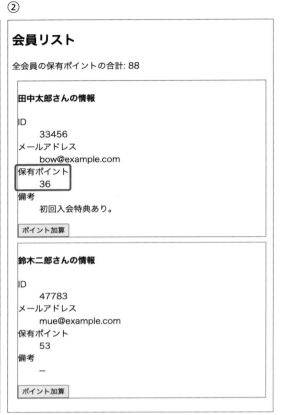

子コンポーネントでの Props の準備

親コンポーネントから子コンポーネントにデータを渡す仕組みを、**Props**（プロップス）といいます。この Props を利用する場合は、まず、子コンポーネント、すなわち、データを受け取る側のコンポーネントで Props を利用する準備をしておく必要があります。それは、次の 2 手順です。

1. 個々の Prop をメンバとするインターフェースを定義する
2. defineProps() 関数を実行する

以下、順に説明していきます。

1. 個々の Prop を記述したインターフェースを定義する

リスト 2-23 の❶がこれに該当します。❶ではインターフェース名を Props としていますが、手順 2 で説明するように、この名前は何でもかまいません。ただし、特段の理由がない限り、Props としておきます。親コンポーネントから受け取りたいデータ、つまり、各 Prop は、Props インターフェースのプロパティとして定義します。リスト 2-23 の❶では、一人の会員の ID を表す数値型の id、名前を表す文字列型の

name、メールアドレスを表す文字列型の email、保有ポイント数を表す数値型の points、備考を表す文字列型の note が定義されています。さらに、note は省略可能なプロパティとなっています。

2. defineProps() 関数を実行する

リスト 2-23 の❷がこれに該当します。手順 1 で定義したインターフェースを Props として利用するためには、**defineProps()** 関数を実行します。

その際、❷のように＜＞内に該当のインターフェースをジェネリクスとして型指定します。これによって、指定したインターフェースが Props として機能するようになります。そのため、個々の Prop を定義するインターフェース名は何でもかまいませんが、やはり Props が妥当といえます。

以上の内容を構文としてまとめると、次のようになります。

Props 定義

```
interface Props {
各Prop名: データ型;
    ⋮
}
defineProps<Props>();
```

Props の定義はこの構文を記述しておけば、それで問題なく動作します。ただし、スクリプトブロックで親から渡されたデータ、すなわち、各 Prop の値を利用したい場合は、リスト 2-23 の❷のように、defineProps() の戻り値を変数として受け取り、❸や❺のように、そのプロパティを利用すれば可能です。

Props 利用の注意点

ただし、注意点があります。それは、Props のデータは、readonly（読み取り専用）となっているため、直接は変更できないことです。

例えば、ポイントを加算したい際に、次のように直接 props の points は変更できません。

```
props.points++;
```

そのため、代わりに、❸のように、Props の値をもとにこのコンポーネント専用のテンプレート変数 localPoints を用意し、❻のように、その localPoints を変更するようにします。

実は、［ポイント加算］ボタンをクリックしても全会員の保有ポイントの合計が変化しないのは、Props の値が readonly であり、代わりに localPoints を変更させているこの仕組みが原因です。これを解決するためは、次項で紹介する内容が必要です。

親コンポーネントから Props に値を渡すコード

その次項に移る前に、親コンポーネントから Props に値を渡すコードを確認しておきます。それが、リスト2-23 の❶であり、コンポーネントタグ内の属性として、各 Prop 名を記述するだけです。ただし、テンプレート変数を Props 経由で渡したい場合は、❶のように、v-bind ディレクティブを利用することになります。

　最後に、この親コンポーネントから子コンポーネントの Props へデータを渡す方法を、構文としてまとめておきます。

Props へのデータ渡し

```
<子コンポーネント名
   v-bind:Prop名="テンプレート変数名"
        :
  />
```

◎ 2.2.4　子が親のイベントを実行する Emit

　では、components-props の欠陥を修正して、全会員の保有ポイントの合計が変化するように改造した components-emit を作成していきましょう。

　新規プロジェクト components-emit を作成したら、リスト 2-25 の components/OneMember.vue ファイルを作成してください。なお、components-props と同じコード部分は省略しています。違いは太字の部分です。その他は、適宜コピー＆ペーストしてください。

▼ **リスト 2-25　components-emit/components/OneMember.vue**

```
<script setup lang="ts">
interface Props {
  ～省略（components-propsと同じ）～
}

//Emits型を定義。
type Emits = {                                                      ──────┐
  incrementPoint: [id: number];                                           │──❶
};                                                                 ──────┘

//Propsオブジェクトの設定。
const props = defineProps<Props>();
//Emitの設定。
const emit = defineEmits<Emits>();                                 ──────── ❷

//Propsのnoteを加工する算出プロパティ。
const localNote = computed(
  ～省略（components-propsと同じ）～
);
// ［ポイント加算］ボタンをクリックした時のメソッド。
const pointUp = (): void => {
  emit("incrementPoint", props.id);                                ──────── ❸
}
</script>

<template>
  ～省略（components-propsと同じ）～
```

```
      <dt>保有ポイント</dt>
      <dd>{{points}}</dd>
      <dt>備考</dt>
      <dd>{{localNote}}</dd>
    </dl>
    <button v-on:click="pointUp">ポイント加算</button>
  </section>
</template>

<style scoped>
～省略（components-propsと同じ）～
</style>
```
❹

2

その上で、app.vue をリスト 2-26 の内容に書き換えてください。同様に、components-props と同じコード部分は省略しており、違いは太字の部分です。

▼ リスト 2-26　components-emit/app.vue

```
<script setup lang="ts">
//会員リストデータを用意。
const memberListInit = new Map<number, Member>();
～省略（components-propsと同じ）～
const memberList = ref(memberListInit);

//会員リスト内の全会員のポイント合計の算出プロパティ。
const totalPoints = computed(
    ～省略（components-propsと同じ）～
);
//Emitにより実行されるメソッド。
const onIncrementPoint = (id: number): void => {
    //処理関数のidに該当する会員情報オブジェクトを取得。
    const member = memberList.value.get(id);
    //会員情報オブジェクトが存在するなら…
    if(member != undefined) {
      //ポイントをインクリメント。
      member.points++;
    }
}


//会員情報インターフェース。
interface Member {
    ～省略（components-propsと同じ）～
}
</script>

<template>
    ～省略（components-propsと同じ）～
      v-bind:note="member.note"
      v-on:incrementPoint="onIncrementPoint"/>
    </section>
</template>
```
❶
❷

このプロジェクトを表示させると、図 2-5 の①と同じ画面が表示されます。ただし、今度は、［ポイント加算］ボタンをクリックすると、図 2-6 のように全会員の保有ポイントの合計も変化します。

▼ 図 2-6　全会員の保有ポイントの合計も変化した画面

Emit の仕組みと流れ

この動作を見ると、子コンポーネントから親コンポーネントのデータを操作しているように見えますが、実は、子コンポーネントは、直接親コンポーネントのデータは操作できません。

そこで、親コンポーネントのデータを操作するメソッドを親コンポーネントに用意しておき、子コンポーネントから、そのメソッドを実行するようにお願いするような方法をとります。すなわち、親コンポーネントのイベントを実行することです。この仕組みを、**Emit**（エミット）といいます。components-emit プロジェクトで、この Emit を利用して、どのように全会員の保有ポイントが変化するかの流れを図にすると、図 2-7 のようになります。

▼図2-7 components-emit で Emit が利用される流れ

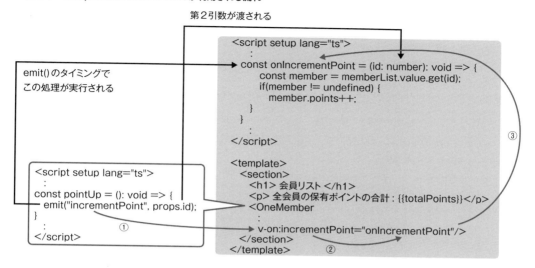

リスト 2-25 の❸のように、子コンポーネントで emit() が実行されると、そのタイミングで親コンポーネントのメソッド（components-emit ではリスト 2-26 の❶の onIncrementPoint）が実行されます。その流れは、次の通りです。

① 親コンポーネントにおいて、子コンポーネントの emit() の第 1 引数の文字列（incrementPoint）と、子コンポーネントタグに記述した v-on ディレクティブの引数と一致するものを探します。これは、リスト 2-26 の❷が該当します。

② 一致した v-on ディレクティブの属性値に注目します。これは、リスト 2-26 の❷では onIncrementPoint です。

③ 親コンポーネントのスクリプトブロックで、②と一致するメソッドを実行します。

この流れで、emit() が実行されたタイミングで、親コンポーネントのメソッドが実行されるようになります。さらに、その際に、emit() の第 2 引数以降のデータが、そのままメソッドの引数として渡されます。結果、データも一緒に親コンポーネントに渡ることになります。

Emit 利用のコーディングパターン

この流れを踏まえて、Emit を利用する場合のコーディングパターンは、次のようになります。

1. 親コンポーネントへの記述
    1-1. 処理メソッドの用意
    1-2. v-on ディレクティブの記述
2. 子コンポーネントの記述
    2-1. Emit 定義
    2-2. Emit の実行

1-1. 親コンポーネントへの記述 ― 処理メソッドの用意

　親コンポーネントに、子コンポーネントがemit()を実行したタイミングで実行する処理メソッドを定義します。

　リスト 2-26 では、❶が該当します。その際、emit() の第 2 引数以降のデータを受け取れるように、同じく引数定義をしておきます。❶では、数値型の id が該当します。

1-2. 親コンポーネントへの記述 ― v-on ディレクティブの記述

　親コンポーネントで、子コンポーネントタグを記述する際、v-on ディレクティブを記述し、その属性値として 1-1 のメソッド名を記述します。この v-on ディレクティブの引数は任意の文字列でよく、これをイベント名とし、子コンポーネントで利用します。

　リスト 2-26 では❷が該当し、イベント名を incrementPoint としています。

2-1. 子コンポーネントへの記述 ― Emit の定義

　子コンポーネント内で Emit を定義します。リスト 2-25 の❶と❷が該当します。

　まず、❶のように、**type** キーワードを利用して Emit の型定義を行います。型名は、通常 Emits とします。定義内容は、1-2 で用意したイベント名をプロパティ名とするオブジェクト型です。❶では incrementPoint となっています。

　そのプロパティの値に**ラベル付きタプル**を記述します。このラベル付きタプルに、親コンポーネントにデータを渡すための引数を定義します。components-emit プロジェクトでは、会員の id 値を受け取らないとポイント加算ができませんので、数値型の id を定義しています。もし、引数が不要な場合は、単に [] と記述し、空のタプルとします。

　このようにして Emit の型を定義した後、❷のように **defineEmits()** 関数を実行し、その際にジェネリクスの型指定として❶で定義した Emits 型を指定します。また、この defineEmits() の戻り値は、必ず変数として受け取ります。❷では emit としています。

　ここまでの内容を踏まえて、Emit の定義を構文としてまとめておきます。

Emit 定義

```
type Emits = {
  イベント名: [引数: データ型, …];
      ⋮
};
const emit = defineEmits<Emits>();
```

2-1. 子コンポーネントへの記述 ― Emit の実行

　子コンポーネントで親コンポーネントのメソッドを実行したいタイミングで **emit()** を実行します。その際、第 1 引数として実行したいイベント名を渡します。第 2 引数以降は、定義されていれば渡します。

　リスト 2-25 では、❸が該当します。第 1 引数にイベント名である incrementPoint を渡し、第 2 引数にポイント加算したい会員の id、すなわち、props.id を渡しています。

　ここで実行している emit() は、一見あらかじめ用意された関数のように見えますが、実は、まさに、2-1 で defineEmits() の戻り値を格納した変数です。そのため、通常、defineEmits() の戻り値を受け取る変数名は、emit としています。

　以上の手順で、子コンポーネントから親コンポーネントのメソッドを実行し、結果的に、指定会員のポイントが加算されるようになります。そして、リアクティブシステムのおかげで、加算された新しい値のポイントは、そのまま Props として子コンポーネントに反映されます。リスト 2-25 の❹で、保有ポイントを表示する変数が Props の points になっているのは、そのためです。

NOTE

ラベル付きタプルを利用した Emits 型定義

　ここで紹介した Emits の型定義、すなわち、イベント名をプロパティ名としてプロパティの値をラベル付きタプルとする定義方法は、Vue.js のバージョン 3.3 から導入された方法です。バージョン 3.0〜3.2 では、次の構文のように、コールシグネチャを定義したインターフェースで Emits の型定義を行っていました。もちろん、3.3 でもこの方法は有効ですが、より簡潔に書ける方法が導入されました。

コールシグネチャによる Emits 型定義

```
interface Emits {
  (event: "イベント名", 引数: データ型, …): void;
    ⋮
}
```

---

②｜③ ステートの利用

コンポーネント内の記述方法、コンポーネント間連携方法と紹介してきました。これまでの内容は、一部 Nuxt 独特の内容も含まれていますが、基本的には Vue 3 の内容そのままです。

本節でようやく本格的に Nuxt 独特の構文が登場します。それは、コンポーネントをまたいでデータを共有する方法です。

◎ 2.3.1 Props+Emit の問題点

前節で紹介したコンポーネント間連携の方法を図としてまとめると、図 2-8 のようになります。

▼ 図 2-8　Props ダウン、イベントアップ

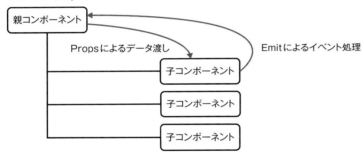

親コンポーネントから子コンポーネントへデータを渡す Props と、子コンポーネントから親コンポーネントのイベント処理を呼び出すことでデータを渡す Emit を合わせて、「Props ダウン、イベントアップ」といいます。しかし、この方法は、単純な親子関係では有効ですが、コンポーネント数が増え、構造が複雑になるとすぐに破綻します（図 2-9）。

▼ 図 2-9　Props ダウン、イベントアップだけでは難しい

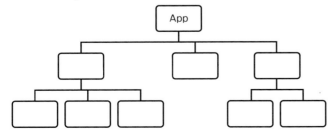

そこで、アプリケーション全体でデータを保持しておき、各コンポーネントはそこからデータを取得したり、そのデータを書き換えたりという仕組みが必要になります（図2-10）。

▼ 図 2-10　アプリケーション全体でのデータ管理が必要

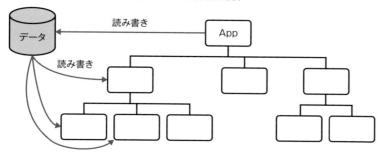

Vue 単体では、これを実現する仕組みとして、**Provide** と **Inject** というのがあります。あるいは、より本格的にデータを管理できるモジュールとして、**Pinia** というものがあり、Vue プロジェクト作成時に追加することも可能です。

このように、コンポーネントをまたいでのデータ管理のことを、**ステート管理**といい、Pinia は、Vue 3 から新たに導入されたステート管理モジュールです。

そして、これらの機能は、そのまま Nuxt でも利用できます。一方、Nuxt には独自のステート管理の仕組みがあります。次に、それを紹介していきます。

◎ 2.3.2　Nuxt のステート管理を利用したサンプル作成

では、早速、Nuxt のステート管理の仕組みを利用したサンプルを作成しましょう。まず、新しいプロジェクトとして、state プロジェクトを作成してください。

このサンプルの動作は、components-emit と同じですが、コンポーネントをまたいでデータを管理できる様子が理解しやすいように、コンポーネントを増やします。また、インターフェース Member もコンポーネントをまたいで利用されるので、別ファイル化します。

まず、そのファイルとして、interfaces.ts をプロジェクト直下に作成し、リスト 2-27 の Member インターフェースをエクスポートするコードを記述してください。

▼ リスト 2-27　state/interfaces.ts

```
export interface Member {
  id: number;
  name: string;
  email: string;
  points: number;
  note?: string;
}
```

次に、リスト 2-28 の components/OneMember.vue ファイルを作成してください。

▼ **リスト 2-28　state/components/OneMember.vue**

```
<script setup lang="ts">
import type {Member} from "@/interfaces";

//Propsインターフェースの定義。
interface Props {
  id: number; ──────────────────────────────────────────────── ❶
}
//Propsオブジェクトの設定。
const props = defineProps<Props>();
//会員情報リストをステートから取得。
const memberList = useState<Map<number, Member>>("memberList"); ──────── ❷
//該当する会員情報の取得。
const member = memberList.value.get(props.id) as Member; ──────────── ❸
//noteを加工する算出プロパティ。
const localNote = computed(
  (): string => {
    let localNote = member.note;
    if(localNote == undefined) {
      localNote = "--";
    }
    return localNote;
  }
);
// [ポイント加算] ボタンをクリックした時のメソッド。
const pointUp = (): void => {
  member.points++; ──────────────────────────────────────────── ❹
}
</script>

<template>
  <section class="box">
    <h4>{{member.name}}さんの情報</h4>
    <dl>
      <dt>ID</dt>
      <dd>{{id}}</dd>
      <dt>メールアドレス</dt>
      <dd>{{member.email}}</dd>
      <dt>保有ポイント</dt>
      <dd>{{member.points}}</dd>
      <dt>備考</dt>
      <dd>{{localNote}}</dd>
    </dl>
    <button v-on:click="pointUp">ポイント加算</button>
  </section>
</template>

<style scoped>
.box {
  border: green 1px solid;
  margin: 10px;
}
```

```
</style>
```

次に、リスト 2-29 の components/TheBaseSection.vue ファイルを作成してください。

▼ **リスト 2-29　state/components/TheBaseSection.vue**

```
<script setup lang="ts">
import type {Member} from "@/interfaces";

//会員情報リストをステートから取得。
const memberList = useState<Map<number, Member>>("memberList"); ——————————❶
//保有ポイントの合計の算出プロパティ。
const totalPoints = computed(
  (): number => {
    let total = 0;
    for(const member of memberList.value.values()) { —————————————————❷
      total += member.points;
    }
    return total;
  }
);
</script>


<template>
  <section>
    <h1>会員リスト</h1>
    <p>全会員の保有ポイントの合計: {{totalPoints}}</p>
    <OneMember
      v-for="id in memberList.keys()" ——————————————————————————————❸
      v-bind:key="id"
      v-bind:id="id"/> ———————————————————————————————————————————————❹
  </section>
</template>


<style scoped>
section {
  border: orange 1px dashed;
  margin: 10px;
}
</style>
```

最後に、app.vue をリスト 2-30 の内容に書き換えてください。

▼ **リスト 2-30　state/app.vue**

```
<script setup lang="ts">
import type {Member} from "@/interfaces";

//会員情報リストをステートとして用意。
useState<Map<number, Member>>( ————————————————————————————————————————❶
  "memberList", ————————————————————————————————————————————————————————❷
```

```
  (): Map<number, Member> => {                                              ❸
    const memberListInit = new Map<number, Member>();
    memberListInit.set(33456, {id: 33456, name: "田中太郎", email: "bow@example.com", points: ↵
35, note: "初回入会特典あり。"});                                            ❹
    memberListInit.set(47783, {id: 47783, name: "鈴木二郎", email: "mue@example.com", points: ↵
53});                                                                       
    return memberListInit;                                                  ❺
  }
);
</script>

<template>
  <TheBaseSection/>                                                         ❻
</template>
```

　このプロジェクトを表示させると、図 2-11 の画面が表示されます。components-emit の実行結果画面とほぼ同じですが、全体を囲む破線の枠線が増えています。

▼ 図 2-11　ステートを利用したプロジェクトの画面

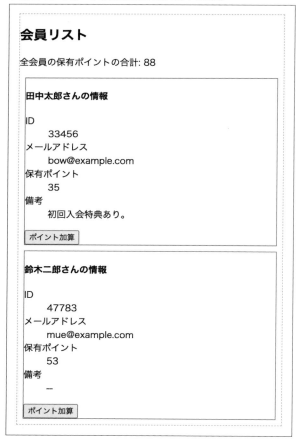

▍インターフェースのインポート

リスト 2-27 で作成した interfaces.ts は、さまざまなコンポーネントで利用される Member インターフェースをエクスポートしているファイルです。このファイルはオートインポートの対象ではありませんので、各コンポーネントファイルのスクリプトブロックの先頭でインポートする必要があります。

ただし、通常のインポート文ではなく、**import type** と書かれています。Vue では、インターフェースのような型定義をインポートする場合は、import type を利用することを推奨しています。

また、インポート対象ファイルのパス記述に登場する **@** は、プロジェクトフォルダそのものを指します。この @ を利用することで、相対パスでの記述が不要になり、わかりやすいインポート文が記述できるようになります。

▍コンポーネントの関係

先述のように、このプロジェクトは、コンポーネント 3 個で構成されています。その関係を図にすると、図 2-12 のようになります。

▼ 図 2-12　state プロジェクトのコンポーネントの関係

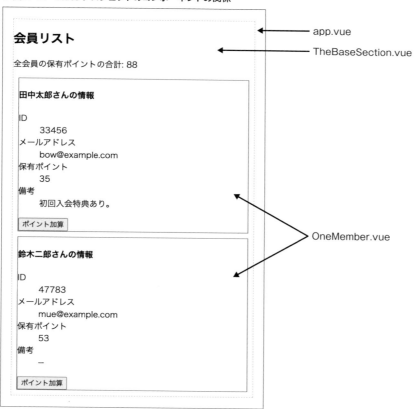

大枠となる app.vue は、表示上何も行っていません。リスト 2-30 の❻のように、TheBaseSection コンポーネントを表示させているだけです。

61

その TheBaseSection の表示領域が、図 2-12 の破線の領域です。この表示内容は、components-emit の app.vue と同じです。タイトルや、全会員の保有ポイントの合計の表示、さらには、OneMember コンポーネントをループ表示させています。

その OneMember コンポーネントの表示領域が、図 2-12 の実線の部分です。

◎ 2.3.3 ステートを用意する useState()

では、TheBaseSection を読み込む以外は表示処理を何もしていない app.vue は何をしているのかというと、アプリケーション全体で必要とするデータである会員リスト情報をステートとして用意する処理を行っています。他のコンポーネントは、この app.vue で用意されたステートを利用して会員情報をリスト表示させたり、ポイントの加算処理を行ったりしています（図 2-13）。

▼ 図 2-13　state プロジェクトのステートの関係

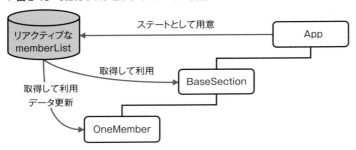

app.vue でステートを用意しているコードは、具体的には、リスト 2-30 の❶〜❺です。

このうち、中心となるのが、❶の **useState()** 関数です。スクリプトブロックでこの関数を実行すると、Nuxt はそのデータはステートとして管理し、コンポーネントをまたいで利用できるリアクティブデータとして扱えるようになります。

この useState() 関数を利用する場合は、まず、ステートとするデータを、ジェネリクスとして型指定します。❶では、会員情報リストですので、Map<number, Member> としています。

useState() 関数には、引数を 2 個渡します。第 1 引数が、ステート名です。この名称でステートデータを識別しますので、アプリケーション全体で一意となるようにします。リスト 2-30 では❷が該当し、memberList としています。

第 2 引数は、ステートとして管理するデータの初期値を生成するアロー関数です。アロー関数の戻り値のデータ型は、当然、ステートとするデータのデータ型、すなわち、useState() 関数のジェネリクスに型指定したデータ型と同一です。リスト 2-30 では❸が該当し、ジェネリクスと同じく Map<number, Member> となっています。そして、アロー関数内に初期値をリターンするコードを記述します。リスト 2-30 では、❹で会員情報リストデータを生成し、❺でリターンしています。

このコードにより、他のコンポーネントでは、会員情報リストデータは、memberList という名称で取り出せることになります。

このステートを用意するコードを構文としてまとめると、次の通りです。

```
useState<ステートのデータ型>(
  ステート名,
  (): ステートのデータ型 => {
    ステートの初期値の生成処理
    return ステートの初期値;
  }
);
```

◎ 2.3.4 ステートの利用も useState()

app.vue で useState() を利用して用意されたステートである memberList を、子コンポーネントである TheBaseSection で取得しているコードが、リスト 2-29 の❶です。同様に、OneMember では、リスト 2-28 の❷です。どちらも同じコードです。

実は、用意されたステートを取得する際に利用する関数も、**useState()** です。その際、ジェネリクスとして、ステートとして用意されたデータの型指定を行うところは、前項の構文と同様です。違うのは、引数であり、単に第 1 引数として取得したいステート名を指定します。リスト 2-29 の❶もリスト 2-28 の❷も memberList としています。これだけで、用意したステートが取得できます。

ただし、当然ですが、その戻り値を変数として受け取らなければ、コンポーネント内で利用できません。リスト 2-29 の❶もリスト 2-28 の❷もどちらも memberList としています。

ここまでの内容を構文としてまとめると、次のようになります。

ステートの取得

```
const ステートを格納する変数 = useState<ステートのデータ型>(ステート名);
```

▌取得したステートデータへの実際のアクセスは value プロパティ

このようにして useState() で取得したステートデータは、先述の通りリアクティブなデータとなっています。そのため、その変数、例えば、リスト 2-29 やリスト 2-28 の memberList は、ref() 関数で用意された変数と同等の扱いをしなければなりません。

具体的には、memberList は、Map オブジェクトではなく、ref() によってリアクティブな変数となったオブジェクトと同等の扱いとなります。そのため、その内部の Map オブジェクトにアクセスするには、value プロパティを利用しなければなりません。

もっとも、.value によるアクセスは、これまで ref() によってリアクティブな変数を扱う際には当たり前のように記述してきたコードパターンです。同様に、テンプレートブロックでは、.value を記述せずに変数名そのままでアクセスできるところも、これまで通りです。memberList をループさせるリスト 2-29 の❸の v-for では、リスト 2-24 やリスト 2-26 での v-for 同様に、.value が不要となっているのは、そのためです。

ステートを利用すると Props が最小限になる

ただし、リスト 2-29 は、リスト 2-24 やリスト 2-26 とは違い、memberList の Map オブジェクトそのものをループさせるのではなく、**key()** メソッドを利用し、取り出したキーである id のみのリストをループさせています。もちろん、それに合わせて、Props として OneMember に渡すデータも id のみとなっています。それが、リスト 2-29 の❹であり、受け取る側の OneMember の Props 定義も、リスト 2-28 の❶のように、id のみの定義となっています。

この id のみの Props でも問題なく動作するカラクリは、OneMember でも、❷のように、ステートから memberList を取得し、Props として受け取った id をもとに、❸のように、その memberList から一人分の会員情報を取り出すことが可能だからです。そのため、components-props や components-emit のように、全ての会員データを Props として受け渡す必要がありません。

データ更新も直接ステートを変更

また、components-emit では、ポイントを加算する際、Emit を利用して app.vue にデータ更新処理をお願いする必要がありました。これも、取得したステートの値を変更するだけで済むようになります。

それが、リスト 2-28 の❹です。❸で取得した一人分の会員データの points プロパティを加算するだけで、リアクティブシステムのおかげで、全会員の保有ポイントの合計も連動するようになっています。

このように、ステート機能を利用することで、余分な Props や複雑な Emit を利用する必要がなくなります。そして、Nuxt では標準でステート機能を提供しており、その核となるのが useState() 関数です。

COLUMN <h3>Nuxt での Pinia の利用</h3>

本節で紹介したように、Nuxt には独自のステート管理機能が含まれています。ただし、これはあくまで簡易的なものであり、本格的なステート管理を行う場合は、Pinia を利用した方が楽です。

Nuxt で Pinia を利用する場合は、次のコマンドで Pinia 本体と Pinia と Nuxt を連携させるモジュールである **@pinia/nuxt** をプロジェクトに追加します。

```
npm install pinia @pinia/nuxt
```

その上で、この @pinia/nuxt を Nuxt に認識させるための設定を nuxt.config.ts ファイルに追記します。これは、次のコードです。

```
export default defineNuxtConfig({
    :
    modules: [
        "@pinia/nuxt"
    ]
});
```

第 **3** 章

基本編

———

Nuxtでのルーティング

前章でコンポーネントへの基本的なコーディング方法を確認できたと思います。といっても、表示させていた画面は1画面のみです。アプリケーションには、画面遷移がつきものです。本章では、Nuxtでの画面遷移、すなわち、ルーティングを紹介します。

③ ｜ 1　Nuxt ルーティングの基本

Vue アプリケーションで画面遷移、すなわち、ルーティングを行う場合、**Vue Router** を利用するのが通常です。Nuxt では、この Vue Router を内部に含みながら、より簡単に Vue Router を利用できる仕組みがあります。本節では、Nuxt でのルーティングの基本を紹介していきます。

◎ 3.1.1　本節のサンプルの概要

先述のように、Nuxt でのルーティングは、Vue Router を使いやすくしたものです。実際に、その内部では、Vue Router が動作しています。そのため、基本的な考え方は、Vue Router と同じであり、したがって、本書では、Vue Router を習得済みであることを前提に、その差分で紹介していくものとします。

その Nuxt ルーティングの解説する題材として、本節で作成するサンプルプロジェクトである routing-basic の概要をまず紹介しておきます。routing-basic の画面遷移を図にすると、図 3-1 のようになります。

▼ 図 3-1　routing-basic プロジェクトの画面遷移

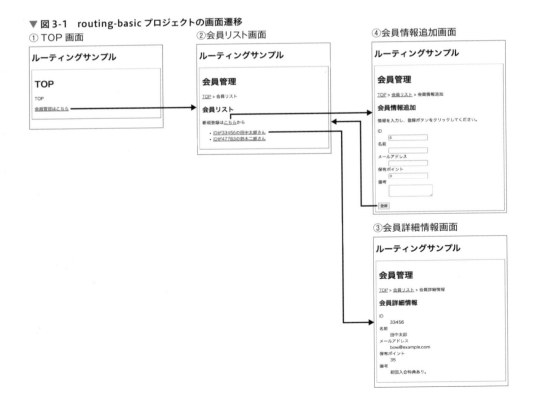

画面番号と、画面名とその画面を表すリンクパス（URL のドメイン以降の部分）の対応関係は、表 3-1 の通りです。

▼ **表 3-1 routing-basic プロジェクトの画面**

番号	画面名	リンクパス
①	TOP 画面	/
②	会員リスト画面	/member/memberList
③	会員詳細情報画面	/member/memberDetail/33456
④	会員情報追加画面	/member/memberAdd

まず、アプリケーションを表示させると、① TOP 画面が表示されます。そのため、この TOP 画面のリンクパスは、/（ルート）となっています。

その TOP 画面中の［会員管理はこちら］のリンクをクリックすると、②会員リスト画面が表示されます。その際のパスは、表 3-1 の通り、/member/memberList です。

会員リスト画面の各会員情報がリンクとなっており、それをクリックすると③会員詳細情報画面が表示されます。その際のパスは、表 3-1 では /member/memberDetail/33456 ですが、リンクパス末尾の「33456」はクリックする会員によって変化します。すなわち、**ルートパラメータ**です。

一方、②会員リスト画面の「新規登録はこちらから」の［こちら］リンクをクリックすると④会員情報追加画面が表示されます。その際のパスは、/member/memberAdd です。この画面に必要情報を入力し、［登録］ボタンをクリックすると、入力した会員情報が保存され、②会員リスト画面に戻ります。もちろん、その際、新たに保存された会員情報がリストに追加されています。

◎ 3.1.2 ルーティング表示領域を設定する NuxtPage タグ

このようなルーティングを行う場合、Vue Router では、ルーティング設定情報をファイルに記述する必要がありました。これが、Nuxt では不要です。では、どのようにルーティングを行うのか、その辺りを、実際にプロジェクトを作成しながら、解説していくことにします。

早速、routing-basic プロジェクトを作成し、2.3.2 項で作成した state プロジェクトの interfaces.ts（リスト 2-27）をファイルごと、routing-basic プロジェクト直下にコピー＆ペーストしてください。その上で、app.vue をリスト 3-1 の内容に書き換えてください。なお、スクリプトブロックは、同じく state プロジェクトの app.vue（リスト 2-30）と同じですので、省略しています。

▼ **リスト 3-1 routing-basic/app.vue**

```
<script setup lang="ts">
〜省略（リスト2-30と同じ）〜
</script>


<template>
  <header>
    <h1>ルーティングサンプル</h1>                                    ❶
  </header>
  <main>                                                           ❷
```

```
    <NuxtPage/>  ────────────────────────────────────────────── ❸
  </main>
</template>

<style>
main {  ──────────────────────────────────────────────────────┐
  border: blue 1px solid;                                       ❹
  padding: 10px;                                              
}  ───────────────────────────────────────────────────────────┘
#breadcrumbs ul li {  ────────────────────────────────────────┐
  display: inline;
  list-style-type: none;
}
#breadcrumbs {
  margin-left: 0px;
}
#breadcrumbs ul {
  padding-left: 0px;                                            ❺
}
#breadcrumbs ul .current {
  color: red;
}
#breadcrumbs ul li:before {
  content: " > ";
}
#breadcrumbs ul li:first-child:before {
  content: none;
}  ───────────────────────────────────────────────────────────┘
</style>
```

　図 3-1 を見てください。routing-basic プロジェクトでは、ルーティングによって変化する部分は、枠線の中のみです。枠線の外側は変化しません。その枠線は、リスト 3-1 でいえば、❷の main タグが該当します。実際、スタイルブロックの❹で、この main タグに枠線を付与しています。❶の header タグは枠線の外側であり、確かに、図 3-1 では全く変化していません。

　このようにルーティングによって変化する部分、すなわち、リスト 3-1 では❷の main タグ内には、その画面用のコンポーネントがレンダリングされるように指定する必要があります。その際、Vue Router では、**RouterView** タグが利用されますが、Nuxt では、❸のように **NuxtPage** タグを記述します。

　なお、図 3-1 の通り、各画面にはパンくずリストが表示されています。そのためのスタイルが❺です。

> **NOTE**
> ## NuxtPage タグはルートタグとしては使えない
>
> 　NuxtPage タグについては、ひとつ注意しなければならないことがあります。それは、次のように template タグ直下に記述すること、すなわち、ルートタグとしては使用できないということです。

```
<template>
  <NuxtPage/>
</template>
```

div タグなど、別のタグで囲む必要があります。

3.1.3 Nuxt はファイルシステムルータ

　次に、TOP 画面用のコンポーネントを作成して、図 3-1 の①の画面からリンクがない状態の図 3-2 の画面を表示させましょう。というのは、リンク付きの図 3-1 の①の画面を表示させるためには、そのリンク先である②の会員リスト画面用のコンポーネントをあらかじめ作成しておかないと、エラーとなってしまうからです。

▼ 図 3-2　会員リスト画面へのリンクがない TOP 画面

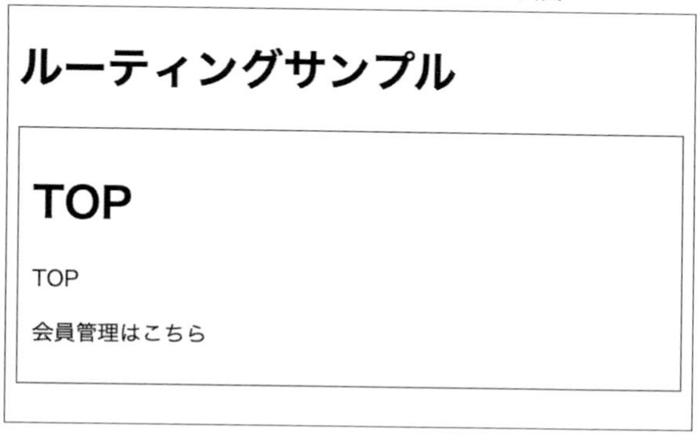

ルーティングサンプル

TOP

TOP

会員管理はこちら

　このような画面表示用のコンポーネントは、Vue Router では views フォルダに格納し、それらのファイルをルーティング設定時にインポートするという流れでした。逆に、ファイルを明示的にインポートするため、格納フォルダは views という名称でなくても動作します。

　一方、Nuxt の場合は、画面用コンポーネントは全て **pages** フォルダに格納することになっています。しかも、単に格納するだけではなく、格納するファイルパス構造がそのままルーティングパスとなるようになっています。これを、**ファイルシステムルータ**とよんでいます。そして、ルートに該当するファイルは、**index.vue** とするようになっています。

　早速作成しましょう。routing-basic プロジェクトフォルダ直下に pages フォルダを作成し、リスト 3-2 の index.vue ファイルを作成してください。

▼ リスト 3-2　routing-basic/pages/index.vue

```
<template>
  <h1>TOP</h1>
  <nav id="breadcrumbs">
    <ul>
```

```
      <li>TOP</li>
    </ul>
  </nav>
  <section>
    <p>
      会員管理はこちら
    </p>
  </section>
</template>
```

　ここまでコーディングできたら、プロジェクトを起動し、TOP 画面を表示させてください。図 3-2 の画面が表示されます。

◎ 3.1.4　下層のリンクパスもファイルパス構造

　このように、Nuxt は、特にルーティング設定を行わずとも、pages フォルダ内にルーティングパスと同じファイルパス構造の画面用コンポーネントを作成するだけで、自動的にルーティングを行ってくれます。

　TOP 画面、すなわち、ルートパス以外の下層のパスも同様です。例えば、表 3-1 の画面番号②の会員リスト画面に、このファイルパス構造の考え方を適用させて作成してみましょう。ただし、ここでも、図 3-1 の②とは違い、図 3-3 のリンクなしの画面とします。

▼ **図 3-3　リンクの全くない会員リスト画面**

> # ルーティングサンプル
>
> ## 会員管理
>
> TOP > 会員リスト
>
> ## 会員リスト
>
> **新規登録はこちらから**
> - IDが33456の田中太郎さん
> - IDが47783の鈴木二郎さん

　会員リスト画面のルーティングパスは、表 3-1 の通り、/member/memberList です。このファイルパス構造を pages フォルダ内で表す必要があるので、対応する会員リスト画面用コンポーネントは、pages/member/memberList.vue となります。早速、リスト 3-3 の内容でこのファイルを作成してください。

▼ リスト 3-3　routing-basic/pages/member/memberList.vue

```
<script setup lang="ts">
import type {Member} from "@/interfaces";

//会員情報リストをステートから取得。
const memberList = useState<Map<number, Member>>("memberList");
</script>

<template>
  <h1>会員管理</h1>
  <nav id="breadcrumbs">
    <ul>
      <li>TOP</li>
      <li>会員リスト</li>
    </ul>
  </nav>
  <section>
    <h2>会員リスト</h2>
    <p>
      新規登録はこちらから
    </p>
    <section>
      <ul>
        <li
          v-for="[id, member] in memberList"
          v-bind:key="id">
            IDが{{id}}の{{member.name}}さん
        </li>
      </ul>
    </section>
  </section>
</template>
```

　リンクがないとはいえ、会員リスト画面用コンポーネントが作成できたので、早速、リスト 3-2 の pages/index.vue にこの画面へのリンクを作成して、ルーティングが行われることを確認しましょう。これは、リスト3-4 の太字の部分の追記です。

▼ リスト 3-4　routing-basic/pages/index.vue

```
<template>
  <h1>TOP</h1>
  <nav id="breadcrumbs">
    <ul>
      <li>TOP</li>
    </ul>
  </nav>
  <section>
    <p>
      <NuxtLink v-bind:to="{name: 'member-memberList'}">    ──────────────────────────────────●
        会員管理はこちら
```

```
      </NuxtLink>
    </p>
  </section>
</template>
```

　ここまでのコーディングが完了したら、早速動作確認してください。まず、TOP 画面に図 3-1 の①のようにリンクが設定され、そのリンクをクリックすると、図 3-3 の画面が表示されます。

◎ **3.1.5** リンク生成は NuxtLink タグ

　Nuxt のルーティング機能を利用してリンクを作成するには、リスト 3-4 の❶のように **NuxtLink** タグを利用します。

　このタグの使い方は、Vue Router の **RouterLink** タグと同じです。リンク先パス情報を **to** 属性で指定します。その際、次のように、直接パスを記述しても問題なく動作します。

```
<NuxtLink to="/member/memberList">
```

　ただし、メンテナンス性やコーディングの柔軟性を考慮して、通常は **v-bind:to** ディレクティブを利用し、属性値としてオブジェクトを指定し、その **name** プロパティに**ルーティング名**を指定します。それが、リスト 3-4 の❶の記述です。

　この方法は、Vue Router の RouterLink でよく利用されます。Vue Router ではルーティング名をルーティング設定情報としてコーディングできますが、Nuxt の場合は自動的にルーティング名が決まってしまいます。それが、ファイルパスをハイフンつなぎとしたものです。

　例えば、会員リスト画面用コンポーネントファイルは member/memberList.vue ですので、スラッシュ（/）の代わりにハイフンを利用し、拡張子を削除した member-memberList がルーティング名となります。これは、まさに、リスト 3-4 の❶の属性値です。

　この NuxtLink の使い方を構文としてまとめると、次のようになります。

NuxtLink

```
<NuxtLink v-bind:to="{name: 'ハイフン区切りの画面用コンポーネントファイルパス'}">
```

Vue Devtools でのルーティング情報の確認

　ここまでコーディングした routing-basic プロジェクトをブラウザで表示させながら **Vue Devtools**[*1] を確認すると、図 3-4 のようになっています。この画面を見ると、Routes タブが表示されており、Nuxt 内部で Vue Router が利用されていることがわかります。さらに、pages フォルダ内にファイルを配置するだけで、ルーティング設定が自動で行われていることもわかります。

　この設定情報を見ると、確かに、name 属性は、ファイルパスをハイフン区切りにしたものというのがわかります。name 属性がわからない場合は、この Vue Devtools で確認するとよいでしょう。

▼図 3-4　routing-basic プロジェクトを Vue Devtools で確認

---

*1　Vue Devtools に関しては、巻末の付録 2 を参照してください。

COLUMN	CDN

　Web の仕組みのひとつとして、**CDN（Contents Delivery Network）** というものがあります。ユーザがあるサイトを訪れようとした際に、そのサイトの本体である Web サーバに直接アクセスするのではなく、本体サーバのコピーが保持されたサーバにアクセスさせる仕組みです。このサイト本体の Web サーバのことを**オリジンサーバ**、コピーが保存されたサーバのことを**キャッシュサーバ**、あるいは、**エッジサーバ**といいます。

　キャッシュサーバは、その名称通り、ユーザからのアクセスがあったときに表示データがない場合、オリジンサーバにアクセスしてそのデータを取得し、キャッシュしておきます。次回、同じデータへのアクセスがあると、そのキャッシュをそのまま返すことで、表示速度を高めるとともに、オリジンサーバの負荷を減らします。

　このキャッシュサーバを世界中に配置することで、物理的にもユーザに近い位置からデータの配信が行え、より可用性の高いサーバ運営が可能となっています。

3│2 ルートパラメータと ルーティング制御

前節で、Nuxt でのルーティングの仕組みとコーディングの基礎を理解できたと思います。その続きとして、本節では、図 3-1 の③の画面と④の画面を作成し、routing-basic プロジェクトを完成させることにします。

◎ 3.2.1　ルートパラメータは [] のファイル名

次に作成する画面は、図 3-1 の③の会員詳細情報画面です。この画面は会員の個別情報用の画面ですので、表示する際には、会員 id を受け取る必要があります。表 3-1 にもあるように、この会員 id をリンクパスの末尾に埋め込んでいます。つまり、**ルートパラメータ**の利用です。

Nuxt では、このルートパラメータもファイルシステムを利用して実現します。そこで、まず、このパス通りに、member フォルダ内に memberDetail フォルダを作成し、リンクパス一番末尾の id を名称とする画面用コンポーネントファイルを作成します。

ただし、単に id.vue とすると、この id はルートパラメータとして認識してもらえません。代わりに、[id].vue とします。すなわち、pages ディレクトリ内で [ ] で囲まれたファイル名のコンポーネントファイルは、そのファイル名をルートパラメータとして扱うルールとなっています。

構文としてまとめると、次のようになります。

ルートパラメータを利用する画面用コンポーネントファイルパス

```
pages/……/[ルートパラメータ名].vue
```

なお、このルートパラメータと pages フォルダ内のファイルパスの関係には、さまざまなバリエーションがあります。それらのバリエーションについては、3.2.5 項でリファレンス的に紹介します。

> **NOTE**
> ### Vue Router でのルートパラメータ
>
> Vue Router でルートパラメータを利用する場合、ルーティング設定の path プロパティに、次のようなパスを設定します。末尾の :id がルートパラメータの設定を表し、遷移先の画面用コンポーネントでは id という名称でデータを取り出すことができます。
>
> ```
> path: "/member/memberDetail/:id"
> ```

◎ 3.2.2　ルートパラメータの取得はルートオブジェクトから

ファイル名が決まったところで、早速この [id].vue を作成しましょう。まず、member フォルダ内に memberDetail フォルダを作成してください。その中に、リスト 3-5 の [id].vue ファイルを作成してください。念押しになりますが、ファイル名に [ ] をつけるのを忘れないでください。

▼ **リスト 3-5　routing-basic/pages/member/memberDetail/[id].vue**

```ts
<script setup lang="ts">
import type {Member} from "@/interfaces";

//ルートオブジェクトを取得。
const route = useRoute();                                              ❶
//会員情報リストをステートから取得。
const memberList = useState<Map<number, Member>>("memberList");
//会員情報リストから該当会員情報を取得。
const member = computed(
  (): Member => {
    const id = Number(route.params.id);                               ❷
    return memberList.value.get(id) as Member;
  }
);
//備考データがない場合の対応。
const localNote = computed(
  (): string => {
    let localNote = "--";
    if(member.value.note != undefined) {
      localNote = member.value.note;
    }
    return localNote;
  }
);
</script>

<template>
  <h1>会員管理</h1>
  <nav id="breadcrumbs">
    <ul>
      <li><NuxtLink v-bind:to="{name: 'index'}">TOP</NuxtLink></li>              ❸
      <li><NuxtLink v-bind:to="{name: 'member-memberList'}">会員リスト</NuxtLink></li>  ❹
      <li>会員詳細情報</li>
    </ul>
  </nav>
  <section>
    <h2>会員詳細情報</h2>
    <dl>
      <dt>ID</dt>
      <dd>{{member.id}}</dd>
      <dt>名前</dt>
      <dd>{{member.name}}</dd>
```

```
        <dt>メールアドレス</dt>
        <dd>{{member.email}}</dd>
        <dt>保有ポイント</dt>
        <dd>{{member.points}}</dd>
        <dt>備考</dt>
        <dd>{{localNote}}</dd>
      </dl>
    </section>
  </template>
```

　リスト 3-5 のポイントは、❶と❷であり、これがルートパラメータを取得しているコードです。もっとも、このコードは、Vue Router ではお馴染みのコードであり、なんら変わったことはありません。

　まず、Vue Router の **useRoute()** 関数を実行することで、現在のルートに関する情報が格納された**ルートオブジェクト**を取得できます。このオブジェクトは、**RouteLocationNormalized** 型であり、主なプロパティとして表 3-2 のものがあります。

▼ **表 3-2　RouteLocationNormalized オブジェクトのプロパティ**

プロパティ	内容	例
name	ルーティング名	member-memberDetail-id
fullPath	path と hash と query の全てが含まれたパス文字列	/member/memberDetail/47783#section?name=tanaka
path	ルーティングパス文字列	/member/memberDetail/47783
hash	ハッシュ（# 以降の文字列）	#section
query	クエリ情報（? 以降の情報）{name: tanaka}	
params	ルートパラメータ	{id: 47783}

　これらプロパティのうち、**params** プロパティにルートパラメータがオブジェクト形式で格納されています。したがって、id プロパティを取得する場合は、リスト 3-5 の❷のように、route.params.id と記述します。

　ただし、このルートパラメータは文字列型となっているので、数値として利用する場合は、❷のように **Number()** を利用して number 型に変換する必要がある点には注意してください。

◎ 3.2.3　ルートパラメータ付きのリンク作成

　ところで、リスト 3-5 では、リスト 3-3 とは違い、パンくずリストにリンクを設定するコードを最初から設定しています。それが、❸と❹です。❹は会員リスト画面へのリンクですので、NuxtLink タグの v-bind:to ディレクティブの属性値は、リスト 3-4 の❶と同じです。

　一方、TOP 画面へのリンクが、❸です。TOP 画面の画面用コンポーネントファイルパスは、index.vue です。したがって、name プロパティの値、すなわち、ルーティング名は index となります。

　この TOP 画面へのパンくずリストリンクパスと同じものを、現在全くリンクが設定されていない会員リスト画面用コンポーネントである memberList.vue に設定することにしましょう。と同時に、会員詳細情報画面へのリンクも設定することにします。これは、リスト 3-6 の太字の部分の追記となります。

▼ リスト 3-6　routing-basic/pages/member/memberList.vue

```html
<script setup lang="ts">
〜省略〜
</script>

<template>
  <h1>会員管理</h1>
  <nav id="breadcrumbs">
    <ul>
      <li><NuxtLink v-bind:to="{name: 'index'}">TOP</NuxtLink></li>
      <li>会員リスト</li>
    </ul>
  </nav>
  <section>
    <h2>会員リスト</h2>
    <p>
      新規登録はこちらから
    </p>
    <section>
      <ul>
        <li
          v-for="[id, member] in memberList"
          v-bind:key="id">
          <NuxtLink v-bind:to="{name: 'member-memberDetail-id', params: {id: id}}">    ──────────────❶
            IDが{{id}}の{{member.name}}さん
          </NuxtLink>
        </li>
      </ul>
    </section>
  </section>
</template>
```

　追記ができたら、会員リスト画面を再表示させてください。図 3-5 のように、パンくずリストの TOP 画面への
リンクと、各会員リストにリンクが設定されています。この会員リストの各会員をクリックすると、図 3-1 の③の
会員詳細情報画面が表示されます。

▼ 図 3-5　パンくずリストと会員リストにリンクが設定された画面

ルーティングサンプル

会員管理

TOP > 会員リスト

会員リスト

新規登録はこちらから

- IDが33456の田中太郎さん
- IDが47783の鈴木二郎さん

リスト 3-6 のポイントは、❶の NuxtLink タグの v-bind:to ディレクティブの属性値オブジェクトです。まず、name プロパティ値であるルーティング名は、ファイルパスをハイフン区切りにしたものという原則は変わりません。ただし、[id].vue の [ ] は取り除かれ、単なる id となります。結果、member-memberDetail-id というルーティング名になります。

さらに、このリンクには、ルートパラメータを埋め込む必要があります。そのためのプロパティが、**params** プロパティです。値として、ルートパラメータ名をプロパティとしたオブジェクトを渡します。

◎ 3.2.4　ルーティングを制御するルータオブジェクト

routing-basic プロジェクトも残すところあと 1 画面です。最後の画面である会員情報追加画面を作成し、その画面へのリンクを memberList.vue に追記して、プロジェクトを完成させましょう。

最後の画面である会員情報追加画面のリンクパスは、表 3-1 の通り、/member/memberAdd です。したがって、この画面用のコンポーネントは、リンクパスの通り、memberAdd.vue であり、このファイルをpages/member フォルダに作成します。内容は、リスト 3-7 の通りです。

▼ リスト 3-7　routing-basic/pages/member/memberAdd.vue

```
<script setup lang="ts">
import type {Member} from "@/interfaces";

//ルータオブジェクトを取得。
const router = useRouter(); ────────────────────────────────────── ❶
//会員情報リストをステートから取得。
const memberList = useState<Map<number, Member>>("memberList");
//入力データと同期させるMemberオブジェクトの用意。
const member: Member = reactive( ──────────────────────────────── ❷
  {
```

```
        id: 0,
        name: "",
        email: "",
        points: 0,
        note: ""
      }                                                                            ❷
);
//フォームがサブミットされた時の処理。
const onAdd = (): void => {                                                        ❸
  memberList.value.set(member.id, member);                                         ❹
  router.push({name: "member-memberList"});                                        ❺
};
</script>

<template>
  <h1>会員管理</h1>
  <nav id="breadcrumbs">
    <ul>
      <li><NuxtLink v-bind:to="{name: 'index'}">TOP</NuxtLink></li>
      <li><NuxtLink v-bind:to="{name: 'member-memberList'}">会員リスト</NuxtLink></li>
      <li>会員情報追加</li>
    </ul>
  </nav>
  <section>
    <h2>会員情報追加</h2>
    <p>
      情報を入力し、登録ボタンをクリックしてください。
    </p>
    <form v-on:submit.prevent="onAdd">
      <dl>
        <dt>
          <label for="addId">ID </label>
        </dt>
        <dd>
          <input type="number" id="addId" v-model.number="member.id" required>
        </dd>
        <dt>
          <label for="addName">名前 </label>
        </dt>
        <dd>
          <input type="text" id="addName" v-model="member.name" required>
        </dd>
        <dt>
          <label for="addEmail">メールアドレス </label>
        </dt>
        <dd>
          <input type="email" id="addEmail" v-model="member.email" required>
        </dd>
        <dt>
          <label for="addPoints">保有ポイント </label>
        </dt>
        <dd>
```

```
                <input type="number" id="addPoints" v-model.number="member.points" required>
            </dd>
            <dt>
              <label for="addNote">備考</label>
            </dt>
            <dd>
              <textarea id="addNote" v-model="member.note"></textarea>
            </dd>
        </dl>
        <button type="submit">登録</button>
      </form>
    </section>
</template>
```

　次に、この会員情報追加画面を表示させるリンクを memberList.vue に追記します。これは、リスト 3-8 の
太字の部分です。

▼ **リスト 3-8　routing-basic/pages/member/memberList.vue**

```
<script setup lang="ts">
〜省略〜
</script>

<template>
    <h1>会員管理</h1>
    <nav id="breadcrumbs">
      〜省略〜
    </nav>
    <section>
      <h2>会員リスト</h2>
      <p>
        新規登録は<NuxtLink v-bind:to="{name: 'member-memberAdd'}">こちら</NuxtLink>から
      </p>
      <section>
        〜省略〜
      </section>
    </section>
</template>
```

　コーディングが終了したら、会員リスト画面を再表示させてください。図 3-1 の②のように、新規登録画面へ
のリンクが表示されます。そのリンクをクリックすると、図 3-1 の④の画面が表示されます。図 3-6 の①のよう
に何か適切な値を入力して登録ボタンをクリックすると、図 3-6 の②のようにリストに入力した会員情報が追加
されています。

▼ 図 3-6　会員情報を登録することでリストに追加される

①

ルーティングサンプル

会員管理

TOP > 会員リスト > 会員情報追加

会員情報追加

情報を入力し、登録ボタンをクリックしてください。

ID
`55126`
名前
`山田三郎`
メールアドレス
`yamada@saburo.com`
保有ポイント
`53`
備考
`ぜひ追加を。`

`登録`

②

ルーティングサンプル

会員管理

TOP > 会員リスト

会員リスト

新規登録はこちらから

- IDが33456の田中太郎さん
- IDが47783の鈴木二郎さん
- IDが55126の山田三郎さん

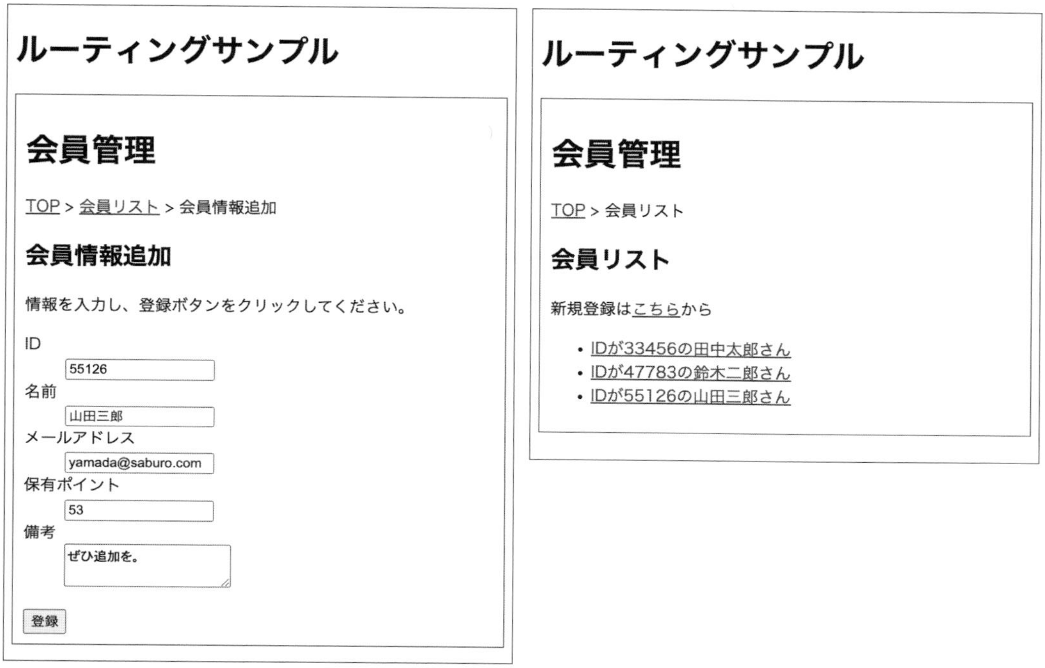

リスト 3-7 のポイントは、❶と❺です。この画面での処理は、入力されたデータをステートで管理している会員情報リストに追加し、会員リスト画面に遷移するというものです。

入力されたデータは、v-model によって、❷で用意したリアクティブな Member オブジェクトと同期されています。そして、サブミットボタンがクリックされた時に、❸の onAdd() メソッドが実行され、その中の❹でステート管理下の会員情報リストに追加されます。

ポイントは、その後、会員リスト画面に遷移することです。そのコードが❺です。このようにルーティングを制御する際に活躍するのが、**ルータオブジェクト**であり、**Router** 型となっています。このルータオブジェクトは、❶のように **useRouter()** 関数を実行して取得します。

取得した Router オブジェクトには、表 3-3 のメソッドが含まれています。このうち、特定の画面へ遷移するのは **push()** メソッドですので、リスト 3-7 の❺ではこのメソッドを利用しています。引数は、遷移先のルーティング情報であり、NuxtLink の v-bind:to ディレクティブの属性値として記述するものと同じものを記述します。

▼ 表 3-3　Router オブジェクトのメソッド

メソッド	内容
push()	指定パスに遷移する
replace()	現在のパスを置き換える
back()	履歴上のひとつ前の画面に戻る
forward()	履歴上のひとつ次の画面に進む
go()	履歴上の指定の画面に進む

81

　これで、一通り、routing-basic プロジェクトが完成したことになります。最後に、まとめの意味も込めて、もう一度、routing-basic プロジェクトにおけるリンクパスとファイルパス、および、ルーティング名の関係を、表3-4 にまとめておきます。

▼ 表 3-4　routing-basic プロジェクトにおけるリンクパスとファイルパスの関係

画面番号	リンクパス	ファイルパス	ルーティング名
①	/	pages/index.vue	index
②	/member/memberList	pages/member/memberList.vue	member-memberList
③	/member/memberDetail/33456	pages/member/memberDetail/[id].vue	member-memberDetail-id
④	/member/memberAdd	pages/member/memberAdd.vue	member-memberAdd

◎ 3.2.5　ルートパラメータのバリエーション

　3.2.1 項で紹介したように、ルートパラメータを利用する場合は、パラメータ名を [ ] で囲んだ形のファイル名とします。その際紹介した例は、あくまで、リンクパスの末尾のみがルートパラメータとして扱われるような内容でした。

　実は、この [ ] をファイルパス中にさまざまに適用させることで、さまざまなルートパラメータ設定を行うことができます。本節の最後に、その様子を、リスト 3-9 のコードを利用して確認していくことにします。このコードを、画面表示用コンポーネントファイルのテンプレートとします。

▼ リスト 3-9　ルートパラメータの確認画面用コンポーネントのテンプレートコード

```
<template>
  <h1>ルートパラメータ参照</h1>
  <nav id="breadcrumbs">
    <ul>
      <li>
        <NuxtLink v-bind:to="{name: 'index'}">TOP</NuxtLink>
      </li>
      <li>ルートパラメータ参照</li>
    </ul>
  </nav>
  <section>
    <p>{{$route.params}}</p>——————————————————————————————❶
  </section>
</template>
```

　リスト 3-9 の❶について補足しておきます。3.2.2 項で紹介したように、ルートパラメータを利用するためには、useRoute() 関数の戻り値であるルートオブジェクトの params プロパティを利用しました。実は、このルートオブジェクトをテンプレートブロックで利用する場合は、useRoute() 関数は不要であり、単に **$route** と記述するだけで利用できます。❶はこの仕組みを利用して、その param プロパティを丸ごと表示させるようにしています。

このテンプレートコードのコンポーネントを、表 3-5 のファイルパスの末尾の .vue ファイルとして配置することにします[1]。

▼ 表 3-5　ルートパラメータのパターン例

	ファイルパス	ルーティング名	リンク例
1	pages/member/search/[name]/[points].vue	member-search-name-points	/member/search/suzuki/45
2	pages/member/show/[name]/[[points]].vue	member-show-name-points	/member/show/suzuki/45 member/show/tanaka
3	pages/member/call/[...id].vue	member-call-id	/member/call /member/call/14/25/65

1. 複数パラメータ

表 3-5 の 1 の特徴は、末尾の画面用コンポーネントファイル名だけでなく、[name] のように、途中のフォルダ名も [ ] で囲まれていることです。この場合、ファイル名の points だけでなく、name もルートパラメータとして扱われます。実際、リンク例へアクセスした場合の表示画面は、図 3-7 のようになります。

▼ 図 3-7　表 3-5 の 1 のリンク例（/member/search/suzuki/45）の表示結果

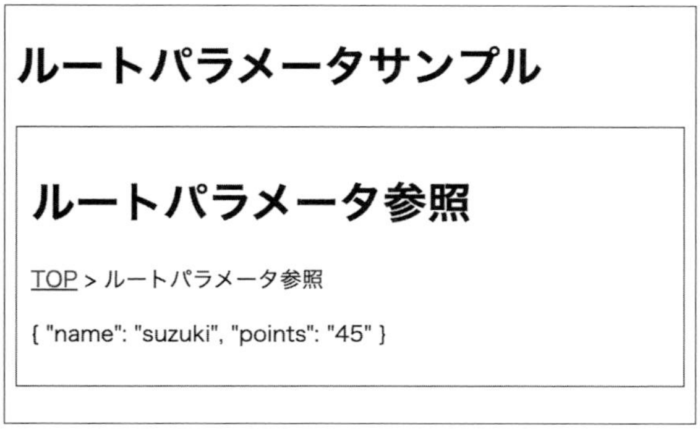

このように、[ ] を途中のフォルダも含めて、ファイルパス中に複数配置することで、それらが全てルートパラメータとして扱われます。

さらに、ファイル名やフォルダ名を丸々 [ ] で囲む必要はなく、例えば、[name]-san のように [ ] と普通の文字列をハイフンで繋いだファイル名やフォルダ名にすると、リンク中の -san を除いた部分だけがルートパラメータとして扱われます。例えば、/member/yamamoto-san というリンクパスならば、yamamoto だけがルートパラメータとして処理されます。

なお、[ ] と普通の文字列を繋げるのはハイフンだけなのに注意してください。これを、[name]san と続けたり、[name]_san とアンダースコアで繋いだりするとエラーとなるので注意してください。ただし、san-[name] のように前置、後置は問わず、問題なく動作します。

---

[1]　ダウンロードサンプルには、routing-params プロジェクトとして表 3-5 の内容を確認できるものを含めています。

2. 省略可能パラメータ

　表 3-5 の 2 の特徴は、ルートパラメータ points が [ ] ではなく、**[[ ]]** と二重で囲まれている点です。この場合は、この末尾の points パラメータは省略可能となります。実際、リンク例のひとつめのリンクにアクセスすると、図 3-8 の①の画面となり、name と points の両方のパラメータを受け取っているのがわかります。一方で、ふたつめのリンクにアクセスすると、エラーにはならず、図 3-8 の②の画面となり、name のみを受け取っているのがわかります。

▼ 図 3-8　表 3-5 の 2 のリンク例 (① /member/show/suzuki/45 と② member/show/tanaka) の表示結果
①　　　　　　　　　　　　　　　　　　　　　　　②

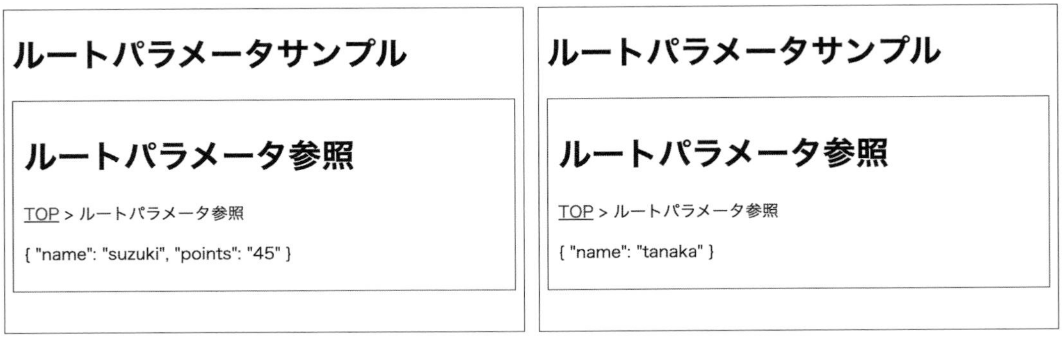

3. 可変長パラメータ

　表 3-5 の 3 の特徴は、末尾のルートパラメータ id の前に **...** とドット 3 個が付与されている点です。これは、**スプレッド演算子**を表し、この id は可変長パラメータとして扱われるようになります。そのため、リンク例のひとつめのように、全くパラメータのないリンクでも問題なく動作します (図 3-9 の①)。一方、ふたつめのリンクのように、いくつもパラメータを並べても問題なく動作します (図 3-9 の②)。

　なお、図 3-9 の②を見てもわかるように、可変長パラメータの場合は、その値は、配列として格納されている点に注意してください。

▼ 図 3-9　表 3-5 の 3 のリンク例 (① /member/call と② /member/call/14/25/65) の表示結果
①　　　　　　　　　　　　　　　　　　　　　　　②

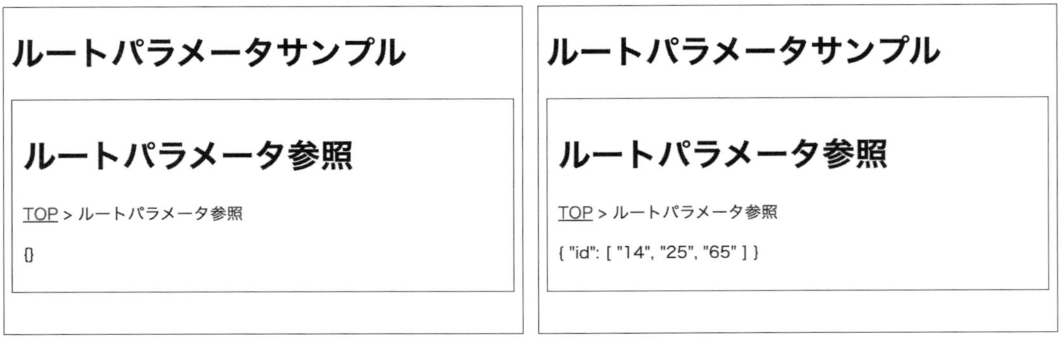

3|3　ネストされたルーティング

　前節で、Nuxt でのルーティングを一通り紹介したことになります。本節では、少し応用させて、ネストされたルーティングを紹介します。

◎ 3.3.1　ネストされたルーティングとは

　そもそも、ネストされたルーティングとはどのような状態かを、例で紹介します。本節で作成する routing-nested プロジェクトの画面遷移を図にすると、図 3-10 のようになります。

▼ 図 3-10　routing-nested プロジェクトの画面遷移

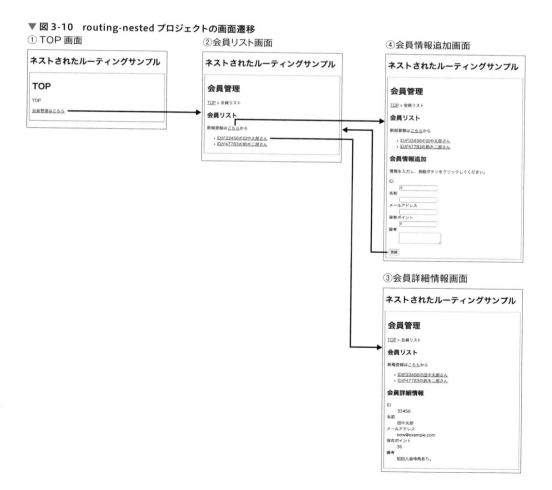

　これを見てわかるように、②の会員リスト画面から③の会員詳細情報画面や④の会員情報追加画面への遷移においては、完全に画面が置き換わるのではなく、リスト画面の下部に追加表示されているような処理となっています。

　このような状態の画面構成を図にすると、図 3-11 のようになります。

▼ **図 3-11　routing-nested プロジェクトの画面構成**

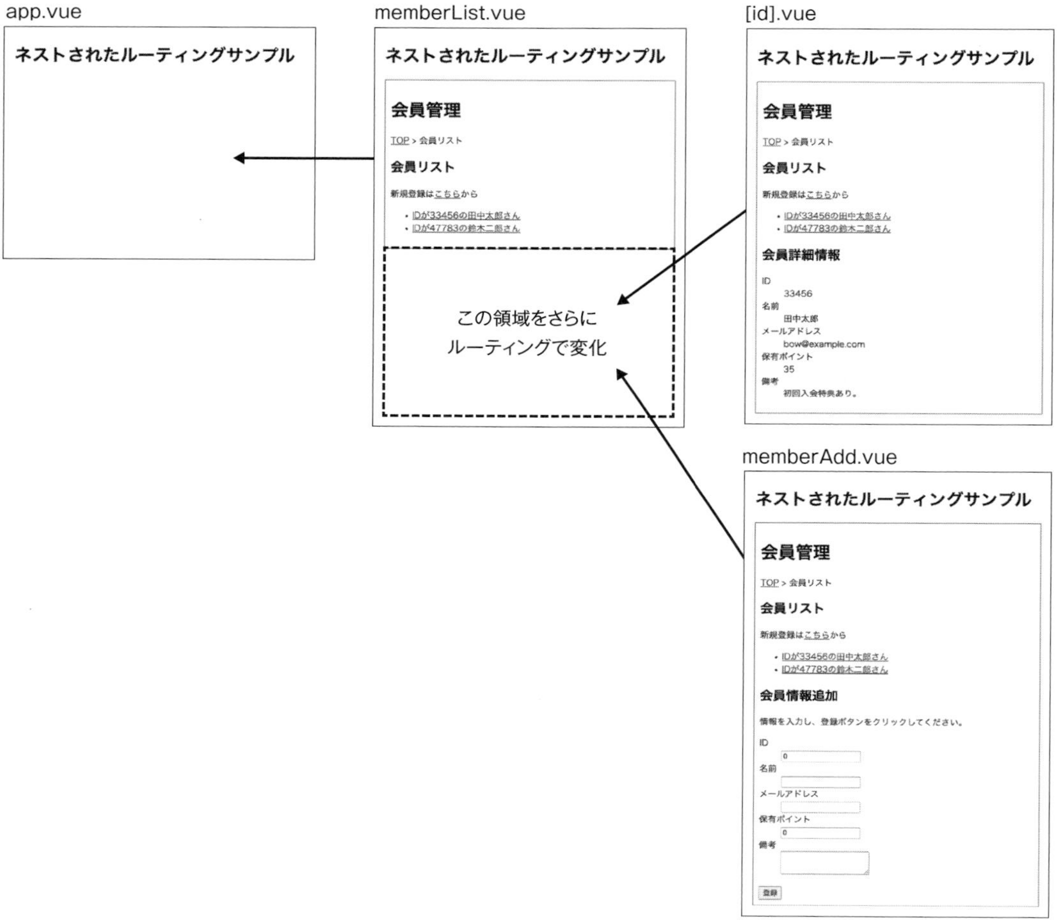

app.vue

ネストされたルーティングサンプル

memberList.vue

ネストされたルーティングサンプル

会員管理

TOP > 会員リスト

会員リスト

新規登録は<u>こちら</u>から

- <u>IDが33456の田中太郎</u>さん。
- <u>IDが47783の鈴木二郎</u>さん。

この領域をさらに
ルーティングで変化

[id].vue

ネストされたルーティングサンプル

会員管理

TOP > 会員リスト

会員リスト

新規登録は<u>こちら</u>から

- <u>IDが33456の田中太郎</u>さん。
- <u>IDが47783の鈴木二郎</u>さん。

会員詳細情報

ID
　33456
名前
　田中太郎
メールアドレス
　bow@example.com
保有ポイント
　35
備考
　初回入会特典あり。

memberAdd.vue

ネストされたルーティングサンプル

会員管理

TOP > 会員リスト

会員リスト

新規登録は<u>こちら</u>から

- <u>IDが33456の田中太郎</u>さん。
- <u>IDが47783の鈴木二郎</u>さん。

会員情報追加

情報を入力し、登録ボタンをクリックしてください。

ID

名前

メールアドレス

保有ポイント

備考

登録

　routing-basic プロジェクト同様に、app.vue の枠線の中がルーティングによって変化する部分であり、NuxtPage タグが記述されています。そこに、memberList.vue がレンダリングされます。さらに、その memberList.vue の下部がルーティングによって変化します。この場合、memberList.vue にも NuxtPage タグを記述することになり、ルーティングによるレンダリングが入れ子（ネスト）になります。

◎ **3.3.2　ネストされたルーティングを実現するパス**

Nuxt では、このようなネストされたルーティングを実現するためには、表 3-6 のようなリンクパスとファイル
パスとします。

▼ **表 3-6　routing-nested プロジェクトにおけるリンクパスとファイルパスの関係**

画面番号	リンクパス	ファイルパス	ルーティング名
①	/	pages/index.vue	index
②	/member/memberList	pages/member/memberList.vue	member-memberList
③	/member/memberList/memberDetail/33456	pages/member/memberList/memberDetail/[id].vue	member-memberList-memberDetail-id
④	/member/memberList/memberAdd	pages/member/memberList/memberAdd.vue	member-memberList-memberAdd

ポイントは、②の memberList.vue にネストさせる場合は、この memberList.vue と同名、同階層のフォ
ルダを作成します。そして、ネストして表示させる画面用コンポーネントをそのフォルダ内に格納します。リンク
パスも、それに合わせます。

◎ **3.3.3　ネストされたルーティングのコーディング**

では、実際にプロジェクトを作成し、コーディングしていきましょう。

routing-nested プロジェクトを作成し、routing-basic プロジェクトから interfaces.ts、app.vue、
pages/index.vue、pages/member/memberList.vue を、同じ階層にコピー&ペーストしてください[2]。そ
の上で、app.vue の h1 タグをリスト 3-10 の太字のように変更しておきましょう。これは、特に変更しなくても
動作には関係ありませんが、表示を図 3-10 に揃えておきます。

▼ **リスト 3-10　routing-nested/app.vue**

```
<script setup lang="ts">
〜省略〜
</script>

<template>
  <header>
    <h1>ネストされたルーティングサンプル</h1>
  </header>
    〜省略〜
</template>

<style>
〜省略〜
</style>
```

＊2　app.vue はプロジェクト作成段階ですでに存在していますので、ファイルそのものを置き換えるか、中のコードのみをコピー&ペーストするな
どしてください。

そして、memberList.vue について、リスト 3-11 の❶〜❸の太字の部分を改変、追記してください。

▼ **リスト 3-11　routing-nested/pages/member/memberList.vue**

```
<script setup lang="ts">
〜省略〜
</script>

<template>
  <h1>会員管理</h1>
  <nav id="breadcrumbs">
    <ul>
      〜省略〜
    </ul>
  </nav>
  <section>
    <h2>会員リスト</h2>
    <p>
      新規登録は<NuxtLink v-bind:to="{name: 'member-memberList-memberAdd'}">こちら</NuxtLink>から    ──❶
    </p>
    <section>
      <ul>
        <li
          v-for="[id, member] in memberList"
          v-bind:key="id">
          <NuxtLink v-bind:to="{name: 'member-memberList-memberDetail-id', params: {id: id}}">    ──❷
            IDが{{id}}の{{member.name}}さん
          </NuxtLink>
        </li>
      </ul>
    </section>
    <NuxtPage/>    ────────────────────────────────────────────────────────❸
  </section>
</template>
```

ここでのポイントは、❸の NuxtPage タグです。図 3-11 の通り、リスト表示用の section タグの下に、会員詳細情報コンポーネントや会員情報追加コンポーネントをレンダリングするので、ここに NuxtPage タグを記述し、ネストされたルーティングを実現します。

なお、❶や❷の太字は、ルーティング名を変更しているだけです。これは、表 3-6 の通り、ネストされたルーティングでは、ファイルパスの変更に伴いルーティング名も変更されるからです。

◎ **3.3.4 残りのコンポーネントの配置と動作確認**

memberList.vue の改変が終了したところで、残りの 2 個の画面用コンポーネントを配置して、プロジェクトを作成させましょう。

まず、会員詳細情報コンポーネントです。routing-basic プロジェクトから pages/member/memberDetail/[id].vue をファイルごとコピーし、routing-nested プロジェクトの pages/member/memberList/

memberDetail/[id].vue としてペーストします。その上で、テンプレートブロック内の h1 タグと nav タグを削除し、リスト 3-12 のようになるよう変更してください。

▼ リスト 3-12　routing-nested/pages/member/memberList/memberDetail/[id].vue

```
<script setup lang="ts">
～省略～
</script>

<template>
  <section>
    <h2>会員詳細情報</h2>
    <dl>
      ～省略～
    </dl>
  </section>
</template>
```

　同様に、routing-basic プロジェクトから pages/member/memberAdd.vue をファイルごとにコピーし、routing-nested プロジェクトの pages/member/memberList/memberAdd.vue としてペーストします。その上で、テンプレートブロック内の h1 タグと nav タグを削除し、リスト 3-13 となるように変更してください。

▼ リスト 3-13　routing-nested/pages/member/memberList/memberAdd.vue

```
<script setup lang="ts">
～省略～
</script>

<template>
  <section>
    <h2>会員情報追加</h2>
    <p>
      情報を入力し、登録ボタンをクリックしてください。
    </p>
    <form v-on:submit.prevent="onAdd">
      ～省略～
    </form>
  </section>
</template>
```

　これでコーディングが完成したので、プロジェクトを起動し、動作確認を行ってください。図 3-10 のように画面遷移すれば成功です。

③ | ④ レイアウト機能

　ここまで紹介してきたようなルーティング機能を使って画面遷移を伴うアプリケーションを作成しようとする際、Nuxt には便利な機能として、レイアウト機能があります。本節では、このレイアウト機能を紹介していきます。

◎ 3.4.1 レイアウト機能とは

　もう一度、図 3-1 を見てください。すると、各画面共通の部分が見つかります。もちろん、この共通部分は、routing-basic プロジェクトの app.vue に記述された header タグや main タグです。

　このように app.vue の NuxtPage タグ以外の部分に記述したものは、全画面共通で表示されます。一見便利なようですが、例えば、/ の TOP 画面と /member/ パス配下の画面とで共通表示部分を変えたいなど、柔軟な対応ができません。

　そこで登場するのが、Nuxt のレイアウト機能です。Nuxt では、プロジェクト内に **layouts** フォルダを作成し、その中のコンポーネントファイルに個々のページに適用する共通部分を定義します。

◎ 3.4.2 レイアウトコンポーネントでは Slot を利用

　では、実際にレイアウト機能を使っていきましょう。layout-basic プロジェクトを作成したあとで、routing-basic プロジェクトを複製します。具体的には、routing-basic プロジェクトの以下のファイルを、layout-basic プロジェクトの同一階層にコピー&ペーストしてください。

- interfaces.ts
- app.vue
- pages/index.vue
- pages/member/memberList.vue
- pages/member/memberDetail/[id].vue
- pages/member/memberAdd.vue

　ファイルのコピー&ペーストが完了したら、プロジェクトを起動して、routing-basic と全く同じ動作が実現できていることを確認しておきます。ここから、レイアウト機能を実装していきます。

　まず、プロジェクト直下に layouts フォルダを作成し、その中にリスト 3-14 の default.vue を作成してください。

▼ リスト 3-14　layout-basic/layouts/default.vue

```
<template>
  <header>
    <h1>レイアウトサンプル</h1>
  </header>
  <main>
    <slot/>                                                    ❶
  </main>
</template>
```

　Nuxt のレイアウト機能を利用する場合、3.4.1 項で説明した通り、**layouts** フォルダ内にコンポーネントを作成することになっています。その際、デフォルトで適用させるレイアウトを記述するコンポーネントファイル名は、**default.vue** とすることになっています。

　このコンポーネントは、単なる Vue コンポーネントですので、その他のコンポーネントと同様の記述が可能です。ただし、各画面用コンポーネントをレンダリングさせる部分、すなわち、これまで app.vue では NuxtPage を記述していたところには、❶のように **slot** タグを記述します。この点を注意してください。

◎ 3.4.3　レイアウトの適用は NuxtLayout タグ

　次に、リスト 3-14 で作成した default.vue を各画面に適用させましょう。

　Nuxt のレイアウト機能は、単にレイアウトコンポーネントファイルを作成しただけでは適用されません。適用させるためのコードを記述する必要があります。app.vue をそのように改造しましょう。これは、リスト 3-15 の太字のようになります。

▼ リスト 3-15　layout-basic/app.vue

```
<script setup lang="ts">
〜省略〜
</script>

<template>
  <NuxtLayout>                                                 ❶
    <NuxtPage/>                                                ❷
  </NuxtLayout>
</template>

<style>
〜省略〜
</style>
```

　これまで app.vue に記述していた共通レイアウトコードが layouts/default.vue に移動したので、app.vue のテンプレートブロックに必要な記述は❷の NuxtPage タグのみとなります。ただし、NuxtPage タグのみではレイアウトは適用されません。この NuxtPage タグを **NuxtLayout** タグで囲むことで、レイアウト機能が有効になり、各画面に layouts/default.vue の内容が表示されるようになります。

　実際に画面を表示させてください。例えば、TOP 画面は図 3-12 のように表示されます。ヘッダ表記が変更されているのがわかり、layouts/default.vue が適用されているのがわかります。

▼ 図 3-12　レイアウト機能を使って表示させた TOP 画面

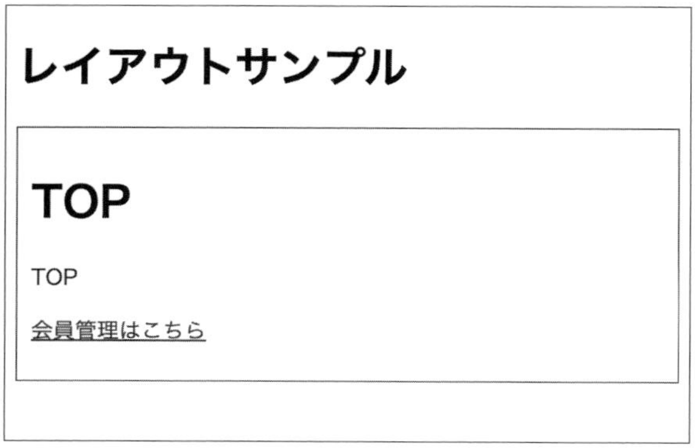

レイアウトサンプル

TOP

TOP

会員管理はこちら

NOTE　NuxtLayout と NuxtPage は別扱い

　リスト 3-15 では、NuxtPage を NuxtLayout で囲むコーディングでした。しかし、当然ですが、この NuxtLayout と NuxtPage は必ずしもセットで使わなければならないというものではありません。
　例えば、次のようなコードを app.vue に記述すると、図 3-13 のような表示となります。layouts/default.vue の内容が反映された画面というのがわかります。

```
<template>
  <NuxtLayout>
    <p>こんにちは</p>
  </NuxtLayout>
</template>
```

▼ 図 3-13　レイアウトを利用して「こんにちは」を表示させた画面

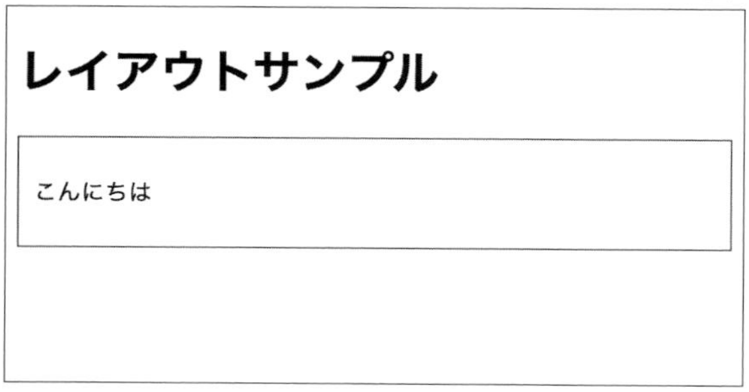

レイアウトサンプル

こんにちは

◎ **3.4.4 デフォルト以外のレイアウト**

3.4.1 項で説明したように、Nuxt のレイアウト機能では、複数のレイアウトファイルを作成することで、共通部分の表示の切り替えが可能です。

例えば、会員リスト画面、会員詳細情報画面、会員情報追加画面、すなわち、パスが /member/ 配下の画面では、TOP 画面のレイアウトに加えて、main タグの枠線内に h1 タグで「会員管理」という表示が共通しています。ここまでの共通レイアウトファイルとして、member.vue を layouts フォルダ内に作成し、各画面にこのレイアウトを適用させるように改造しましょう。

まず、layouts/member.vue ファイルの作成です。これは、リスト 3-16 のようになります。

▼ **リスト 3-16　layout-basic/layouts/member.vue**

```
<template>
  <header>
    <h1>レイアウトサンプル</h1>
  </header>
  <main>
    <h1>会員管理</h1>
    <slot/>
  </main>
</template>
```

特に説明は不要でしょう。デフォルトレイアウトに比べて、main タグ内に h1 タグが増えただけです。

次に、このレイアウトを会員リスト画面に適用させます。これは、pages/member/memberList.vue の改造です。これは、リスト 3-17 のようになります。太字の部分の追記と、テンプレートブロックの h1 タグの削除です。

▼ **リスト 3-17　layout-basic/pages/member/memberList.vue**

```
<script setup lang="ts">
import type {Member} from "@/interfaces";
definePageMeta({                                              ❶
  layout: "member"                                           ❷
});
const memberList = useState<Map<number, Member>>("memberList");
</script>

<template>
  <nav id="breadcrumbs">
    ～省略～
  </nav>
  <section>
    ～省略～
  </section>
</template>
```

　改造が終了したら、画面を再表示させてください。図 3-14 のように、これまで通りに表示されていれば成功です。

▼ 図 3-14　member 専用レイアウト機能を使って表示させた会員リスト画面

レイアウトサンプル

会員管理

TOP > 会員リスト

会員リスト

新規登録はこちらから

- IDが33456の田中太郎さん
- IDが47783の鈴木二郎さん

　デフォルト以外のレイアウトを適用させる場合は、リスト 3-17 の❶の **definePageMeta()** 関数を利用します。この関数は、この画面用コンポーネントのメタ情報を設定する関数であり、引数としてオブジェクトを渡し、設定したいプロパティを記述します。

　どのようなプロパティを設定するかは、本書中の以降の章で必要に応じて紹介していきます。このうち、❷のように **layout** プロパティに適用したいレイアウトファイル名（拡張子なし）を指定するだけで、デフォルト以外のレイアウトが適用されます。

　残りの 2 画面用のコンポーネントである pages/member/memberDetail/[id].vue と pages/member/memberAdd.vue にも同様の改造を施し、同じく問題なく画面が表示されることを確認してください。

NOTE　レイアウトを無効にする場合

　リスト 3-17 で利用した definePageMeta() の引数オブジェクトの layout プロパティには、レイアウト名だけでなく、次のように **false** を指定できます。

```
definePageMeta({
  layout: false
});
```

　このように指定すると、この画面にはレイアウトが適用されなくなります。例えば、リスト 3-17 の memberList.vue を上記のように記述した画面は、図 3-15 のようになります。デフォルトレイアウトすら適用されていないのがわかります。

▼**図3-15　レイアウトが無効になった会員リスト画面**

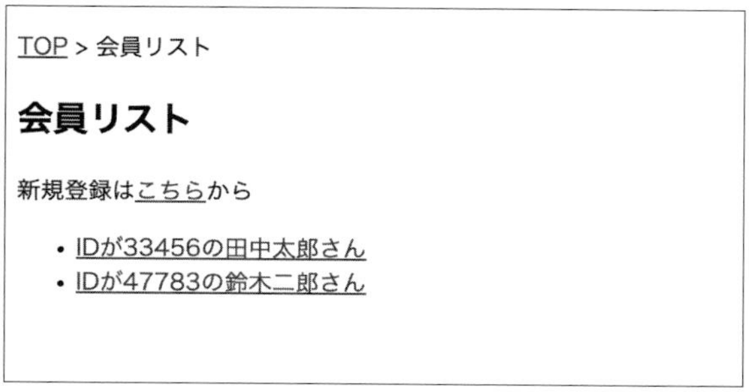

TOP > 会員リスト

会員リスト

新規登録はこちらから

- IDが33456の田中太郎さん
- IDが47783の鈴木二郎さん

COLUMN　　　　　　　　　　　Nuxt のモジュール

　第2章末（p.64）のコラムでも紹介したように、Nuxtでは**モジュール**を追加することで、機能を拡張できます。基本的な手順は @pinia/nuxt の利用と同じで、そのモジュールをプロジェクトに追加した上で、nuxt.config.ts ファイルにその設定情報を追記します。

　Nuxtと連携できるモジュールにどのようなものがあるかは、Nuxtの公式サイトのグローバルナビの［Modules］をクリックし、表示される図3-n1のページから参照できます。

▼**図3-n1　Nuxt の公式サイトのモジュールのページ**

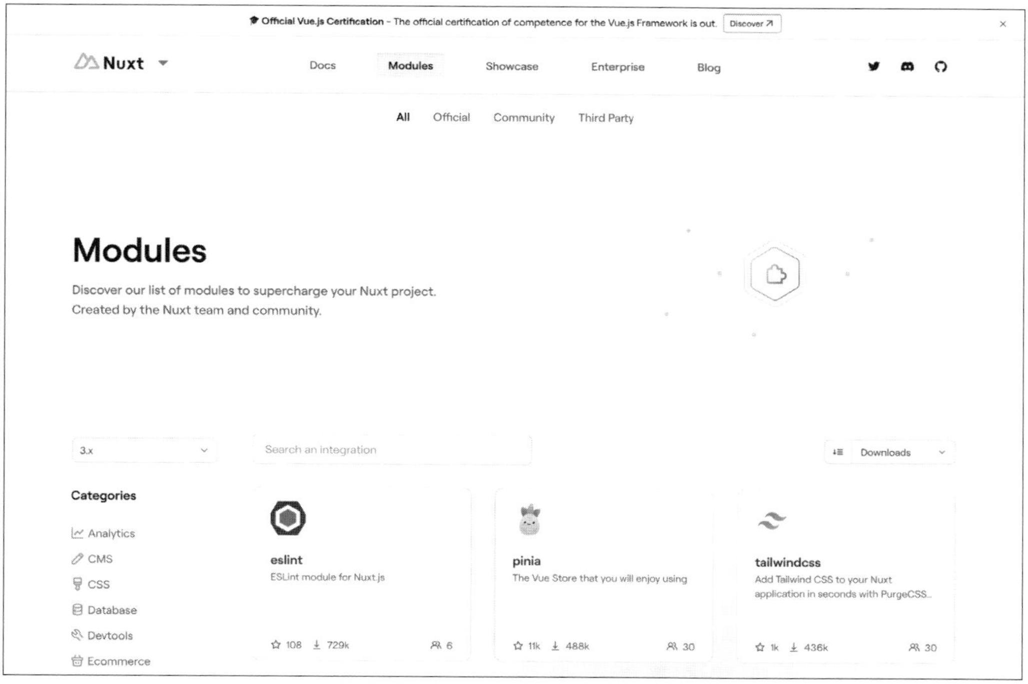

3│5　ヘッダ情報の変更機能

　ここまでの内容を踏まえると、かなり本格的なアプリケーションを作ることができそうです。ここから、もう一歩進めて、かゆいところに手が届く Nuxt の機能を紹介して、より本格的なアプリケーション作成の基盤を築きましょう。

◎ 3.5.1　ここまでのサンプルの問題点

　まず、ここまでのサンプルの問題点を確認しておきます。それは、ヘッダ情報が変更できていない、ということです。

　例えば、前節で作成した layout-basic プロジェクトの会員リスト画面を表示させたブラウザのタブを見ると、図 3-16 のようになっています。

▼ 図 3-16　layout-basic プロジェクトの会員リスト画面のタブ

```
localhost:3000/member/memb    ×
```

　単にパスが表示されているだけです。ご存知のように、ここは、head タグ内の title タグが表示されます。Nuxt（というより Vue そのもの）は、コンポーネントのテンプレートブロック内の記述は、body タグ内の id が app の div タグ内にレンダリングされるため、テンプレートブロックの記述では、head タグ内のコードを変更できません。

　一方、実際のアプリケーションでは、title タグがページごとに変化したり、SEO の関係から meta タグを埋め込んだりなど、head タグ内の記述を変更する必要があります。本章の最後に、Nuxt の head タグ内、すなわち、ヘッダ情報の変更機能を紹介します。

　まず、本節で作成するサンプルプロジェクトを準備しましょう。これは、前節で作成した layout-basic プロジェクトの複製となります。use-head プロジェクトを作成し、layout-basic プロジェクトの以下のファイルを、use-head プロジェクトの同一階層にコピー＆ペーストしてください。

- interfaces.ts
- app.vue
- layouts/default.vue
- layouts/member.vue
- pages/index.vue
- pages/member/memberList.vue
- pages/member/memberDetail/[id].vue
- pages/member/memberAdd.vue

　ファイルのコピー＆ペーストが完了したら、プロジェクトを起動して、routing-basic と全く同じ動作が実現できていることを確認しておきます。ここから、ヘッダ情報変更機能を実装していきます。

　まず、直接動作には関係ないですが、レイアウトコンポーネントの h1 記述を変更しておきましょう。これは、リスト 3-18 の太字の部分の変更になります。

▼ リスト 3-18　use-head/layouts/default.vue および member.vue

```
<template>
  <header>
    <h1>ヘッダ変更サンプル</h1>
  </header>
  〜省略〜
</template>
```

NOTE　プロジェクトの複製

　ここまで作成した use-head プロジェクトは、layout-basic プロジェクトとの共通部分です。これは、つまりは、layout-basic プロジェクトを複製したことになります。このプロジェクトを複製するにあたって、

　　新規プロジェクトの作成→ファイルのコピー＆ペースト

という手順で紹介しましたが、プロジェクトフォルダごと複製してフォルダ名を変更した方が早いという考え方もあります。ただし、その場合、作成したプロジェクト内ファイル中に含まれるプロジェクト名を表す文字列も変更する必要があります。そのために、プロジェクト名を表す文字列がどのファイルのどの部分に記述されているかを、あらかじめ把握しておく必要があります。

　原稿執筆時点では、このプロジェクト名を表す文字列が記述されているファイルはありませんが、以前は存在していました。また、この仕組みがいつ変更されるかわかりません。そこで、本書では、より確実にプロジェクトを複製できるように、あえてファイルをひとつずつコピー＆ペーストする方法を採用しています。

　以降、既存のプロジェクトを複製してから改造するというサンプル作成手法が多々登場します。その際も、あえてファイルをひとつずつコピー＆ペーストする方法で解説していることをあらかじめご了承ください。

◎ 3.5.2　ヘッダ情報を変更する useHead()

　いよいよ、ヘッダ情報を変更するコードを追記しましょう。まず、app.vue にリスト 3-29 の太字のコードを追記します。

▼ リスト 3-19　use-head/app.vue

```
<script setup lang="ts">
import type {Member} from "@/interfaces";
const SITE_TITLE = "ヘッダ変更サンプル";                                            ❶
useHead({                                                                        ❷
```

```
  title: SITE_TITLE ─────────────────────────────────── ❸
});
useState<Map<number, Member>>(
  ～省略～
);
</script>

<template>
  ～省略～
</template>

<style>
～省略～
</style>
```

　この状態で TOP ページを表示させてください。ブラウザのタブは、図 3-17 のような表示となり、無事 title タグが変更されているのがわかります。

▼ **図 3-17　サイトタイトルが title タグに適用された TOP 画面のタブ**

　ページのヘッダ情報を設定する場合は、リスト 3-19 の❷の **useHead()** 関数を使います。引数としてオブジェクトを渡し、そのプロパティとして設定したいヘッダ情報を渡します。

　title タグを設定する場合は、❸のように文字通り **title** プロパティを指定します。この指定には、もちろん次のコードのように直接文字列を指定してもかまいませんし、スクリプトブロック内の変数も指定できます。

```
useHead({
  title: "ヘッダ変更サンプル"
});
```

　ただし、サイトタイトルのような固定値の場合は、定数の形で用意したデータを指定した方がコードの可読性が向上します。リスト 3-19 では、この方式を利用し、❶でサイトタイトルの定数を用意し、それをプロパティ値として指定しています。

NOTE　meta 情報の設定

　useHead() の引数オブジェクトのプロパティには、メタ情報が設定できる meta プロパティがあります。ただし、この meta プロパティは、次のように、その値としてオブジェクトの配列を指定するようになっているので注意してください。もちろん、オブジェクトの記述中に、例えば、data.image のようなテンプレート変数を利用することは可能です。

```
useHead({
  title: "ヘッダ変更サンプル",
  meta: [
      {name: "description", content: "ヘッダを変更するサンプルです。"},
      {property: "og:image", content: data.image}
    ]
});
```

◎ 3.5.3 ページごとに useHead() を記述

前項の app.vue の変更で、ヘッダ情報の title は変更できるようになりました。ただし、app.vue で設定したヘッダ情報は、全てのページに適用されます。そのため、TOP 画面だけでなく、会員リスト画面などでも、図 3-17 のタブ表示となります。

これを、ページごとに表示が変わるためには、useHead() のコードを、画面用コンポーネントごとに記載しておく必要があります。実際にそのように改造していきましょう。

まず、memberList.vue にリスト 3-20 の太字のコードを追記、改変してください。

▼ リスト 3-20　use-head/pages/member/memberList.vue

```
<script setup lang="ts">
import type {Member} from "@/interfaces";
const PAGE_TITLE = "会員リスト";                                              ❶
definePageMeta({
  layout: "member",
});
useHead({                                                                    ❷
  title: PAGE_TITLE
});
const memberList = useState<Map<number, Member>>("memberList");
</script>

<template>
  <nav id="breadcrumbs">
    <ul>
      <li><NuxtLink v-bind:to="{name: 'index'}">TOP</NuxtLink></li>
      <li>{{PAGE_TITLE}}</li>                                                ❸
    </ul>
  </nav>
  <section>
    <h2>{{PAGE_TITLE}}</h2>                                                  ❹
    ～省略～
  </section>
</template>
```

改造が終了したら、会員リスト画面を表示させてください。ブラウザのタブは、図 3-18 のように表示されます。

▼ **図 3-18　ページタイトルが title タグに適用された会員リスト画面のタブ**

リスト 3-20 では、app.vue 同様に、❶でページタイトルの定数を定義し、❷の useHead() でそのページタイトルを title タグに設定しています。さらに、せっかくページタイトルの定数を用意したので、❸と❹で、パンくずリスト、および、h2 タグでページタイトルを表示させている部分にも定数を利用しています。

続けて、会員詳細情報画面コンポーネントの [id].vue や会員情報追加画面用コンポーネントの memberAdd.vue にも、同様の改造を行いましょう。これは、リスト 3-21、および、リスト 3-22 の太字の部分です。

▼ **リスト 3-21　use-head/pages/member/memberDetail/[id].vue**

```ts
<script setup lang="ts">
import type {Member} from "@/interfaces";
const PAGE_TITLE = "会員詳細情報";
definePageMeta({
  layout: "member",
});
useHead({
  title: PAGE_TITLE
});
const route = useRoute()
〜省略〜
</script>

<template>
  <nav id="breadcrumbs">
    <ul>
      <li><NuxtLink v-bind:to="{name: 'index'}">TOP</NuxtLink></li>
      <li><NuxtLink v-bind:to="{name: 'member-memberList'}">会員リスト</NuxtLink></li>
      <li>{{PAGE_TITLE}}</li>
    </ul>
  </nav>
  <section>
    <h2>{{PAGE_TITLE}}</h2>
    <dl>
      〜省略〜
    </dl>
  </section>
</template>
```

▼ **リスト 3-22　use-head/pages/member/memberAdd.vue**

```ts
<script setup lang="ts">
import type {Member} from "@/interfaces";
const PAGE_TITLE = "会員情報追加";
definePageMeta({
  layout: "member",
});
```

```
useHead({
  title: PAGE_TITLE
});
const router = useRouter();
〜省略〜
</script>

<template>
  <nav id="breadcrumbs">
    <ul>
      <li><NuxtLink v-bind:to="{name: 'index'}">TOP</NuxtLink></li>
      <li><NuxtLink v-bind:to="{name: 'member-memberList'}">会員リスト</NuxtLink></li>
      <li>{{PAGE_TITLE}}</li>
    </ul>
  </nav>
  <section>
    <h2>{{PAGE_TITLE}}</h2>
    <p>
      情報を入力し、登録ボタンをクリックしてください。
    </p>
    <form v-on:submit.prevent="onAdd">
      〜省略〜
    </form>
  </section>
</template>
```

　コーディングが終了したら、それぞれの画面を表示させ、ブラウザのタブを確認してください。会員詳細情報画面が図 3-19 の①、会員情報追加画面が②のように表示されれば成功です。

▼ 図 3-19　ページタイトルが反映された会員詳細情報画面と会員情報追加画面のタブ

◎ 3.5.4 title のテンプレートを設定できる titleTemplate

　これで、一通り、各画面固有の title タグが設定できるようになりました。最後にもう一段階進めます。

　この title タグの表記でよく見られるのは、TOP ページではサイトタイトルのみの表示である一方で、下層ページの場合は、「ページタイトル ｜ サイトタイトル」のような表記になっているパターンです。例えば、use-head プロジェクトでいうと、TOP ページは、図 3-17 のように「ヘッダ変更サンプル」となっている一方で、会員リスト画面の場合は、「会員リスト ｜ ヘッダ変更サンプル」という表記になります。

　そこで、本節の最後に、use-head プロジェクトをそのように改造していきます。その際に便利なものが、useHead() の引数オブジェクトのプロパティにあるので、それを利用します。

　これは、app.vue の改造となります。リスト 3-23 の太字の部分を変更してください。

▼ リスト 3-23　use-head/app.vue

```
<script setup lang="ts">
import type {Member} from "@/interfaces";
const SITE_TITLE = "ヘッダ変更サンプル";
useHead({
  titleTemplate: (titleChunk: string|undefined): string => {    ❶
    let title = SITE_TITLE;                                      ❷
    if(titleChunk != undefined) {
      title = `${titleChunk} | ${SITE_TITLE}`;                   ❸
    }
    return title;
  }
});
～省略～
</script>

<template>
  ～省略～
</template>

<style>
～省略～
</style>
```

　各画面の title タグを加工するのに便利なプロパティが、リスト 3-23 の❶の **titleTemplate** です。このプロパティは、その値としてアロー関数を記述します。

　このアロー関数の引数（**titleChunk**）には、各ページに設定されている title プロパティが渡ってきます。もちろん、title プロパティが設定されていないページも存在します。use-head プロジェクトでは、index.vue が該当します。そのため、titleChunk のデータ型は、string|undefined となっており、undefined が、title プロパティが設定されていない場合を表します。

　この引数を利用して、各ページの title タグに設定する文字列をリターンするようにアロー関数内に処理を記述します。リスト 3-23 では、デフォルトの戻り値を❷のようにサイトタイトルとし、❸で titleChunk が undefined でない場合に、titleChunk に続けて「|」とサイトタイトルを結合したものを戻り値とするようにしています。

　このコードにより、title プロパティが設定されていないページ、すなわち、titleChunk が undefined の場合には、サイトタイトルが title タグの値となる一方で、title プロパティが設定されたページでは、「会員リスト | ヘッダ変更サンプル」のような表記となります。

　実際、この改造後、TOP ページを表示させると、ブラウザのタブは図 3-17 のままである一方で、会員リスト画面を表示させると、ブラウザのタブは、図 3-20 の表記になります。

▼ 図 3-20　title タグにページタイトルとサイトタイトル適用された会員リスト画面のタブ

会員リスト | ヘッダ変更サンプル　✕

文字列フォーマットの titleTemplate

titleTemplate プロパティ値には、アロー関数の他に単なる文字列を指定することもできます。そして、その文字列中に次のように **%s** を記述すると、その部分に各ページで設定されている title プロパティの値、すなわち、アロー関数の場合の引数 titleChunk の値が自動で適用されるようになっています。この文字列フォーマットの方が、より簡潔に記述できます。

```
titleTemplate: `%s | ${SITE_TITLE}`
```

ただし、各ページに title プロパティが設定されている場合は、例えば、図 3-20 のように表示されますが、title プロパティが設定されていないページでは、図 3-21 のように「|」が表示されてしまいます。上記コードを考えればこれは当然ですね。この「|」を表示させないといった細かい制御を行おうとすると、やはりアロー関数が必要となります。

▼ 図 3-21　title プロパティが設定されていないページでは「|」が表示されてしまう

| ⛰ |ヘッダ変更サンプル　　　　　　　✕ |

本節の最後に、ここまで利用してきた useHead() の引数オブジェクトのプロパティに関して、これまで登場したものも含めて表 3-7 にまとめておきます。

▼ 表 3-7　useHead() の引数オブジェクトのプロパティ

プロパティ名	データ型	内容
title	string	タイトルタグの設定
titleTemplate	string/ アロー関数	タイトルタグを動的に設定
meta	配列	meta タグの設定
link	配列	link タグの設定
style	配列	style タグの設定
script	配列	script タグの設定
noscript	配列	noscript タグの設定
htmlAttrs	オブジェクト	html タグの属性の設定
bodyAttrs	オブジェクト	body タグの属性の設定

いくつか補足しておきます。

meta プロパティの記述方法に関しては、3.5.2 項末（p.98）の Note で補足しています。link、style、script、noscript に関しても、この meta プロパティと同様に、オブジェクトの配列を記載します。例えば、次のようなコードです。

```
useHead({
  :
  script: [
    {src: "….js", type: "text/javascript"}
  ],
  link: [
    {rel: "stylesheet", href: "https://…"}
  ]
});
```

また、htmlAttrs と bodyAttrs は、それぞれの属性名をプロパティとするオブジェクトを設定します。例えば、次のようなコードです。

```
useHead({
  :
  htmlAttrs: {
    lang: "ja"
  }
});
```

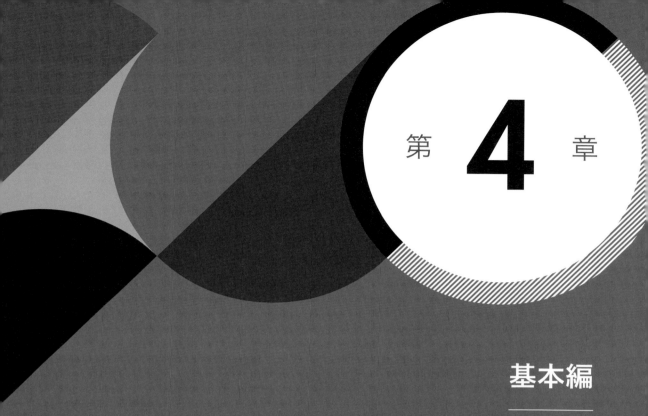

第 **4** 章

基本編

Nuxtのデータ取得処理

前章までの内容で、Nuxt アプリケーションの作成方法の基礎を一通り紹介したことになります。本章からは、Nuxt アプリケーションの作成に便利な機能を紹介していきます。その第1弾として、データ取得処理を扱います。フロントエンドアプリケーションでは、Web からデータを取得する処理は、ほぼ必須といえます。そのような処理で便利な仕組みが Nuxtにはあるので、本章で紹介していきます。

Nuxt のデータ取得の基本

Web からデータを取得する際、JavaScript/TypeScript には fetch() という関数が標準で備わっています。この fetch() をさらに使いやすくした関数が Nuxt には含まれているので、その関数の使い方から紹介していくことにします。

◎ 4.1.1　サンプルプロジェクトの概要と Web API の準備

実際に Nuxt で用意されたデータ取得関数の紹介に入る前に、これから作成するサンプルプロジェクトを概観しておきましょう。このサンプルプロジェクトは、図 4-1 の 2 画面構成となっています。

▼ 図 4-1　ここで作成するサンプルプロジェクトの画面

①

fetchサンプル

都市リスト

- 大阪の天気
- 神戸の天気
- 姫路の天気

②

fetchサンプル

姫路の天気

厚い雲

リストに戻る

最初の画面は①の画面であり、都市リストが表示されています。サンプルコードでは大阪、神戸、姫路の 3 都市のみですが、好みで増やすこともできます。このリストをクリックすると、②のように、クリックした都市名と現在の天気情報が表示されます。その際、Web 上で天気情報を公開している Web API サービスのひとつである **OpenWeather** から情報を取得して表示しています。OpenWeather の URL は次の通りです。

https://openweathermap.org/

この URL にアクセスすると、図 4-2 のような画面が表示されます。

▼ 図 4-2　OpenWeather のトップページ

　このサイトでは、全世界のさまざまな天気情報を利用できるようになっています。どのような API サービスが利用できるかについては、グローバルナビの［API］をクリックして表示される図 4-3 のページに掲載されています。

▼ 図 4-3　OpenWeather の API の説明ページ

　これらの API サービスを利用する場合、有料プランと無料プランの 2 種類があります。もちろん、本格的に利用する場合は有料プランを申し込まなければなりませんが、無料枠でもある程度の情報は取得可能です。実際、本章で作成するサンプルプロジェクトで利用する API は、図 4-3 左下にある Current Weather Data であり、無料枠で全く問題なくデータ取得できます。ただし、たとえ無料枠でも、API サービスを利用するには、各アカウントに割り当てられた API キーを用意しておく必要があります。

　その API キーを取得するには、まずユーザ登録を行います。グローバルナビ右上にある［Sing in］をクリックし、表示される図 4-4 のサインインウィンドウで、下部にある［Create an Account］のリンクをクリックしてください。

▼ 図 4-4　OpenWeather のサインインページ

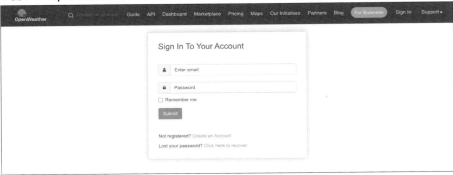

　すると、図 4-5 のアカウント作成ウィンドウが表示されます。この画面に必要事項を入力の上、［Create Account］をクリックしてください。

▼ 図 4-5　OpenWeather のアカウント作成ページ

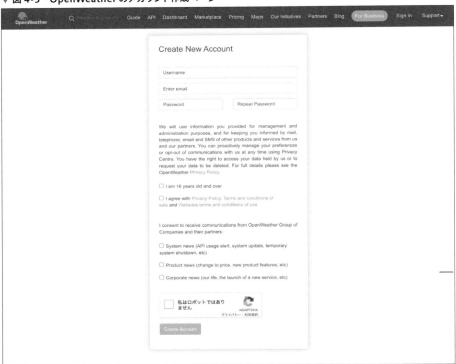

　その後、送信されてきたメールの指示に従って、認証を完了してください。無事アカウントが作成されたら、図 4-6 のようなメールが送られてきます。その中に、API キーが記載されています。

▼ 図 4-6　API キーが記載されたメール本文

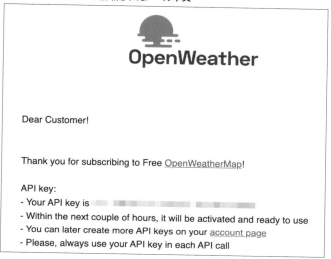

この API キーは、OpenWeather のサイトでいつでも確認できます。図 4-4 のサインイン画面からサインイン後、[My API keys] メニューで表示される図 4-7 の画面に記載されています。

▼ 図 4-7　API キーを確認できる画面

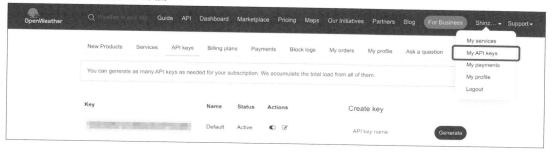

本章中で作成するプロジェクトでは、各自が取得したこの API キー文字列を、ソースコードにコピー＆ペーストして利用していきます[*1]。

◎ 4.1.2　Current Weather Data の利用方法

API キーが取得できたところで、Current Weather Data API の利用方法を見ていくことにします。詳細は、図 4-3 のページの Current Weather Data のセクションにある [API doc] のリンク先のページに記載されています。本章のプロジェクトでは、例えば、次の URL でアクセスして取得できる情報を利用します。

https://api.openweathermap.org/data/2.5/weather?lang=ja&q=Himeji&appid=xxxxxx

---

*1　API キー発行直後は利用できない場合があります。しばらく経ってから利用するようにした方がいいでしょう。

　この URL で、現在の姫路市の天気情報を取得できます。? 以降の記述であるクエリパラメータによって、取得するデータを絞り込んでおり、この URL では次の 3 個のクエリパラメータが記載されています。

- lang
  取得する天気情報の言語を指定します。先の URL のように「ja」と指定すると、日本語で取得できます。

- q
  取得する天気情報の都市を指定します。先の URL のように「Himeji」とすると、姫路市の天気情報となります。本章のサンプルプロジェクトでは、図 4-1 の①の画面のリスト表示からわかるように、この q の値を「Himeji」の他に「Osaka」、「Kobe」と切り替えて各都市の天気情報を取得するようにします。もちろん、図 4-1 の 3 都市以外の都市も指定することができます。例えば、「Yokohama」とすると横浜市の天気が取得できます。

- appid
  前項で取得した API キーを指定します。先述の通り、この値はアカウントごとに違うので、先の URL では「xxxxxx」と記載しています。このまま入力しないようにしてください。

　クエリパラメータの内容が理解できたところで、一度各自の API キーを埋め込んで、ブラウザでアクセスしてみてください。次のような内容が表示されます。

```
{"coord":{"lon":134.7,"lat":34.8167},"weather":[{"id":804,"main":"Clouds","description":"厚い雲",↵
"icon":"04d"}],"base":"stations","main":{"temp":280.53,"feels_like":279.5,"temp_min":278.92,↵
"temp_max":280.53,"pressure":1017,"humidity":72,"sea_level":1017,"grnd_level":1016},"visibility":↵
10000,"wind":{"speed":1.78,"deg":359,"gust":2.6},"clouds":{"all":100},"dt":1674449910,"sys":{↵
"type":2,"id":86031,"country":"JP","sunrise":1674425136,"sunset":1674461984},"timezone":32400,↵
"id":1862627,"name":"姫路市","cod":200}
```

　これが、天気情報が格納された JSON データです。この JSON データを整形すると、次のようになります。なお、必要部分以外は省略しています。

▼ リスト 4-1　天気情報が格納された JSON データ

```
{
  "coord": {
    "lon": 134.7,
    "lat": 34.8167
  },
  "weather": [
    {
      "id": 804,
      "main": "Clouds",
      "description": "厚い雲",  ————————————————————————————————————❶
      "icon": "04d"
    }
  ],
  〜省略〜
  "timezone": 32400,
  "id": 1862627,  ————————————————————————————————————————————————❷
```

```
    "name": "姫路市",
    "cod": 200
}
```
❸

リスト 4-1 の❸に都市名が確認できます。さらに、❶に現在の天気が確認できます。もちろん、このデータは表示するタイミングに応じて変化します。図 4-1 の②の画面の天気情報は、この❶のデータを取得して表示しています。なお、❷はこの都市の ID を表します。図 4-1 の①の画面を表示させる元データとなる都市リストでは、この❷の値をキーとして利用していくことにします。

◎ 4.1.3 プロジェクトと基本部分の作成

準備が整ったところで、実際にコーディングを行っていきましょう。まず、本章最初のプロジェクトとして、fetch プロジェクトを作成してください。

インターフェースファイルの作成

その上で、リスト 4-2 の interfaces.ts を作成してください。

▼ リスト 4-2　fetch/interfaces.ts

```
export interface City {
  id: number;
  name: string;
  q: string;
}
```

このファイル中で定義した City インターフェースは、1 都市分のデータを表すものであり、リスト 4-1 の❷の都市 ID を表す id プロパティ、都市名の name プロパティ、天気情報を取得する際に都市を判別するためのパラメータである q が定義されています。

app.vue の変更

次に、app.vue をリスト 4-3 の内容に書き換えてください。

▼ リスト 4-3　fetch/app.vue

```
<script setup lang="ts">
import type {City} from "@/interfaces";

//都市情報リストをステートとして用意。
useState<Map<number, City>>(
  "cityList",
  (): Map<number, City> => {
    const cityListInit = new Map<number, City>();
    cityListInit.set(1853909,
      {
        id: 1853909,
```

```
      name: "大阪",
      q: "Osaka"
    });
  cityListInit.set(1859171,
    {
      id: 1859171,
      name: "神戸",
      q: "Kobe"
    });
  cityListInit.set(1862627,
    {
      id: 1862627,
      name: "姫路",
      q: "Himeji"
    });
  return cityListInit;
  }
);
</script>


<template>
  <header>
    <h1>fetchサンプル</h1>
  </header>
  <main>
    <NuxtPage/>
  </main>
</template>
```

リスト 4-3 のコードも特に新しいことはありません。画面に表示させる 3 都市分のリストデータである Map
オブジェクトを、ステートとして用意しています。

画面①の画面用コンポーネントの作成

　次に、テンプレートブロックの NuxtPage タグ内に表示させる画面用コンポーネントのうち、図 4-1 の①の
画面に該当するものを作成しましょう。これは、リスト 4-4 の pages/index.vue です。

▼ **リスト 4-4　fetch/pages/index.vue**

```
<script setup lang="ts">
import type {City} from "@/interfaces";

//都市情報リストをステートから取得。
const cityList = useState<Map<number, City>>("cityList");
</script>

<template>
  <section>
    <h2>都市リスト</h2>
    <ul>
```

```
    <li
      v-for="[id, city] in cityList"
      v-bind:key="id">
      <NuxtLink v-bind:to="{name: 'WeatherInfo-id', params: {id: id}}">
        {{city.name}}の天気
      </NuxtLink>
    </li>
  </ul>
  </section>
</template>
```

こちらも、特に新しいコードはありません。ステートから都市情報リストデータを取得し、v-for でループ表示させています。そのループ内で、NuxtLink を使って図 4-1 の②の画面へのリンクを生成していいます。

生成されるリンクパスは、例えば、姫路市ならば /WeatherInfo/1862627 のようになります。リンクパスの末尾の数値が、都市 ID をルートパラメータとした数値です。

画面②の画面用コンポーネントの作成

最後に、このリンク先の画面用コンポーネントを作成しましょう。ただし、OpenWeather へのアクセスコードを含まない形で作成します。これは、リスト 4-5 の pages/WeatherInfo/[id].vue となります。こちらのコードも新しいことは何もありませんので、コメントを頼りにコーディングしてください。

▼ リスト 4-5　fetch/pages/WeatherInfo/[id].vue

```
<script setup lang="ts">
import type {City} from "@/interfaces";

//ルートオブジェクトを用意、
const route = useRoute();
//都市情報リストをステートから取得。
const cityList = useState<Map<number, City>>("cityList");
//ルートパラメータをもとに該当都市データを取得。
const selectedCity = computed(
  (): City => {
    const idNo = Number(route.params.id);
    return cityList.value.get(idNo) as City;
  }
);
//天気情報のテンプレート変数を用意。
const weatherDescription = ref("");
</script>

<template>
  <section>
    <h2>{{selectedCity.name}}の天気</h2>
    <p>{{weatherDescription}}</p>
  </section>
  <p>リストに<NuxtLink v-bind:to="{name: 'index'}">戻る</NuxtLink></p>
</template>
```

動作確認

　ここまでのコーディングが終了したら、プロジェクトを起動し、画面表示させてください。初期画面は、図 4-1 の①と同じものが表示されます。ただし、各リストのリンクをクリックしても、天気情報は表示されず、図 4-8 の画面となります。これは、天気情報を取得するコードが記述されていないから当たり前です。

▼ 図 4-8　天気情報が表示されていない画面

fetchサンプル

姫路の天気

リストに戻る

　なお、ここまでコーディングしたファイル一式は、次節以降で作成するプロジェクトでもほぼ同じコードを記述し、そこに差分のコードを追記する形で解説していきます。

◎ 4.1.4 Web API からのデータ取得コードの追記

　一通り、プロジェクトの骨格ができたところで、いよいよ Nuxt で用意されているデータ取得関数を利用して天気情報を取得するコードを記述しましょう。これは、pages/WeatherInfo/[id].vue のスクリプトブロックの末尾への追記となり、リスト 4-6 の太字の部分が該当します。なお、コード内のコメントにもあるように、❷ の appid の「xxxxxx」は各自の API キーに置き換えてください。

▼ リスト 4-6　fetch/pages/WeatherInfo/[id].vue

```
<script setup lang="ts">
import type {City} from "@/interfaces";
〜省略〜
const weatherDescription = ref("");
//アクセス先URLの基本部分の変数を用意。
const weatherInfoUrl = "https://api.openweathermap.org/data/2.5/weather";  ──────❶
//クエリパラメータの元データとなるオブジェクトリテラルを用意。
const params:{
  lang: string;
  q: string;
  appid: string;
} =
{
  //言語設定のクエリパラメータ
  lang: "ja",
  //都市を表すクエリパラメータ。
  q: selectedCity.value.q,
```
❷

```
    //APIキーのクエリパラメータ。ここに各自の文字列を記述する!!
    appid: "xxxxxx"                                                    ❷
}
//クエリパラメータを生成。
const queryParams = new URLSearchParams(params);                       ❸
//実際にアクセスするURLを生成。
const urlFull = `${weatherInfoUrl}?${queryParams}`;                    ❹
//URLに非同期でアクセスしてデータを取得。
const response = await $fetch(urlFull) as any;                         ❺
//天気情報JSONから天気データを取得し、テンプレート変数に格納。
const weatherArray = response.weather;
const weather = weatherArray[0];                                       ❻
weatherDescription.value = weather.description;
</script>

<template>
 〜省略〜
</template>
```

　追記が終了したら、動作確認を行ってください。今度は、図 4-8 とは違い、図 4-1 の②のように、現在の天気情報が表示されます。

アクセス先 URL 文字列の生成コード

　リスト 4-6 のポイントは、❺のコードであり、ここで実際に Web API にアクセスしてデータを取得しています。その説明の前に、❶〜❹について軽く解説しておきます。❶で URL の基本となる部分、すなわちクエリパラメータ以外の部分を weatherInfoUrl として定義しています。4.1.2 項で説明したように、この weatherInfoUrl に、lang、q、appid のそれぞれのクエリパラメータを追加する必要があります。

　その時に活躍するのが、❸の URLSearchParams クラスです。このクラスを new する際に、引数としてクエリ文字列の元データとなるオブジェクトリテラルを渡すと、クエリ文字列が自動生成されます。ここでは、それを変数 queryParams としています。そのクエリパラメータの元データとなるオブジェクトリテラルを定義しているのが❷です。

　最終的に、URL の基本部分である weatherInfoUrl と、URLSearchParams によって生成されたクエリ文字列である queryParams を ? で結合しているのが❹の変数 urlFull であり、これが完成した URL 文字列となります。

◎ 4.1.5　Nuxt のデータ取得関数の $fetch()

　❹で作成したアクセス先 URL に実際にアクセスしているコードが❺であり、その際に活躍するのが、Nuxt に用意されている関数 **$fetch()** です。この関数の引数に、アクセス先の URL 文字列を渡すだけで、その URL に GET アクセスを行ってくれます。

　ただし、この Web アクセス処理は非同期処理となるので、戻り値の Promise オブジェクトを適切に処理して本来の戻り値であるレスポンスボディを取得するか、**await** キーワードを利用して非同期処理の終了を待つようにします。❺では await を利用しているので、戻り値の response は Promise オブジェクトではなく、

本来の戻り値であるレスポンスボディである JSON データとなります。

　また、レスポンスボディである本来の戻り値は、そのままでは unknown 型となってしまうので、適切な型への変換が必要です。もしレスポンスの JSON データが簡易なものならば、その JSON データのインターフェースを用意して、そのデータ型への型変換を行った方がよいですが、OpenWeather から取得する今回の JSON はリスト 4-1 のように複雑なため、インターフェースを定義するのは現実的とはいえません。そこで、❺では any 型へ変換し、データを取得できるようにしています。

　最終的に、取得した response から、リスト 4-1 の JSON データ構造に従って天気情報である description を取得して、テンプレート変数である weatherDescription に格納しているのが、❻です。これらのコードにより、問題なく Web API のデータを画面に表示させることができます。

> **NOTE** **POST 送信の場合**
>
> 　$fetch() は、GET 以外の HTTP リクエストメソッドにも対応しています。例えば、POST メソッドで送信する場合は、次のように第 2 引数にオプションのオブジェクトを渡します。**method** プロパティとして文字列 **POST** を、**body** プロパティとして送信したいリクエストパラメータのオブジェクトを渡します。
>
> ```
> $fetch("……", {method: "POST", body: {……}});
> ```
>
> 　実は、$fetch() 関数は内部で **ofetch**[*2] というライブラリを利用しており、オプションの指定などは、この ofetch と同じものが指定できます。これらオプションの主なものを表 4-1 にまとめておきます。
>
> ▼ 表 4-1　$fetch() のオプション
>
> | オプション | 値 | 内容 |
> | --- | --- | --- |
> | method | 文字列 | リクエストメソッドの設定 |
> | query | オブジェクト | クエリパラメータの設定 |
> | params | オブジェクト | 上記 query と同じ |
> | body | 文字列 / オブジェクト | リクエストボディの設定（オブジェクトの場合は自動的に JSON 変換される） |
> | headers | オブジェクト | リクエストヘッダの設定 |
> | baseURL | 文字列 | ベース URL の設定 |

＊2　https://github.com/unjs/ofetch

データ取得処理をまとめておける useAsyncData()

前節で紹介した $fetch() を利用すると、確かに Web API からデータ取得が可能です。しかし、リスト 4-6 のように、Web API へアクセスするための準備コードやデータ取得後のコードなど、前後にさまざまなコードを記述する必要があります。

そのようなコードは、本来ひとまとまりにしておき、可能ならば再利用できる形にしておくのが望ましいといえます。Nuxt には、そのような場合に便利な関数として、**useAsyncData()** があります。本節では、この useAsyncData() を紹介していきます。

◎ 4.2.1 サンプルプロジェクトの共通部分の作成

4.1.3 項末で触れたように、本節で作成するサンプルである asyncdata プロジェクトも、その動作は fetch プロジェクトと同じです。しかも、ほとんどソースコードが fetch プロジェクトと同じです。

そこで、まず fetch プロジェクトと共通部分を作成しましょう。asyncdata プロジェクトを作成し、interfaces.ts ファイルを fetch プロジェクトから、asyncdata フォルダ直下にファイルごとコピー＆ペーストしてください。同様に、fetch プロジェクトの pages/index.vue を、asyncdata/pages フォルダ内にファイルごとコピー＆ペーストしてください。

次に、app.vue 内のコードを、fetch プロジェクトの app.vue のソースコードとまるまる置き換えてください。ただし、動作確認時にプロジェクトの違いをはっきりさせるために、テンプレートブロックの h1 タグだけは、リスト 4-7 のように変更しておいた方がよいでしょう。

▼ リスト 4-7　asyncdata/app.vue

```
〜省略〜
<template>
  <header>
    <h1>useAsyncDataサンプル</h1>
  </header>
  〜省略〜
</template>
```

最後に、pages/WeatherInfo/[id].vue ファイルを作成し、リスト 4-6 の内容を記述してください。念のために、ここまでの内容で、動作確認を行ってください。

◎ 4.2.2　useAsyncData() の使い方

プロジェクトの基本部分ができたところで、pages/WeatherInfo/[id].vue に useAsyncData() を利用したデータ取得コードを追記していきましょう。これは、リスト 4-8 の太字のコードになります。その際、appid の値を各自のものに置き換えるのを忘れないでください。

▼ リスト 4-8　asyncdata/pages/WeatherInfo/[id].vue

```
<script setup lang="ts">
import type {City} from "@/interfaces";
〜省略〜
const weatherDescription = ref("");
const asyncData = await useAsyncData(                                    ❶
  `/WeatherInfo/${route.params.id}`,                                     ❷
  (): Promise<any> => {                                                  ❸
    const weatherInfoUrl = "https://api.openweathermap.org/data/2.5/weather";
    const params:{
      lang: string;
      q: string;
      appid: string;
    } =
    {
      lang: "ja",
      q: selectedCity.value.q,
      //APIキーのクエリパラメータ。ここに各自の文字列を記述する!!    ❹
      appid: "xxxxx"
    }
    const queryParams = new URLSearchParams(params);
    const urlFull = `${weatherInfoUrl}?${queryParams}`;
    const response = $fetch(urlFull);                                    ❺
    return response;                                                     ❻
  }
);
const data = asyncData.data;                                             ❼
const weatherArray = data.value.weather;                                 ❽
const weather = weatherArray[0];                                         ❾
weatherDescription.value = weather.description;                          ❿
</script>

<template>
  〜省略〜
</template>
```

追記が終了したら、一度動作確認を行ってください。無事天気情報が表示されます。

▎useAsyncData() 関数の 3 個の引数

リスト 4-8 では、❹ がリスト 4-6 の ❶〜❹ と全く同じコードとなっています。それらが全体的に ❶ の useAsyncData() 関数内に収められており、データ取得コードがひとまとまりになっていることがわかります。

この useAsyncData() 関数を構文としてまとめると、次のようになります。

useAsyncData()

```
useAsyncData(
  キー文字列,
  (): Promise<取得データのデータ型> => {
    データ取得処理
    return 取得データ;
  },
  オプションオブジェクト
);
```

　上記構文の通り、useAsyncData() 関数は引数を 3 個受け取ります。第 1 引数がキー文字列、第 2 引数がデータ取得のコールバック関数（**ハンドラ**）、第 3 引数がオプションを表すオブジェクトです。オプションオブジェクトに関しては 4.2.5 項以降で紹介するとして、まず中心となる第 2 引数のデータ取得ハンドラから解説していきます。

useAsyncData() のハンドラの戻り値は Promise オブジェクト

　このハンドラは、リスト 4-8 では❸のアロー関数が該当します。先述のように、その関数内のコードは、fetch プロジェクトではスクリプトブロック直下に直接記述していたデータ取得処理コードです。

　違いは、$fetch() 関数を実行している❺です。リスト 4-6 の❺で $fetch() 関数を実行した際は、その戻り値である Promise オブジェクトを利用せずに、await キーワードによって本来の戻り値を取得するコードになっていました。そのため、any 型への型変換も行っています。

　一方、useAsyncData() 関数のハンドラでは、Promise オブジェクトをそのまま戻り値とできます。そのため、❺では await キーワードを利用せず、型変換も行っていません。$fetch() 関数の戻り値である Promise オブジェクトをそのままアロー関数の戻り値としています。それが、❻です。

　この Promise オブジェクトをそのまま戻り値とするため、❸のアロー関数の戻り値のデータ型も Promise となります。そのジェネリクスとして、取得したデータ、すなわち、本来の戻り値の型を指定します。❸で、そのジェネリクスとして any を指定しているのは、リスト 4-6 の❺で any と型変換したのと同じ理由です。

◎ 4.2.3　データ取得の重複を排除するキー

　さて、useAsyncData() 関数の第 1 引数であるキーに話を移します。Nuxt は、useAsyncData() 関数の重複実行を避けるために、このキーを利用します。キーが同じ useAsyncData() 関数の実行結果はキャッシュされ、再利用されるようになっています。この第 1 引数は省略することができ、その場合は「ファイル名 ＋ 行番号」が内部で利用されます。

　リスト 4-8 の [id].vue のように、同一ファイルの同一行番号でルートパラメータによって取得データが変わる場合は、安全のためにキーをリスト 4-8 の❷のように、ルートパラメータによってその都度変化するようにしておきます。❷ではリンクパスをそのままキーとしています。

キャッシュの再利用

　本章のサンプルには登場しませんが、キャッシュされた useAsyncData() 関数の実行結果を利用する場合は、**useNuxtData()** 関数を利用します。その際、引数としてキー文字列を渡します。

　例えば、リスト 4-8 の useAsyncData() 関数の実行結果のうち、姫路の天気情報のページを表示させた場合のデータを利用するならば、姫路市の天気情報を表示させるリンクパスである /WeatherInfo/1862627 がキーとなるため、この文字列を引数として渡し、次のようなコードとします。

```
const asyncData = useNuxtData("/WeatherInfo/1862627");
```

◎ 4.2.4　useAsyncData() の戻り値

　このように、キー文字列とハンドラを引数として渡して実行された useAsyncData() は、当然内部で非同期処理が行われるため、リスト 4-8 の❶のように await キーワードを利用して本来の戻り値を取得することになります。その取得した本来の戻り値を、❶では asyncData としています。

　ここで注意が必要なのが、この asyncData、すなわち、useAsyncData() の戻り値と、ハンドラの戻り値、すなわち、リスト 4-8 でいうと❻の response は別物である、ということです。useAsyncData() の戻り値は、表 4-2 の 4 個のデータが含まれたオブジェクトとなっています。

▼ **表 4-2　useAsyncData() の戻り値オブジェクト**

プロパティ名	内容	データ形式
data	ハンドラの本来の戻り値、すなわち、取得したデータ	取得したデータが含まれたリアクティブな変数
pending	データ取得が終了したかどうかを表す bool 値	true/false を値とするリアクティブな変数
refresh	データを再取得する関数	非同期関数
error	データ取得に失敗した場合のエラーオブジェクト	エラーオブジェクトのリアクティブな変数

　このうち、ハンドラ内で取得したデータ、すなわち、リスト 4-8 でいう❻の response の本来の戻り値は、data プロパティの中に格納されます。ただし、ただ格納されるのではなく、リアクティブな変数として、すなわち、ref() 関数を適用させたデータとして格納されます。そのため、リスト 4-8 では❼のように data プロパティの値をいったん変数 data として、リアクティブなテンプレート変数としていつでも利用できるようにしています。

　試しに、この data をテンプレートで表示させると、リスト 4-1 のような JSON データがそのまま表示されます。

分割代入

　リスト 4-8 では、useAsyncData() の戻り値を、❶のようにいったん asyncData 変数として用意し、その後、❼で data プロパティを取り出してさらに別の変数に格納しています。これは、可読性を重視した上でのコードであり、JavaScript/TypeScript の分割代入を利用して、次のような記述も可能です。

```
const {data} = await useAsyncData(…);
```

さらに、その JSON データ中から個別の値を取り出したい場合は、ref() を利用したその他のリアクティブな変数同様に、リスト 4-8 の❽のように .value でアクセスした上で、値を取得する必要があります。

なお、useAsyncData() の戻り値のうち、pending プロパティは 4.4.4 節で、refresh プロパティは 4.5.2 節で、error プロパティは第 7 章で紹介します。

◎ 4.2.5　データ項目を絞り込める pick オプション

ところで、前項で説明したように、useAsyncData() の戻り値の data プロパティには、ハンドラ内で取得したデータがまるまる含まれています。リスト 4-8 ならば、リスト 4-1 の JSON データです。しかし、asyncdata プロジェクトでは、このうち、リスト 4-8 の❽にあるように、weather プロパティしか利用していません。他のデータは不要です。

このように、取得した JSON データのうちの一部しか利用しない場合、無駄を省くためにあらかじめデータを絞り込んだ上で data プロパティに格納する機能が useAsyncData() 関数にはあります。Nuxt の公式サイトでも、この機能を利用して、極力絞り込んで戻り値を利用することが推奨されています。それが、**pick** オプションです。

ここでは、asyncdata プロジェクトをそのように改造します。pages/WeatherInfo/[id].vue に、リスト 4-9 の太字の部分を追記してください。

▼ **リスト 4-9　asyncdata/pages/WeatherInfo/[id].vue**

```
<script setup lang="ts">
〜省略〜
const asyncData = await useAsyncData(
  `/WeatherInfo/${route.params.id}`,
  (): Promise<any> => {
    〜省略〜
  },
  {
    pick: ["weather"], ─────────────────────────────────────❶
  }
);
const data = asyncData.data; ─────────────────────────────────❷
〜省略〜
</script>

<template>
  〜省略〜
</template>
```

追記が終了したら、動作確認を行ってください。これまでと同様の動作となります。

121

▌pick オプションの値は配列

リスト 4-9 で追記したのは、4.2.2 項の useAsyncData() 関数の構文で軽く紹介したオプションです。そのオプションのうちの **pick** オプションに、❶のように配列型式で必要なプロパティを列挙するだけで、戻り値の data プロパティには、指定したデータのみが含まれるようになります。

試しに、❷のテンプレート変数 data を表示させると、次のような表示になります。リスト 4-1 とは違い、データが絞り込まれているのがわかります。

```
{
  "weather": [
    {
      "id": 804,
      "main": "Clouds",
      "description": "厚い雲",
      "icon": "04d"
    }
  ]
}
```

◎ 4.2.6　データを加工できる transform オプション

前項で紹介した pick オプションは、取得した JSON データのあくまで第 1 階層のプロパティを指定して絞り込む機能です。ところが、asyncdata プロジェクトでは、リスト 4-8 の❾で配列のインデックス 0 のオブジェクトを取得し、❿でそのオブジェクトの description プロパティを取得しているように、さらに深い階層のデータを必要としています。このように、深い階層のデータを取得したり、取得したデータを加工したりといった、取得したデータに対して複雑な処理を加える場合は、pick オプションでは対応できません。

そこで登場するのが、**transform** オプションです。pages/WeatherInfo/[id].vue をそのように改造しましょう。これは、リスト 4-10 の内容です。リスト 4-10 中でコメントアウトとなっている行は、これまでコーディングしてきたコードのうち、不要となったものです。必要に応じて、コメントアウトではなく、削除してもかまいません。

▼ リスト 4-10　asyncdata/pages/WeatherInfo/[id].vue

```
<script setup lang="ts">
～省略～
// const weatherDescription = ref("");

const asyncData = await useAsyncData(
  ～省略～
  {
    // pick: ["weather"],
    transform: (data: any): string => {
      const weatherArray = data.weather;
      const weather = weatherArray[0];
      return weather.description;
    }
```

❶

```
  }
);
// const data = asyncData.data;
// const weatherArray = data.value.weather;
// const weather = weatherArray[0];
// weatherDescription.value = weather.description;
const weatherDescription = asyncData.data; ─────────────────────❷
</script>

<template>
  ～省略～
</template>
```

　コーディングが終了したら、動作確認を行ってください。これまでと変わりなく天気情報が表示されます。

transform オプションの値はアロー関数

　さて、リスト 4-10 で書き換えたオプションである❶が、**transform** オプションです。このオプションには、その値としてアロー関数を記述します。そのアロー関数の引数は、❶では data となっていることからわかるように、useAsyncData() 関数の戻り値の data プロパティの値、すなわち、useAsyncData() 関数のハンドラの戻り値の本来の値です。この値をもとに、抽出、加工を行います。❶では、引数 data はリスト 4-1 の JSON データですので、ここから目的の天気情報である description プロパティを抽出し、リターンしています。

　このようなコードを記述しておくと、useAsyncData() 関数の戻り値である asyncData の data プロパティは、目的の天気情報である description プロパティのみとなり、❷のように、この値をそのままリアクティブなテンプレート変数とできます。

◎ 4.2.7　useAsyncData() 関数のオプション

　このように、useAsyncData() 関数のオプションを利用することで、データ取得処理をより便利に利用できるようになります。そのようなオプションとして、ここまで紹介した pick と transform も含めて、表 4-3 にまとめておきます。このうちいくつかは、次節以降で紹介していきます。

▼ **表 4-3　useAsyncData() のオプション**

オプション	値	内容
server	true/false（デフォルト true）	サーバサイドでデータ取得を行うかどうかの設定
lazy	true/false（デフォルト false）	ページロード後にデータ取得を行うかどうかの設定
default	アロー関数	デフォルト値の設定。lazy オプションが true の場合に有用
transform	アロー関数	ハンドラによって取得したデータの加工処理を設定
pick	文字列配列	ハンドラによって取得したデータの絞り込みを設定
watch	リアクティブな変数の配列	自動的に refresh を実行するためのリアクティブな変数を設定
immediate	true/false（デフォルト true）	false を設定すると即時実行しない

123

useAsyncData()と $fetch() を 簡潔に書ける useFetch()

前節で紹介した useAsyncData() は、そのハンドラ内部で $fetch() 関数を利用してデータ取得を行うことがほとんどです。ですので、Nuxt では、この useAsyncData() と $fetch() の組み合わせをより簡潔に書ける関数として、**useFetch()** が用意されています。次にこれを紹介します。

◎ 4.3.1　サンプルプロジェクトの共通部分の作成

前節と同じように、本節で作成するサンプルである usefetch プロジェクトについても、まずその共通部分を作成しましょう。usefetch プロジェクトを作成し、interfaces.ts ファイルを asyncdata プロジェクトから、usefetch フォルダ直下にファイルごとコピー＆ペーストしてください。同様に、asyncdata プロジェクトの pages/index.vue を、usefetch/pages フォルダ内にファイルごとコピー＆ペーストしてください。

次に、app.vue 内のコードを、asyncdata プロジェクトの app.vue のソースコードとまるまる置き換えてください。ただし、asyncdata プロジェクトと同様に、テンプレートブロックの h1 タグだけは、リスト 4-11 のように変更しておいた方がよいでしょう。

▼ リスト 4-11　usefetch/app.vue

```
〜省略〜
<template>
  <header>
    <h1>useFetchサンプル</h1>
  </header>
  〜省略〜
</template>
```

最後に、pages/WeatherInfo/[id].vue ファイルを作成し、asyncdata プロジェクトの pages/WeatherInfo/[id].vue ファイルと同じコード記述してください。念のために、ここまでの内容で、動作確認を行ってください。

◎ 4.3.2　useFetch() の使い方

プロジェクトの基本部分ができたところで、pages/WeatherInfo/[id].vue に useFetch() を利用したデータ取得コードを追記していきましょう。これは、リスト 4-12 の太字のコードになります。これまでと同様に、appid の値を各自のものに置き換えるのを忘れないでください。ただし、❶の行はもはや不要となります。リスト 4-12 ではコメントアウトしていますが、削除してもかまいません。

▼ リスト 4-12 usefetch/pages/WeatherInfo/[id].vue

```
<script setup lang="ts">
import type {City} from "@/interfaces";
～省略～
// const weatherDescription = ref("");                              ❶
const params:{
  lang: string;
  q: string;
  appid: string;
} =
{                                                                   ❷
  lang: "ja",
  q: selectedCity.value.q,
  //APIキーのクエリパラメータ。ここに各自の文字列を記述する!!
  appid: "xxxxxx"
}
const asyncData = await useFetch(                                   ❸
  "https://api.openweathermap.org/data/2.5/weather",               ❹
  {
    key: `/WeatherInfo/${route.params.id}`,                        ❺
    query: params,                                                 ❻
    transform: (data: any): string => {
      const weatherArray = data.weather;
     const weather = weatherArray[0];                              ❼
      return weather.description;
    }
  }
);
const weatherDescription = asyncData.data;
</script>

<template>
  ～省略～
</template>
```

追記が終了したら、一度動作確認を行ってください。無事天気情報が表示されます。

リスト 4-12 では、❸で **useFetch()** 関数を利用しています。この useFetch() 関数を構文としてまとめると、次のようになります。

useFetch()

```
useFetch(
  アクセス先URL,
  オプションオブジェクト
);
```

useAsyncData() 関数との決定的な違いは、ハンドラを記述する必要がないということです。useAsyncData() 関数のハンドラ内で $fetch() 関数に渡していたアクセス先 URL を、直接 useFetch()

関数の第 1 引数として指定します。リスト 4-12 では❹が該当します。このような記述方法のため、useFetch() 関数は、多くの場合、useAsyncData() 関数に比べて簡潔な記述となります。

4.3.3　useFetch() のオプション

useFetch() 関数は、その第 2 引数にオプションオブジェクトを渡します。オプションとしては、リスト 4-12 の❼のように、useAsyncData() 関数のオプションと同じものが指定できます。一方で、useFetch() 関数独自のオプションもあり、それらを表 4-4 にまとめます。

▼ 表 4-4　useFetch() 独自のオプション

オプション	値	内容
key	文字列	useAsyncData() 関数の第 1 引数のキー文字列と同じもの
method	文字列	リクエストメソッドの設定
query	オブジェクト	クエリパラメータの設定
params	オブジェクト	上記 query と同じ
body	文字列 / オブジェクト	リクエストボディの設定（オブジェクトの場合は自動的に JSON 変換される）
headers	オブジェクト	リクエストヘッダの設定
baseURL	文字列	ベース URL の設定

リスト 4-12 では、❺で key オプションを設定しています。この値は、リスト 4-10 で useAsyncData() の第 1 引数として渡したものと同じです。

useFetch() でのクエリパラメータの扱い

また、❻で query オプションを指定しています。❹を見てもわかるように、useFetch() の第 1 引数で渡す URL には全くクエリパラメータが含まれていません。それをここで指定しています。そのためには、あらかじめ、❷のようにクエリパラメータのオブジェクトを用意しておく必要があります。

useAsyncData() では、このクエリパラメータオブジェクトは、ハンドラのアロー関数内に記述できました。一方、useFetch() ではこのような処理コードは内部に記述できません。そこで、useFetch() 関数外で用意する必要があります。このような仕組みのため、useFetch() は、データ取得処理をまとめておく、という役割からすると、今回のサンプルとは相性が悪いといえます。

一方で、データ取得の際に、リスト 4-12 の❷のような useFetch() の外部にコードを記述する必要がない場合では、簡潔に書ける分、威力を発揮します。適材適所で使い分けるのがよいでしょう。

useFetch() の戻り値

なお、useFetch() の戻り値に関しては、useAsyncData() と全く同じです。したがって、リスト 4-12 では、戻り値である asyncData の扱いは、asyncdata プロジェクトと同じコードになっています。

4 | 4 ページ遷移を優先する Lazy

useAsyncData() 関数と useFetch() 関数を紹介したところで、ここから話を掘り下げていきます。次に紹介するのは、これらの関数に用意されている lazy オプションです。

◎ 4.4.1 lazy オプションの働き

これまでに作成した asyncdata プロジェクトにしても、usefetch プロジェクトにしても、ネットワークがある程度高速の場合、画面遷移がサッと行われたように見えます。しかし、低速ネットワークで実行すると、都市リスト画面のリストをクリックしてから天気情報画面が表示されるまで時間がかかり、なかなか画面遷移しません。

この原因は、その処理順序にあります。リストをクリックした後、天気情報画面が表示される前に useAsyncData() 関数や useFetch() 関数が実行され、データ取得処理が先に行われるからです。その後、データが無事取得できてから、画面のレンダリングが行われるという処理の流れとなっています（図 4-9）。

▼ 図 4-9 データ取得後にレンダリング

この処理順序を変更し、まずレンダリングを実行して画面表示を行い、その後データ取得処理を行うようにするのが、表 4-3 にある **lazy** オプションです（図 4-10）。

▼ 図 4-10 lazy オプションの働き

127

ただし、lazy オプションを利用した場合、注意が必要な点があります。データ取得よりも画面表示の方が先に行われるため、当然ですが、データ取得によって表示される部分にはデータがありません。この、当初はデータがない、という状況を考慮してコーディングを行っていく必要があります。

◎ 4.4.2　lazy オプションがデフォルトの useLazyAsyncData()

では、その辺りの注意点も含めて、実際にプロジェクトを作成していきましょう。

ただし、useAsyncData() 関数や useFetch() 関数に lazy オプションを設定したコーディングは行いません。というのは、Nuxt には、この lazy オプションをあらかじめ true に設定した関数として、**useLazyAsyncData()** と **useLazyFetch()** が用意されているからです。こちらを利用していきます。

また、前節で説明したように、クエリパラメータを関数内で用意できる useAsyncData() 関数の方が、ここでのサンプルと相性がよいです。そのため、この useAsyncData() 関数の lazy 版である useLazyAsyncData() を利用していきます[3]。

まず、asyncdata プロジェクトを複製して、本節のプロジェクトである lazyasyncdata プロジェクトを作っていきます。lazyasyncdata プロジェクトを作成し、interfaces.ts ファイルを asyncdata プロジェクトから、lazyasyncdata フォルダ直下にファイルごとコピー＆ペーストしてください。同様に、asyncdata プロジェクトの pages/index.vue を、lazyasyncdata/pages フォルダ内にファイルごとコピー＆ペーストしてください。

次に、app.vue 内のコードを、asyncdata プロジェクトの app.vue のソースコードとまるまる置き換えてください。ただし、asyncdata プロジェクト同様に、テンプレートブロックの h1 タグだけは、リスト 4-13 のように変更しておいた方がよいでしょう。

▼ リスト 4-13　lazyasyncdata/app.vue

```
〜省略〜
<template>
  <header>
    <h1>useLazyAsyncDataサンプル</h1>
  </header>
  〜省略〜
</template>
```

最後に、pages/WeatherInfo フォルダを作成し、asyncdata プロジェクトの pages/WeatherInfo/[id].vue ファイルをそのフォルダ中にファイルごとコピー＆ペーストしてください。なお、この [id].vue は、asyncdata プロジェクトの [id].vue の最終形、すなわち、リスト 4-10 の内容となっている必要があります。

一通り作業が終了したら、念のために、ここまでの内容で、動作確認を行ってください。

◎ 4.4.3　useLazyAsyncData() の使い方

さて、作成した lazyasyncdata プロジェクトは、このままでは asyncdata プロジェクトと全く同じ動作となってしまいます。そこで、lazy 版に変更しましょう。これは、[id].vue をリスト 4-14 の太字のように変更します。

---

[3]　useFetch() を利用した usefetch プロジェクトの lazy 版として、ダウンロードサンプルに lazyfetch プロジェクトを含めています。useLazyFetch() の使い方については、そちらを参照してください。

▼ リスト 4-14　lazyasyncdata/pages/WeatherInfo/[id].vue

```
<script setup lang="ts">
import type {City} from "@/interfaces";
～省略～
const selectedCity = computed(
    ～省略～
);
const asyncData = useLazyAsyncData(
  `/WeatherInfo/${route.params.id}`,
    ～省略～
);
const weatherDescription = asyncData.data;
</script>

<template>
    ～省略～
</template>
```

　実は、useAsyncData を useLazyAsyncData に変更し、await を削除するだけです。変更ができたら、一度動作確認を行ってください。図 4-10 の動作になります。

　前項で説明した通り、useAsyncData() を lazy モードで利用したい場合は、**useLazyAsyncData()** 関数を利用すれば、自動的に lazy モードになります。その場合、画面遷移を先に行い、その後データ取得を行うため、await キーワードは不要になります。リスト 4-14 の太字の部分で await が削除されているのは、そのためです。

◎ 4.4.4　読み込み途中の表示に便利な pending

　前項の改造で、原理的には図 4-10 の動作になります。ただし、ネットワークがある程度高速の場合、図 4-10 の②の画面である天気情報が表示されていない中途半端な画面を確認する暇もなく、天気情報が表示された③の画面になってしまうかもしれません。これが、ネットワークの速度が遅くなると、確実に②→③の遷移を経ます。

　となると、②の状態は、アプリケーションのユーザに見せるにはあまりよくない画面であり、この場合は、図 4-11 のような「データ取得中…」のような画面表示にするのが望ましいといえます。

▼ 図 4-11　「データ取得中…」と表示された画面

useLazyAsyncDataサンプル

データ取得中…

リストに戻る

　その際に便利なのが、useLazyAsyncData() 関数の戻り値オブジェクトの **pending** プロパティです。こちらは、表 4-2 にある通り、リアクティブ変数となっています。これにより、データ取得中の場合は true であり、データ取得が完了すると自動的に false となります。この値を利用することにより、データ取得中の場合は図 4-11 の画面を表示させ、データ取得が完了した場合、すなわち、pending プロパティが false になると、図 4-10 の③の画面を表示させることが可能です。

pending プロパティを利用したコードへの改造

　そのように、[id].vue を改造しましょう。これは、リスト 4-15 の太字のコードとなります。

▼ **リスト 4-15　lazyasyncdata/pages/WeatherInfo/[id].vue**

```
<script setup lang="ts">
〜省略〜
const weatherDescription = asyncData.data;
const pending = asyncData.pending;                                          ❶
</script>


<template>
  <p v-if="pending">データ取得中…</p>                                        ❷
  <section v-else>                                                          ❸
    <h2>{{selectedCity.name}}の天気</h2>
    <p>{{weatherDescription}}</p>
  </section>
  <p>リストに<NuxtLink v-bind:to="{name: 'index'}">戻る</NuxtLink></p>
</template>
```

　改造が終了したら、動作確認を行ってください[4]。図 4-10 の③の天気情報の画面が表示される前に図 4-11 の画面が表示されれば成功です。

pending プロパティはリアクティブな変数

　リスト 4-15 のポイントは、先述の通り、pending プロパティの利用です。このプロパティは、もともとリアクティブな変数となっているので、❶のように、それをそのままテンプレート変数とします。

　そして、この変数を条件分岐として利用し、❷で true の場合に「データ取得中…」と表示させるようにし、❸で false の場合、すなわち、データ取得が終了した際に、これまで表示されていた section タグである天気情報を表示させるようにしています。

　このように、lazy モードのデータ取得関数の場合は、その戻り値の pending プロパティを利用して、データが取得できていない場合の表示を行うことができますし、する必要があります。

---

[4]　ブラウザの開発者ツールには、あえてネットワーク速度を遅くする機能があります。この機能を利用すると、図 4-11 の画面表示の動作確認が可能です。詳細は、巻末の付録 1 を参照してください。

4 | 5　データ取得処理を再実行する　リフレッシュ

本節から少しサンプルアプリケーションの動作を変更します。まずどのようなサンプルを作成するかから話を始めます。

◎ 4.5.1　ページ遷移を伴わないデータ取得サンプル

本節で作成するサンプルである refresh プロジェクトの画面は、図 4-12 の通りです。

▼ 図 4-12　refresh プロジェクトの画面

① ② ③

リフレッシュサンプル	リフレッシュサンプル	リフレッシュサンプル
表示するお天気ポイント: [大阪 ∨]	表示するお天気ポイント: [姫路 ∨]	表示するお天気ポイント: [姫路 ∨]
大阪の天気	データ取得中…	**姫路の天気**
晴天		晴天

初期画面は、①のように大阪の天気情報を表示させています。そして、画面上のドロップダウンリストから都市を選択すると、画面遷移を行うのではなく、その都市の天気情報を取得し、③のように表示します。その途中で、前節で行ったように、②の「データ取得中…」と表示させます。

これまでのサンプルは、画面遷移を伴うので、天気情報を表示させる画面用コンポーネントが表示する際に、データ取得処理を行うようにコードを記述していました。

一方、今回のサンプルでは、画面遷移がありませんので、初期画面（図 4-12 の①）を表示させる際にもデータ取得処理を行い、さらに、ドロップダウンが選択された際にもデータ取得処理を行う必要があります。これらのデータ取得処理は、当然ですが、都市を特定するパラメータが違うだけで、処理そのものは全く同じです。

このように、同じ処理をパラメータ違いで再利用できる仕組みが、Nuxt のデータ取得関数には含まれており、これを**リフレッシュ**機能といいます。

◎ 4.5.2　データ取得処理関数を再利用できる refresh プロパティ

では、早速そのリフレッシュ機能を利用したコードを記述していきましょう。refresh プロジェクトを作成し、interfaces.ts ファイルを asyncdata プロジェクトから、refresh フォルダ直下にファイルごとにコピー＆ペーストしてください。

app.vue の変更

次に、app.vue 内のコードを、asyncdata プロジェクトの app.vue のソースコードとまるまる置き換えてください。ただし、これまでのプロジェクト同様に、テンプレートブロックの h1 タグだけは、リスト 4-16 のように変更しておいた方がよいでしょう。

▼ **リスト 4-16　refresh/app.vue**

```
〜省略〜
<template>
  <header>
    <h1>リフレッシュサンプル</h1>
  </header>
  〜省略〜
</template>
```

index.vue の作成

ここから、このプロジェクト独特のコードを記述していきます。これは、pages/index.vue への記述であり、リスト 4-17 の内容となります。といっても、かなりのコードが asyncdata プロジェクトの pages/WeatherInfo/[id].vue と同じです。特に❶の useAsyncData() 内のコードはほぼ同じですので、省略しています。適宜コピー＆ペーストしてください。なお、useAsyncData() の第 1 引数であるキー文字列に関しては、refresh プロジェクトが 1 画面のプロジェクトであることから、省略した形で useAsyncData() 関数を利用しています。

▼ **リスト 4-17　refresh/pages/index.vue**

```
<script setup lang="ts">
import type {City} from "@/interfaces";

//都市情報リストをステートから取得。
const cityList = useState<Map<number, City>>("cityList");
//初期都市IDを大阪に設定。
const selectedCityId = ref(1853909);
//初期都市情報を取得。
const selectedCityInit = cityList.value.get(selectedCityId.value) as City;
//都市情報のテンプレート変数を用意。
const selectedCity = ref(selectedCityInit);
const asyncData = await useAsyncData(
  (): Promise<any> => {
    〜省略〜
  },
  {
    transform: (data: any): string => {
      〜省略〜
    }
  }
);
```

❶

```
const pending = asyncData.pending;
const weatherDescription = asyncData.data;
const refresh = asyncData.refresh; ─────────────────────────────────────❷

const onCityChanged = () => { ───────────────────────────────────────────❸
  selectedCity.value = cityList.value.get(selectedCityId.value) as City; ─❹
  refresh(); ────────────────────────────────────────────────────────────❺
}
</script>

<template>
  <section>
    <label>
      表示するお天気ポイント:
      <select v-model="selectedCityId" v-on:change="onCityChanged">
        <option v-for="[id, city] in cityList" v-bind:key="id" v-bind:value="id">
          {{ city.name }}
        </option>
      </select>
    </label>
  </section>
  <p v-if="pending">データ取得中…</p>
  <section v-else>
    <h2>{{selectedCity.name}}の天気</h2>
    <p>{{weatherDescription}}</p>
  </section>
</template>
```

ここまでコーディングが終了したら、動作確認を行ってください。図4-12のような動作になります。

> **NOTE pages/index.vueに記述したワケ**
>
> 　今回のサンプルは1画面のみです。となると、わざわざapp.vueにNuxtPageタグを利用して、実際のページ表示をpages/index.vueに記述せず、リスト4-17の内容を直接app.vueに記述してもよいのではないか、と思うかもしれません。
>
> 　実は、リスト4-17の内容を直接app.vueに記述するとエラーとなります。その原因は、❶のawaitです。4.2.2項で解説した通り、useAsyncData()関数の戻り値は、Promiseオブジェクトです。そして、このようなPromiseを戻り値とする非同期処理関数をapp.vueで実行する場合は、awaitの利用は許されず、Promiseを適切に処理するコードを記述する必要があります。
>
> 　一方、pages/index.vueのような画面用コンポーネントの場合は、非同期処理関数のawait利用が可能です。これは、Nuxtが画面用コンポーネントに対して非同期処理をあらかじめ組み込んでいるからです。
>
> 　このような仕組みのため、refreshプロジェクトのように1画面のプロジェクトでも、NuxtPageタグと画面用コンポーネントを利用した方がよいでしょう。

refresh プロパティの使い方

リスト 4-17 のポイントは、❷の **refresh** プロパティです。表 4-2 にあるように、useAsyncData()
関数の戻り値オブジェクトには refresh プロパティが含まれています。そして、このプロパティは、
useAsyncData() 関数と同じ処理を含んだ関数となっており、このプロパティを関数として実行するだけで、
useAsyncData() 関数が再実行されるようになっています。

この仕組みを利用して、ドロップダウンリストが変更された場合のメソッド、すなわち、❸の
onCityChanged 内で、選択された新しい都市情報をテンプレート変数 selectedCity に格納した上で、❺
のように、refresh を関数として実行することで、新しい都市情報をもとに天気情報を再取得する処理が実行
されます。これが、図 4-12 の②から③へと至る処理の流れです。

なお、refresh プロパティを関数として実行する際、useAsyncData() 関数内の処理がまるまる再実行
されます。ということは、関数内に新しいパラメータを用意するコードが含まれていないと、再実行の際に新
しい情報は取得されません。リスト 4-17 では、新しい都市情報をもとに、生成されるクエリパラメータであ
る params が該当します。4.3.3 項で説明したように、これが useFetch() 関数の場合は、この params
が関数の外に存在しています。したがって、refresh プロパティには含まれないことになり、refresh を再
実行しても新しいデータは取得されません。refresh プロジェクトでは、useFetch() 関数を利用せずに
useAsyncData() 関数を利用したのは、このためです。

◎ 4.5.3　リフレッシュを自動化できる watch オプション

ここまで紹介してきたように、データ取得関数を再利用する場合は、この戻り値オブジェクトの refresh プロ
パティは便利です。

実は、さらに便利な機能として、この関数の再実行を自動化する仕組みがデータ取得関数のオプションには
あります。それが、表 4-3 の **watch** です。前項で作成した refresh プロジェクトと同じ動作をするものを、こ
の watch オプションを利用して作成してみましょう。

watch プロジェクトを作成し、interfaces.ts ファイルを refresh プロジェクトから、watch フォルダ直下
にファイルごとコピー＆ペーストしてください。

インターフェースの追加

その上で interfaces.ts に、リスト 4-18 の太字のインターフェース WeatherInfoData を追記してください。

▼ **リスト 4-18　watch/interfaces.ts**

```ts
export interface City {
  〜省略〜
}
export interface WeatherInfoData {
  cityName: string;
  description: string;
}
```

app.vue の変更

　次に、app.vue 内のコードを、refresh プロジェクトの app.vue のソースコードとまるまる置き換えてください。ただし、refresh プロジェクト同様に、テンプレートブロックの h1 タグだけは、リスト 4-19 のように変更しておいた方がよいでしょう。

▼ **リスト 4-19　watch/app.vue**

```
〜省略〜
<template>
  <header>
    <h1>ウォッチサンプル</h1>
  </header>
  〜省略〜
</template>
```

index.vue の作成

　次に、pages/index.vue ファイルを作成し、リスト 4-20 の内容を記述してください。なお、リスト 4-17 のコードと重なるところは省略しています。適宜コピー＆ペーストしてください。

▼ **リスト 4-20　watch/pages/index.vue**

```
<script setup lang="ts">
import type {City, WeatherInfoData} from "@/interfaces";

//都市情報リストをステートから取得。
const cityList = useState<Map<number, City>>("cityList");
//初期都市IDを大阪に設定。
const selectedCityId = ref(1853909);
const asyncData = await useAsyncData(
  (): Promise<any> => {
    const selectedCity = cityList.value.get(selectedCityId.value) as City; ──────❶
    const weatherInfoUrl = "https://api.openweathermap.org/data/2.5/weather";
    const params:{
      lang: string;
      q: string;
      appid: string;
    } =
    {
      lang: "ja",
      q: selectedCity.q, ──────❷
      //APIキーのクエリパラメータ。ここに各自の文字列を記述する!!
      appid: "xxxxxx"
    }
    const queryParams = new URLSearchParams(params);
    const urlFull = `${weatherInfoUrl}?${queryParams}`;
    const response = $fetch(urlFull);
    return response;
  },
```

```
{
  transform: (data: any): WeatherInfoData => {
    const weatherArray = data.weather;
    const weather = weatherArray[0];
    return {
      cityName: `${data.name}の天気`,
      description: weather.description
    };
  },
  watch: [selectedCityId]
}
);
const pending = asyncData.pending;
const data = asyncData.data;
</script>

<template>
  <section>
    <label>
      表示するお天気ポイント:
      <select v-model="selectedCityId">
        〜省略（リスト4-17と同じ）〜
      </select>
    </label>
  </section>
  <p v-if="pending">データ取得中…</p>
  <section v-else>
    <h2>{{data?.cityName}}</h2>
    <p>{{data?.description}}</p>
  </section>
</template>
```

❸
❹
❺
❻

　ここまでコーディングできたら、一通り動作確認を行ってください。refresh プロジェクトと同じように表示されるはずです。

watch オプションの使い方

　refresh プロジェクトでは、ドロップダウンリストの変更に伴って、リスト 4-17 の❸のメソッド onCityChanged が実行されるように v-on で設定しています。

　一方で、データそのものは、リスト 4-20 の❺のように、v-model を利用して自動的にテンプレート変数 selectedCityId と連動するようになっています。このテンプレート変数 selectedCityId を監視して、その値が変更されると自動的にリフレッシュを行う、すなわち、useAsyncData() 関数内のコードを再実行するためのオプションが **watch** であり、そのように設定しているのがリスト 4-20 の❹です。データ取得関数の watch オプションに、配列として監視してほしいリアクティブ変数を渡すと、その値が変更された際にリフレッシュが行われるようになっています。

　ただし、少し工夫が必要です。リスト 4-20 では監視対象を selectedCityId とした時点で、この値が変更されると確かに useAsyncData() 関数内のコードが再実行されます。一方、他のコードは再実行されません。し

たがって、画面表示を変更するためのコードを全てこの useAsyncData() 関数内に含める必要が出てきます。

そこで、まず❶のように都市 ID に該当する selectedCityId から都市情報を取得するコードも関数内に含めています。それに伴い、❷のクエリパラメータの q の値が selectedCity.value.q から selectedCity.q へと変わっています。また、図 4-12 の①や③にあるような「○○の天気」という表記の変更もこの関数内に含める必要があります。幸いにも、天気情報として取得する JSON データ（リスト 4-1）には、都市名が含まれています。そこで、現在の天気情報だけでなく、都市名も JSON データから取得するようにします。

そのためのインターフェースが、リスト 4-20 で追記した WeatherInfoData であり、それを transform オプションの戻り値としてデータをリターンしているのが、リスト 4-20 の❸です。

したがって、リスト 4-20 では、useAsyncData() 関数の戻り値オブジェクトの data プロパティの内容は、これまでと違い、WeatherInfoData 型、すなわち、「○○の天気」という文字列とその都市の天気情報が格納されたオブジェクトとなります。それを表示させているのが❻です。ただし、この data プロパティは null の可能性があるので、?. 演算子を利用しています。

COLUMN　　　　　　　　　　　　　　　**Jamstack**

Jamstack[1] とは、2016 年に Netlify 社の CEO である Matt Biilmann によって定義された用語です。もともとは **JAMStack** という表記であり、JAM は、JavaScript、API、Markup の頭文字を取ったものです。従来のサーバサイド技術を利用した Web サイトとは違い、JavaScript とサーバ API エンドポイントへのアクセスを利用して画面のレンダリング、つまり、マークアップを行う Web サイトの作成方法を指します。

これだけでしたら、いわゆるフロントエンド技術による Web サイトと差がありませんが、Jamstack の場合は、サーバ API エンドポイントへのアクセスを済ませた上で静的 HTML ファイルを生成し、実際に Web サイトを訪れたユーザはその静的 HTML を参照する、という仕組みに特徴があります。事前生成された HTML ファイルを参照するだけですので、Web サイトの表示速度が格段に向上します。

この特徴がより濃くなり、サーバ API エンドポイントへの常時アクセスが必須ではない生成手法のことを指すようになった頃から、J 以外が小文字の Jamstack 表記に変更されました。

---

[1]　https://jamstack.org/

4｜6 コンポーザブルと ランタイム設定

ここまでで、Nuxt に用意されているデータ取得関数については、一通り紹介したことになります。

本章の最後に、データ取得関数とは直接関係ないですが、Nuxt に用意されているコードの再利用の仕組みを紹介します。

◎ 4.6.1　コードを再利用できるコンポーザブル

ここまで天気情報を取得して画面に表示させるサンプルをいくつか作成してきました。そのうち、天気情報を取得するコードは、ほぼ同じものでした。

このような繰り返し利用するコードは、ひとつのコンポーネント内に記述すると、再利用しにくくなります。同じような処理を別のコンポーネントで行う場合は、同じコードをそのコンポーネントにコピー&ペーストすることになり、結果的に、似たコードがアプリケーション内で散在します。これは、メンテナンス上、望ましくありません。

そこで、そのようなよく使うコードを再利用する場合、例えば、天気情報取得の関数を別ファイルに記述し、その関数をインポートして利用するという方法が考えられます。Nuxt では、これを自動化し、インポートを不要にする機能として、**コンポーザブル（Composables）** というのがあります。

そのようなコンポーザブルを利用したサンプルとして、composables プロジェクトを作成しましょう。このプロジェクトは、lazyasyncdata プロジェクトと同じ動作とします。そのため、これまでのプロジェクト同様に、lazyasyncdata の複製から作業していきましょう。

プロジェクトの作成とファイルの移植

まず、composables プロジェクトを作成し、interfaces.ts ファイルを lazyasyncdata プロジェクトから、composables フォルダ直下にファイルごとコピー&ペーストしてください。同様に、lazyasyncdata プロジェクトの pages/index.vue を、composables/pages フォルダ内にファイルごとコピー&ペーストしてください。

app.vue の変更

次に、app.vue 内のコードを、lazyasyncdata プロジェクトの app.vue のソースコードとまるまる置き換えてください。ただし、lazyasyncdata プロジェクト同様に、テンプレートブロックの h1 タグだけは、リスト 4-21 のように変更しておいた方がよいでしょう。

▼ リスト 4-21　composables/app.vue

```
〜省略〜
<template>
```

```
  <header>
    <h1>コンポーザブルサンプル</h1>
  </header>
    〜省略〜
</template>
```

[id].vue ファイルの移植

最後に、pages/WeatherInfo フォルダを作成し、lazyasyncdata プロジェクトの pages/WeatherInfo/
[id].vue ファイルを、そのフォルダ中にファイルごとコピー＆ペーストしてください。一通り作業が終了したら、
念のために、ここまでの内容で、動作確認を行ってください。

◎ 4.6.2　コンポーザブルの作り方

ここから、[id].vue 内に記述している useLazyAsyncData() 関数の実行部分をコンポーザブルに移動さ
せます。Nuxt では、コンポーザブルの作り方を次のように定めています。

① コンポーザブルを定義するファイルは、**composables** フォルダ内に格納する。
②①のフォルダ内に **use ○○ .ts** という名称（キャメル記法）のファイルを作成する。
③②と同名のメソッドを定義し、エクスポートする。
④③のメソッド内に再利用したいコードを記述し、その結果をリターンする。

順にコーディングしていきましょう。なお、コーディングの都合上、①と②、③と④を同時に行うことにします。

手順①と②

① コンポーザブルを定義するファイルは、composables フォルダ内に格納する。
②①のフォルダ内に use ○○ .ts という名称（キャメル記法）のファイルを作成する。

天気情報を取得するコードが記述されたコンポーザブルファイルですので、ファイル名を useWeatherInfo
Fetcher.ts とすることにします。このファイルを composables/composables フォルダ内に作成してください。

手順③と④

③②と同名のメソッドを定義し、エクスポートする。
④③のメソッド内に再利用したいコードを記述し、その結果をリターンする。

これは、リスト 4-22 のコードとなります。なお、useLazyAsyncData() 内のコードは、ほぼ [id].vue の
useLazyAsyncData() 内に記述していたコードと同じですが、念のために全てを掲載します。違いは、❸と
❹の太字の部分だけです。もちろん、appid の値を各自のものに置き換えるのを忘れないでください。

▼ **リスト 4-22　composables/composables/useWeatherInfoFetcher.ts**

```
import type {City} from "@/interfaces";

export const useWeatherInfoFetcher = (city: City) => {                    ❶
  const asyncData = useLazyAsyncData(                                     ❷
    `useWeatherInfoFetcher-${city.id}`,                                  ❸
    (): Promise<any> => {
      const weatherInfoUrl = "https://api.openweathermap.org/data/2.5/weather";
      const params:{
        lang: string;
        q: string;
        appid: string;
      } =
      {
        lang: "ja",
        q: city.q,                                                        ❹
        //APIキーのクエリパラメータ。ここに各自の文字列を記述する!!
        appid: "xxxxxx"
      }
      const queryParams = new URLSearchParams(params);
      const urlFull = `${weatherInfoUrl}?${queryParams}`;
      const response = $fetch(urlFull);
      return response;
    },
    {
      transform: (data): string => {
        const weatherArray = data.weather;
        const weather = weatherArray[0];
        return weather.description;
      }
    }
  );
  return asyncData;                                                       ❺
};
```

　これで、コンポーザブルとして useWeatherInfoFetcher が作成できました。作成手順通りに行うだけで、リスト 4-22 に記載したコードには特に新しいものは何もありません。❶のように、アロー関数を定義し、それを useWeatherInfoFetcher 変数に格納し、エクスポートします。このアロー関数内には、これまで [id].vue に記述していた❷の useLazyAsyncData() の実行コードを記述し、その戻り値を❺のようにリターンするだけです。

　ただし、❸と❹には注意が必要です。これまで、データ取得関数のキーとしては、/WeatherInfo/${route.params.id} と、リンクパスを採用していました。当然ですが、コンポーザブルファイルはコンポーネントではないので、この方法は使えません。そこで、❶のようにアロー関数に都市情報を引数として定義し、その都市 ID を利用して❸のようなキー文字列を生成しています。

　また、クエリパラメータの q に関しても、これまでのサンプルでは、selectedCity.value.q のように、リアクティブ変数である選択された都市情報から取得してきています。こちらの方法も同様の理由で利用できません。そこで、この q の値も❹のように引数から取得するようにします。

ここまでの内容を踏まえ、コンポーザブルの定義を構文としてまとめておきます。

コンポーザブルの定義

```
export const use○○ = (引数: 引数の型, ……) => {
  データを用意する処理
  return 用意したデータ;
}
```

> **NOTE コンポーザブル内では useFetch() 系も相性がよい**
>
> 4.3.3 項で説明したように、本章のサンプルは、クエリパラメータを用意する必要があるため、useFetch()/useLazyFetch() と相性がよくありません。しかし、コンポーザブル内に記述するとなると、そもそもアロー関数内に処理をひとまとまりに記述できるため、useFetch()/useLazyFetch() のコードも問題なく記述できるようになります。
>
> 例えば、リスト 4-22 の useWeatherInfoFetcher を useLazyFetch() を利用したコードにすると、次のようなコードになり、クエリパラメータである params も含めて、ひとつのアロー関数内にまとめられることが理解してもらえると思います。
>
> ```
> export const useWeatherInfoFetcher = (city: City) => {
>   const params:{
>     ～省略～
>   }
>   const asyncData = useLazyFetch(
>     "https://api.openweathermap.org/data/2.5/weather",
>     {
>       key: `useWeatherInfoFetcher-${city.id}`,
>       params: params,
>       transform: (data: any): string => {
>         ～省略～
>       }
>     }
>   );
>   return asyncData;
> };
> ```

◎ 4.6.3 コンポーザブルの利用

useWeatherInfoFetcher コンポーザブルが用意できたところで、[id].vue をこの useWeatherInfoFetcher を利用したコードに書き換えていきましょう。これは、リスト 4-23 の内容となります。変更したところは、太字の 1 行です。ほとんどのコードが削除され、非常にスッキリしたコードになります。

▼ リスト 4-23　composables/pages/WeatherInfo/[id].vue

```ts
<script setup lang="ts">
import type {City} from "@/interfaces";

const route = useRoute();
const cityList = useState<Map<number, City>>("cityList");
const selectedCity = computed(
  ～省略～
);
const asyncData = useWeatherInfoFetcher(selectedCity.value);
const weatherDescription = asyncData.data;
const pending = asyncData.pending;
</script>

<template>
  ～省略～
</template>
```

改造が完了したら、一度動作確認を行ってください。これまでと同様の動作になっていると思います。

コンポーザブルの利用は関数の実行

リスト 4-23 の太字の部分は、これまで useLazyAsyncData() 関数の実行コードが記述されていたところです。ここを、useWeatherInfoFetcher コンポーザブルを利用したコードに置き換えています。コンポーザブルの利用は、この太字のコードのように、単にコンポーザブル名を関数として実行するだけです。リスト 4-23 の太字のように、引数が必要ならば、渡します。

コンポーザブルはオートインポート

ところで、ひとつ疑問に思った方もいるかもしれません。useWeatherInfoFetcher は、別ファイルに記述したエクスポートコードです。ということは、リスト 4-23 では、この useWeatherInfoFetcher のインポート文が必要なはずです。それがありません。

実は、Nuxt では、composables フォルダ内に定義したコンポーザブルは、オートインポートの対象となっています。そのため、明示的にインポート文を記述しなくても利用できるようになっています。

◎ 4.6.4 ランタイム設定の定義

コンポーザブルを導入したことで、コードの再利用ができるようになりました。もうひとつコードを再利用できる仕組みを導入したいと思います。

本章で作成してきたサンプルは、全て OpenWeather の API キーを利用しており、アクセスのたびにこの API キーをクエリパラメータに入れておく必要があります。そして、これまでのサンプルコードでは、全てリテラルとして直接記述しています。さらに、そのアクセス先 URL の基本部分も、変数 weatherInfoUrl としてリテラル定義しています。本章のサンプルのように、OpenWeather にアクセスする箇所が 1 箇所だけならばいいのですが、通常のアプリケーションでは、複数箇所でアクセスが発生することがあります。

そのような場合、URL や API キーのような定数値はどこか 1 箇所にまとめておき、そこから利用するのが、

メンテナンスのことを考えると定石です。そのような定数値を設定情報としてまとめておける機能が、Nuxt の**ランタイム設定（Runtime Config）**です。composables プロジェクトを、このランタイム設定を利用したものに改造しましょう。

ランタイム設定を記述

まず、ランタイム設定は、**nuxt.config.ts** ファイルに記述します。このファイルは、プロジェクトを作成すると自動で生成されており、あらかじめ defineNuxtConfig() のエクスポート記述がされています。さらに、その引数オブジェクトに devtools プロパティも記述されています。そこにリスト 4-24 の太字の部分を追記してください。

▼ リスト 4-24　composables/nuxt.config.ts

```
export default defineNuxtConfig({
  devtools: { enabled: true },
  runtimeConfig: {                                                    ❶
    public: {                                                         ❷
      weatherInfoUrl: "https://api.openweathermap.org/data/2.5/weather",  ❸
      //APIキーの設定。ここに各自の文字列を記述する!!
      weathermapAppid: "xxxxxx"                                       ❹
    }
  }
})
```

ランタイム設定は runtimeConfig プロパティ

リスト 4-24 の太字のコードが、まさにランタイム設定を行うコードです。

まず、あらかじめ記述されたコードのように、**defineNuxtConfig()** 関数を実行し、その結果をデフォルトエクスポートします。そして、その defineNuxtConfig() 関数の引数オブジェクトに対して、❶のように **runtimeConfig** プロパティとしてオブジェクトを設定します。

そのオブジェクトにさらに、**public** プロパティとしてオブジェクトを設定します。このオブジェクト内に、任意のプロパティ名で設定値を定義していきます。❸では weatherInfoUrl として URL を、❹では weathermapAppid として API キー文字列を定義しています。これで、これら weatherInfoUrl と weathermapAppid の値は、アプリケーション内のさまざまなところで利用できるようになります。

ここまでの内容を構文としてまとめます。

ランタイム設定の定義

```
export default defineNuxtConfig({
  runtimeConfig: {
    public: {
      設定名: 値,
        ⋮
    }
  }
})
```

NOTE **runtimeConfig 直下は private**

ランタイム設定を定義する際、次のように、runtimeConfig 直下にプロパティを設定することもできます。この場合は、設定値である weatherInfoUrl と weathermapAppid は **private** 扱いとなり、サーバサイドレンダリングでのみ利用できるようになり、クライアントサイドレンダリングでは利用できません。この違いには注意が必要です。なお、これらレンダリングの違いについては、第 8 章で詳しく扱います。

```
export default defineNuxtConfig({
           :
  runtimeConfig: {
    weatherInfoUrl: "https://…",
    weathermapAppid: "xxxxxx"
  }
})
```

◎ 4.6.5　ランタイム設定の利用

　API キーがランタイム設定として利用できるようになったところで、現在、コンポーザブル内に直接記述している API キーを、ランタイム設定から取得するように改造しましょう。これは、リスト 4-25 の太字の内容です。

　なお、❷の weatherInfoUrl 変数の定義コードはもはや不要となりますので、コメントアウト形式で掲載しています。必要に応じて削除してもかまいません。

▼ **リスト 4-25**　composables/composables/useWeatherInfoFetcher.ts

```
import type {City} from "@/interfaces";

export const useWeatherInfoFetcher = (city: City) => {
  const config = useRuntimeConfig();                                        ❶
  const asyncData = useLazyAsyncData(
    `useWeatherInfoFetcher-${city.id}`,
    (): Promise<any> => {
      // const weatherInfoUrl = "https://api.openweathermap.org/data/2.5/weather";  ❷
      const params:{
        〜省略〜
      } =
      {
        lang: "ja",
        q: city.q,
        appid: config.public.weathermapAppid                                ❸
      }
      const queryParams = new URLSearchParams(params);
      const urlFull = `${config.public.weatherInfoUrl}?${queryParams}`;      ❹
      const response = $fetch(urlFull);
      return response;
```

```
    },
    {
      ～省略～
    }
  );
  return asyncData;
};
```

改造が完了したら、一度動作確認を行ってください。これまでと同様の動作になっていると思います。

ランタイム設定を利用する場合は、まず、❶のように **useRuntimeConfig()** 関数を実行し、その戻り値オブジェクトを取得しておきます。リスト 4-25 では config としています。そして、この config オブジェクト内に、nuxt.config.ts 内で定義した設定値が全て含まれているので、❸や❹のように、必要なプロパティを指定するだけで、その設定値を利用できます。

◎ 4.6.6 環境変数の利用

ランタイム設定に伴って、もうひとつ設定情報を記述する方法を紹介しておきます。それは、環境変数です。

ここで作成した composables プロジェクトを、例えば、GitHub などを利用してチームで共有して作成していく場面を考えてみます。その場合、当然、nuxt.config.ts ファイルはチームで共有されるファイルですので、その中に記述した URL や API キーの値は、チームで共有されます。

URL のようにチームで共有してよいものならば、直接 nuxt.config.ts にランタイム設定として値を記述すればよいでしょう。一方、チームで共有する必要がない、あるいは、共有するとまずい値の場合、プロジェクト内で定義した、例えば、API キーの値をその都度書き換えてもらう必要が出てきます。

そのような場面で便利な機能が、**環境変数（Environment Variables）**であり、**.env** ファイルです。この .env ファイルを利用したものに、composables プロジェクトを改造しましょう。

▎.env ファイルの作成と注意点

まず、この .env ファイルは、Git の管理対象から外されています。そのため、プロジェクトを作成しても含まれていませんし、GitHub などで共有したプロジェクトにも含まれません。もちろん、ダウンロードサンプルにも含まれていないので、その都度作成する必要がある点に注意してください。

そこで、composables フォルダ直下に .env ファイルを作成し、リスト 4-26 のように、NUXT_PUBLIC_WEATHERMAP_APPID を記述し、＝ の続きに各自の API キーを記述してください。

▼ リスト 4-26　composables/.env

```
NUXT_PUBLIC_WEATHERMAP_APPID = "xxxxxx"
```

このように、.env ファイルは、「設定名 ＝ 値」を列挙する仕様となっています。複数定義する場合は、単に改行して、1 行に 1 設定を記述すればよく、カンマは不要です。

環境変数名のカラクリ

ここまで改造ができたら、一度動作確認を行ってください。これまでと同様の動作になっていると思います。これは、nuxt.config.ts や useWeatherInfoFetcher を改造していないのだから、当たり前ではないか、と思う方もいると思います。そこで、ひとつ実験を行います。nuxt.config.ts 内の weathermapAppid の設定値をリスト 4-27 の太字のように空文字に変更してみてください。

▼ リスト 4-27　composables/nuxt.config.ts

```
export default defineNuxtConfig({
         ⋮
  runtimeConfig: {
    public: {
      weatherInfoUrl: "https://…",
      weathermapAppid: ""
    }
  }
})
```

実は、このような改造を行っても、問題なく動作します。このカラクリを説明します。

Nuxt では、ランタイム設定の設定名（プロパティ名）と .env に記述された設定名を自動対応させ、対応するものに関しては、値を上書きする仕組みがあります。この対応関係は、ランタイム設定の設定名を全て大文字のスネーク記法に変換し、先頭に **NUXT_** を付与したものです。ただし、public のランタイム設定の場合は、**NUXT_PUBLIC_** とします。

リスト 4-24 の API キーのランタイム設定名は weathermapAppid ですので、これ全て大文字のスネークに記法に変換すると、WEATHERMAP_APPID となります。また、この weathermapAppid は public 設定ですので、先頭に NUXT_PUBLIC_ を付与し、結果的に、リスト 4-26 の設定名となります。

このように、ランタイム設定と環境変数を利用することで、アプリケーション内で共通で利用する値を効率的に管理できるようになります。

.env.local や .env.production

本項で説明したように、.env ファイルは Git 管理対象外のファイルです。一方、例えば、.env.local や .env.production のように、.env に続けてさらに拡張子のような記述を行うと、そのファイルは Git 管理対象となり、チーム共有が可能となります。もちろん、単にチーム共有が可能なだけでなく、.env と同じように環境変数を提供するファイルとして Nuxt アプリケーション内で作用します。そのため、チーム共有したい .env ファイルの場合は、.env.local のようなファイル名とします。

第 **5** 章

基本編

Nuxtのサーバ機能

前章では Web API にアクセスしてデータを取得する方法を紹介しました。その際、外部に用意された API サービスを利用しています。作成するシステム全体としては、もちろん、この Web API のエンドポイントであるサーバサイド処理を自前で用意しなければならないことも多々あります。実は、Nuxt にはこのサーバサイドの API を用意する機能もあります。本章では、この Nuxt のサーバ機能を紹介します。

5｜1　Nuxt のサーバ機能の基本

Web API のデータ提供を行う**サーバ API エンドポイント**を実現する Nuxt の機能、つまり、Nuxt のサーバ機能は、server フォルダにファイルを作成することで利用できるようになります。その基本を、第 3 章で作成したサンプルと同じ動作をするプロジェクトを作成しながら紹介していきます。

◎ 5.1.1　サンプルプロジェクトの準備

これから作成するサンプルプロジェクトである server-basic プロジェクトは、第 3 章で作成した layout-basic プロジェクトと同じファイル構成で、同じような画面表示となります。

ただし、画面とやり取りするデータの扱いが違います。layout-basic プロジェクトを始めとして、第 3 章のサンプルプロジェクトは、会員データをステートに保持しています。ステート上の会員データを表示したり追加したりしています。

一方、server-basic プロジェクトでは、その会員データをサーバ側で用意し、コンポーネントはサーバにアクセスして、会員データを取得したり、追加したりするようにします。その際に、Nuxt のサーバ機能を利用します。

そのサーバ機能のコーディングに入る前に、まず、プロジェクトの複製から始めていきましょう。server-basic プロジェクトを作成し、layout-basic プロジェクトから次のファイルを、server-basic プロジェクトの同一階層にファイルごとコピー＆ペーストしてください。

- interfaces.ts
- layouts/default.vue
- layouts/member.vue
- pages/index.vue
- pages/member/memberList.vue
- pages/member/memberAdd.vue
- pages/member/memberDetail/[id].vue

また、server-basic プロジェクトの app.vue の中のソースコードも、layout-basic プロジェクトの app.vue のものをコピー＆ペーストして、丸々書き換えておいてください。

その上で、layouts/default.vue と layouts/member.vue のテンプレートブロックの h1 タグを、リスト 5-1 のように変更しておいた方がよいでしょう。前章でも同様のことを行っているので、理由は理解できると思います。

▼ リスト 5-1　server-basic/layouts/default.vue と server-basic/layouts/member.vue

```
～省略～
<template>
  <header>
    <h1>サーバサンプル</h1>
  </header>
    ～省略～
</template>
```

　ここまでの内容で、一度動作確認を行ってください。特に問題なく layout-basic プロジェクトと同様の動作結果となるならば、複製は成功です。

◎ 5.1.2　サーバ機能を提供する server フォルダ

　ここから現在ステートを利用している会員リスト情報を、Nuxt のサーバ機能を利用して取得するように改造していきます。

会員リスト情報生成ファイルの作成

　まず、会員リスト画面の表示の際に利用される会員リスト情報を取得できるサーバ API エンドポイントを作成します。ただし、この会員リスト情報は、他のサーバ API エンドポイントでも利用するので、再利用できるように別ファイルで生成コードを記述することにします。

　それが、リスト 5-2 の membersDB.ts です。このファイルをプロジェクト直下に作成してください。

▼ リスト 5-2　server-basic/membersDB.ts

```
import type {Member} from "@/interfaces";

export function createMemberList(): Map<number, Member> {
  const memberListInit = new Map<number, Member>();
  memberListInit.set(33456, {id: 33456, name: "田中太郎", email: "bow@example.com", points: 35, ↵
note: "初回入会特典あり。"});
  memberListInit.set(47783, {id: 47783, name: "鈴木二郎", email: "mue@example.com", points: 53});
  return memberListInit;
}
```

　リスト 5-2 の内容については、特に問題ないと思います。第 3 章でさんざん利用した会員リスト情報の Map オブジェクトを生成する関数を、エクスポートするコードです。

会員リスト情報エンドポイントの作成

　次に、この Map オブジェクトの値部分を配列化して、その JSON データとして送信するサーバ API エンドポイントを作成しましょう。

　このようなサーバ処理を作成する場合、Nuxt では **server** フォルダ内のファイルに記述することになっています。そのうち、実際にサーバ API エンドポイントとしてデータを送信する処理の場合は、**api** サブフォルダ内

に格納します。そこで、リスト 5-3 の server/api/getMemberList.ts を作成してください。

▼ **リスト 5-3　server-basic/server/api/getMemberList.ts**

```
import type {Member} from "@/interfaces";
import {createMemberList} from "@/membersDB";

export default defineEventHandler(                                        ❶
  (event): Member[] => {                                                  ❷
    //membersDB.tsを利用して会員リスト情報Mapオブジェクトを生成。
    const memberList = createMemberList();
    //会員リスト情報Mapオブジェクトの値部分を取得。
    const memberListValues = memberList.values();
    //会員リスト情報Mapオブジェクトの値部分を配列に変換。
    const memberListArray = Array.from(memberListValues);
    //会員リスト情報配列をリターン。
    return memberListArray;                                               ❸
  }
);
```

Nuxt のエンドポイント処理コードの記述方法

　server/api フォルダ内に作成するサーバ API エンドポイントの処理コードは、リスト 5-3 の❶のように **defineEventHandler()** 関数の実行結果をデフォルトエクスポートします。その引数として、❷のように、サーバ API エンドポイントとして送信するデータをリターンするアロー関数を定義します。このアロー関数の引数は、http に関するイベントオブジェクトであり、リスト 5-3 では event としています。リスト 5-3 では、この event は利用していませんが、のちに利用していきます。

　このようにして定義したアロー関数内で、サーバ API エンドポイントとして送信したいデータを用意し、それをリターンします。リスト 5-3 では❸が該当します。ただし、本来なら、配列やオブジェクトをそのままリターンしても、サーバ API エンドポイントの送信データとしては機能せず、通常は、**JSON.stringify()** メソッドを利用して JSON データ化する必要があります。これが、defineEventHandler() 内では不要であり、単に配列やオブジェクトをリターンするだけで、自動で JSON データ化されるようになっています。

　ここまでの内容を構文としてまとめておきます。

サーバ処理ファイル内の記述

```
export default defineEventHandler(
  (event): 送信データ型 => {
    APIとして送信するデータの用意
    return 送信データ;
  }
);
```

defineEventHandler() の正体

　リスト 5-3 で記述した defineEventHandler() 関数は、実は、Nuxt の関数ではありません。そのため、Nuxt の公式 API ドキュメントには掲載がありません。この defineEventHandler() は、Nuxt が内包する http フレームワークである **h3** の関数です。そのため、コールバック関数の引数であるイベントオブジェクトも、正式には **H3Event** オブジェクトと、h3 で定義されたデータ型となっています。

◎ 5.1.3 Nuxt のサーバ API エンドポイントへのアクセス

　さて、会員リスト情報の JSON データを送信するサーバ API エンドポイントが完成したところで、動作確認を行っておきましょう。次の URL にアクセスしてください。

　　http://localhost:3000/api/getMemberList

　リスト 5-4 の JSON データが表示されます。この内容は、まさに、getMemberList.ts 内の処理が行われ、送信された JSON データそのものです。

▼ **リスト 5-4　/api/getMemberList の表示結果**

```
[
  {
    "id": 33456,
    "name": "田中太郎",
    "email": "bow@example.com",
    "points": 35,
    "note": "初回入会特典あり。"
  },
  {
    "id": 47783,
    "name": "鈴木二郎",
    "email": "mue@example.com",
    "points": 53
  }
]
```

　Nuxt の server/api フォルダ内に作成したサーバ処理ファイルでは、次の構文のパスにアクセスすることで、サーバ側で処理が行われ、その JSON データが送信されます。

Nuxt のサーバ API エンドポイントのパス

/api/サーバ処理ファイル名から拡張子を取り除いたもの

　リスト 5-3 のファイル名は getMemberList.ts ですので、パスは /api/getMemberList となります。

このように、Nuxt のサーバ機能を利用すると、PHP や Java などの Web サーバを別に用意しなくても、サーバ API エンドポイントを用意できます[1]。

◎ 5.1.4　Nuxt のサーバ API エンドポイントからのデータ取得

サーバ API エンドポイントが用意できたところで、フロント側のコード、すなわち、コンポーネント内のコードを、このサーバ API エンドポイントを利用したものに改造していきましょう。

▎エンドポイント利用に合わせた改造

まず、これまで app.vue 内で用意していたステートが不要となります。そこで、app.vue のスクリプトブロックを丸々削除してください。

次に、会員リスト情報を表示させる会員リスト画面用コンポーネントである memberList.vue を改造します。これまでステートから会員リスト情報を取得して表示させていたコードを、前項で作成したサーバ API エンドポイントから取得することにします。その際、4.4.2 項で紹介した useLazyFetch() とそれに伴う pending を利用します。これは、リスト 5-5 の太字の部分になります。なお、❶に関しては、もともと記述されていたインポート文が不要となるので、コメントアウトしています。こちらは、削除してもかまいません。

▼ リスト 5-5　server-basic/pages/member/memberList.vue

```
<script setup lang="ts">
// import type {Member} from "@/interfaces";                              ❶

definePageMeta({
  layout: "member"
});

const asyncData = useLazyFetch("/api/getMemberList");                      ❷
const memberList = asyncData.data;                                        ❸
const pending = asyncData.pending;                                        ❹
</script>

<template>
  <nav id="breadcrumbs">
    〜省略〜
  </nav>
  <section>
    <h2>会員リスト</h2>
    <p>
      新規登録は<NuxtLink v-bind:to="{name: 'member-memberAdd'}">こちら</NuxtLink>から
    </p>
    <p v-if="pending">データ取得中…</p>                                    ❺
    <section v-else>                                                      ❻
      <ul>
        <li
```

---

[1]　もちろん、サーバ側の処理によっては、PHP や Java などで処理を行った方が効率がいいことも多々あります。

```
        v-for="member in memberList" ──────────────────────────── ❼
        v-bind:key="member.id"> ──────────────────────────────
        <NuxtLink v-bind:to="{name: 'member-memberDetail-id', params: {id: member.id}}"> ── ❽
          IDが{{member.id}}の{{member.name}}さん ────────────
        </NuxtLink>
      </li>
    </ul>
  </section>
  </section>
</template>
```

　ここまでのコーディングが完了したら、会員リスト画面表示まで動作確認を行ってください。最初は図 5-1 ①の TOP ページが表示されます。これは、h1 タグの表示以外は layout-basic プロジェクトと同じです。次に、[会員管理はこちら]のリンクをクリックすると、図 5-2 の②の画面を経て、③の画面へと遷移します[*2]。表示内容こそ、layout-basic プロジェクトと変わりませんが、②の画面を経ていることからわかるように、前章で作成した OpenWeather にアクセスしてデータを取得、表示している処理と同じことが、Nuxt のサーバ機能を利用して行われていることがわかります。

▼ 図 5-1　Nuxt で用意したエンドポイントからデータを取得して表示された会員リスト画面

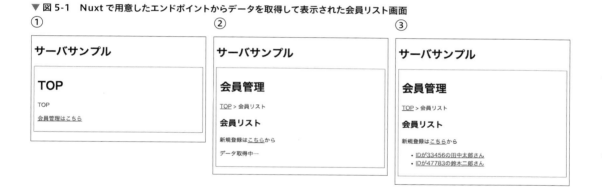

Nuxt のエンドポイントからのデータ取得コード

　さて、リスト 5-5 の内容に関しては、ほぼ前章の復習です。ただし、1 点補足すべき点があります。それは、❷で useLazyFetch() を実行する際の URL です。前章でアクセスしていた OpenWeather の Web API の場合は、https から始まる URL の完全型を記述していました。一方、同一 Nuxt プロジェクト内のサーバ API エンドポイントへのアクセスの場合は、https などのプロトコル部分やホスト部分は省略でき、パス部分のみを記述するだけでかまいません。

　その他のコードに関しては、特に問題ないでしょう。❸で useLazyFetch() の戻り値オブジェクトの data プロパティを取得して、会員リスト情報である JSON データのリアクティブ変数を用意します。❹で、データ取得中かどうかを表す pending プロパティを取得します。この❹の pending を利用して「データ取得中」を

---

*2　もちろん、ネットワークの速度によっては、②の表示は一瞬となることが多々あります。

表示させるタグを追記しているのが❺です。それに伴い、❻の section タグには v-else が追記されています。

なお、layout-basic プロジェクトとコーディング方法が大きく違うのは、❼と❽のループ処理コードです。layout-basic プロジェクトでは、会員リスト情報は Map オブジェクトでした。一方、リスト 5-5 ではサーバ API エンドポイントで用意した配列です。そのため、v-for のエイリアス部分が、[id, member] という表記から、❼の太字のように会員情報オブジェクト（Member オブジェクト）を表す member となっています。それに伴い、会員 ID を利用するコードは、❽の太字のように全て member.id となっています。

COLUMN　　　　　　　　　　　　　　**nuxi のコマンド**

Nuxt のプロジェクトを作成する際は、npx nuxi init コマンドを実行します。この nuxi は、**Nuxt CLI**、すなわち、Nuxt のコマンドラインインターフェースを表し、init 以外にもさまざまなコマンドがあります。それらのうち、主なものを表 5-n1 にまとめておきます。

▼**表 5-n1　nuxi の主なコマンド**

コマンド	内容
nuxi add	プロジェクト内へのファイル追加
nuxi build	プロジェクトのビルド。npm run build と同じ
nuxi clean	生成ファイルの削除
nuxi dev	開発用サーバの起動。npm run dev と同じ
nuxi generate	静的ファイルの生成。npm run generate と同じ
nuxi info	プロジェクト情報のログ出力
nuxi init	プロジェクトの作成
nuxi preview	プロジェクトのビルド後に生成されたファイルでプロジェクトを実行。npm run preview と同じ
nuxi typecheck	プロジェクト内の型チェックを実行
nuxi upgrade	プロジェクトを最新の Nuxt 環境にアップデート

これらのコマンドのうち、build、generate、preview に関しては、8.1 節で紹介します。また、**nuxi upgrade** コマンドは、**--force** オプションを指定することで、package-lock.json ファイルと node_modules フォルダを削除の上アップデートを行うため、Nuxt 本体がアップデートした際、プロジェクトのアップデートの実行コマンドとして利用されます。

5│2　送信データの扱い

　前節で、Nuxt のサーバ機能の利用の基本と、そのサーバ機能によって用意されたサーバ API エンドポイントの利用方法を一通り紹介したことになります。ここから少しずつ応用させていきます。

　まず、server-basic プロジェクトの残りの 2 画面、すなわち、会員詳細情報画面と会員情報追加画面の処理を改造しながら、画面からサーバに送信されたデータの取得方法を紹介していきます。

◎ 5.2.1　クエリパラメータでの会員詳細情報の取得

　画面からサーバへ送信されるデータは、URL に付与されるクエリパラメータと、リクエストボディに格納されたパラメータとに分かれます[*3]。前者は GET 送信でよく利用され、後者は POST 送信で利用されます。

　このうち、ここでは、前者のクエリパラメータの取得を扱います。これは、会員詳細情報画面の表示で有効です。

[id].vue の改造

　そこで、pages/member/memberDetail/[id].vue を改造していきましょう。現在、[id].vue では、ルートパラメータとして渡された会員 ID をもとに、ステートとして用意された会員リスト情報の Map オブジェクトから、一人分の会員情報を取得して表示するコードとなっています。これを、ルートパラメータをもとにサーバ API エンドポイントから一人分の会員情報 JSON データを取得するコードに書き換えます。その際、サーバに会員 ID をクエリパラメータとして渡すことにします。

　これは、リスト 5-6 の太字の改造となります。❶のインポート文に関しては、リスト 5-5 の memberList.vue と同様の扱いです。また、❺と❻でエラー表示となりますが、リスト 5-7 をコーディングすると解消するので、そのままコーディングを進めてください。このエラー内容に関しては後述します。

▼ リスト 5-6　server-basic/pages/member/memberDetail/[id].vue

```
<script setup lang="ts">
// import type {Member} from "@/interfaces";                                    ❶

definePageMeta({
  layout: "member"
});

const route = useRoute()
const asyncData = useLazyFetch(
```

[*3]　ルートパラメータもサーバに送信されるパラメータのひとつとして考えることもできますが、こちらに関してはのちに別枠で紹介します。

```
    "/api/getOneMemberInfo",                                           ❷
    {
      query: {id: route.params.id}                                     ❸
    }
);
const member = asyncData.data;                                         ❹
const pending = asyncData.pending;
const localNote = computed(
  (): string => {
    let localNote = "--";
    if(member.value != null && member.value.note != undefined) {       ❺
      localNote = member.value.note;
    }
    return localNote;
  }
);
</script>

<template>
  <nav id="breadcrumbs">
    〜省略〜
  </nav>
  <section>
    <h2>会員詳細情報</h2>
    <p v-if="pending">データ取得中…</p>
    <dl v-else>
      <dt>ID</dt>
      <dd>{{member?.id}}</dd>                                          ┐
      <dt>名前</dt>                                                    │
      <dd>{{member?.name}}</dd>                                        │
      <dt>メールアドレス</dt>                                          │ ❻
      <dd>{{member?.email}}</dd>                                       │
      <dt>保有ポイント</dt>                                            │
      <dd>{{member?.points}}</dd>                                      ┘
      <dt>備考</dt>
      <dd>{{localNote}}</dd>
    </dl>
  </section>
</template>
```

ルートパラメータをクエリパラメータとして利用

　リスト 5-6 も、新しいことはそれほどありません。ポイントは、❸です。リスト 5-5 同様、useLazyFetch()
を使ってデータを取得します。その際、パスを /api/getOneMemberInfo とすることにします。これに伴い、
サーバ処理ファイルは getOneMemberInfo.ts とします。このファイルは、リスト 5-7 で作成します。

　この /api/getOneMemberInfo にアクセスする際に、❸でクエリパラメータ id として、ルートパラメータ
で渡された値を付与することにします。これにより、例えば、id が 33456 の田中太郎さんの詳細情報を表示
する URL は、次のようになります。

http://localhost:3000/api/getOneMemberInfo?id=33456

null を意識したコーディング

そのようにしてサーバから取得したデータの扱いは、リスト 5-5 と同様です。getOneMemberInfo.ts では、一人分の会員情報にあたる Member オブジェクトを JSON データとして送信するように作成するので、その結果として取得した data プロパティを、❹のように member としてリアクティブ変数とします。

ただし、この member の value プロパティ、すなわち、リアクティブデータとして用意された本体は、null の可能性があります。そこを考慮したコーディングが必要になります。それが、❺の太字の部分にあたる null チェックです。また、❻も、member の各プロパティのアクセスの際に、?. 演算子を利用して、null の場合に対応しています。

なお、pending の扱いに関しては、リスト 5-5 と同様です。

◎ 5.2.2 サーバサイドでのクエリパラメータの取得

コンポーネントの改造ができたところで、一人分の会員情報を送信するサーバ API エンドポイントを作成しましょう。これは、前項で説明した通り、getOneMemberInfo.ts ファイルであり、リスト 5-7 の内容です。このファイルを、server/api フォルダ内に作成してください。

▼ リスト 5-7　server-basic/server/api/getOneMemberInfo.ts

```
import type {Member} from "@/interfaces";
import {createMemberList} from "@/membersDB";

export default defineEventHandler(
  (event): Member => {                                              ❶
    //クエリパラメータを取得。
    const query = getQuery(event);                                  ❷
    //membersDB.tsを利用して会員リスト情報Mapオブジェクトを生成。
    const memberList = createMemberList();
    //クエリパラメータのidを数値に変換。
    const idNo = Number(query.id);                                  ❸
    //クエリパラメータに該当する会員情報オブジェクトを取得。
    const member = memberList.get(idNo) as Member;                  ❹
    //取得した会員情報オブジェクトをリターン。
    return member;
  }
);
```

コーディングが終了したら、このページの先頭行に記載している URL にアクセスしてください。リスト 5-8 のように JSON データが表示されます。

▼ リスト 5-8　/api/getOneMemberInfo?id=33456 の表示結果

```
{
  "id": 33456,
  "name": "田中太郎",
  "email": "bow@example.com",
  "points": 35,
  "note": "初回入会特典あり。"
}
```

> **NOTE　存在しない会員 ID の場合**
>
> 　リスト 5-7 のコードは、クエリパラメータとして、存在する会員 ID が渡されることを前提としたコードです。そのため、❹で会員リスト情報 Map オブジェクトから一人分の会員情報を取得する際、undefined かどうかのチェックなどを行わず、強制的に Member オブジェクトに変換しています。もちろん、このコードは危険です。実際、URL のパラメータとして存在しない会員 ID を直接記述すると、404 エラーを表す JSON データが送信されます。本章では、このようにエラー処理は行わずにコーディングを続けます。エラー処理に関しては、次章でまとめて紹介します。

クエリパラメータは引数 event から取得

　リスト 5-7 のポイントは、❷です。defineEventHandler() のコールバック関数の引数オブジェクト（event）に対して、❷のように **getQuery()** 関数を実行すると、そのイベントオブジェクト内に格納されたクエリパラメータを取り出してくれます。❷では、それを変数 query としています。ここから、その query の各パラメータ名を指定することで、❸のように値を取り出すことができます。

> **NOTE　getQuery() の正体**
>
> 　5.1.2 項の Note（p.151）で紹介したように、event オブジェクトは h3 が提供したデータ型です。そのことからご想像のように、ここで紹介した getQuery() 関数も h3 で用意された関数です。

　最後に、会員詳細情報画面の動作確認を行っておきましょう。図 5-2 の③の会員リスト画面から、各会員のリンクをクリックしてください。図 5-2 の①の画面を経て、②の画面へ遷移し、会員の詳　細情報が表示されれば成功です。

▼図 5-2　Nuxt で用意したエンドポイントからデータを取得して表示された会員詳細情報画面

▼図 5-2　Nuxt で用意したエンドポイントからデータを取得して表示された会員詳細情報画面

①

サーバサンプル

会員管理

TOP > 会員リスト > 会員詳細情報

会員詳細情報

データ取得中…

②

サーバサンプル

会員管理

TOP > 会員リスト > 会員詳細情報

会員詳細情報

ID
　　33456
名前
　　田中太郎
メールアドレス
　　bow@example.com
保有ポイント
　　35
備考
　　初回入会特典あり。

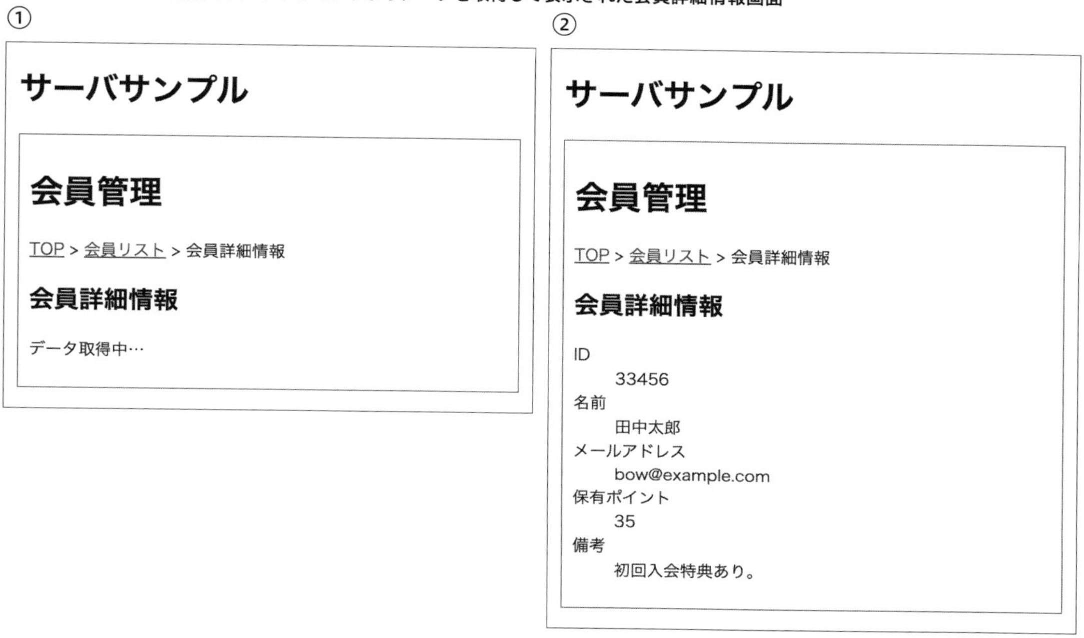

◎ 5.2.3　サーバ処理コードも TypeScript の恩恵を受けられる

　ところで、実は、リスト 5-7 をコーディングした瞬間、リスト 5-6 で表示されていたエラーが解消されます。このカラクリを解説します。

　そもそも表示されていたエラーは、図 5-3 のような内容です。

▼図 5-3　リスト 5-6 のエラー画面

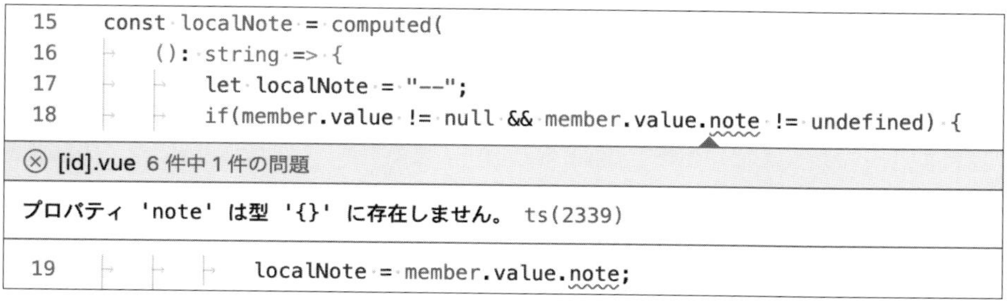

```
15    const localNote = computed(
16      (): string => {
17        let localNote = "--";
18        if(member.value != null && member.value.note != undefined) {
```

⊗ [id].vue 6 件中 1 件の問題

プロパティ 'note' は型 '{}' に存在しません。　ts(2339)

```
19        localNote = member.value.note;
```

　エラー文面に「プロパティ 'note' は型 '{}' に存在しません。」とあるように、リスト 5-7 をコーディングする前は、member.value、すなわち、/api/getOneMemberInfo へアクセスして取得した JSON データのデータ型は、{} という中身が定義されていないオブジェクトとして扱われています。

　そもそも、サーバ API エンドポイントから取得した JSON データは、当然ですが、TypeScript の型推論が働きません。そのため、コード上、明確に型を指定する必要があります。それを行わない、あるいは、行えない場合、TypeScript では、{} のように空のオブジェクトとして扱われてしまいます。

そこで、前章で紹介してきたサンプルでは、Promise<any> のように Promise のジェネリクスとして型指定を行ったり、transform のアロー関数の引数に data: any のようにして型指定を行ったりしています。なお、4.1.5 項で説明したように、一般的にサーバ API エンドポイントから取得する JSON データは複雑な型となることが多く、その場合は any 型を利用します。

ところが、リスト 5-7 をコーディングした瞬間、このエラーは消えています。その際、実は、member.value のデータ型が Member|null、すなわち、Member 型（または null）へと変化しています（図 5-4）。この変化は、リスト 5-7 の❶のコールバック関数の戻り値のデータ型からの型推論が原因です。本来、クライアント側の処理であるコンポーネント内コードとサーバ側の処理である server フォルダ内のコードでは、実行される場所が違うため、このような連携は不可能です。それが、同じ Nuxt プロジェクト内ということで、自動的に連携が取れるようになり、より安全なコーディングができるようになっています。

▼ 図 5-4　member.value のデータ型を表示させた画面

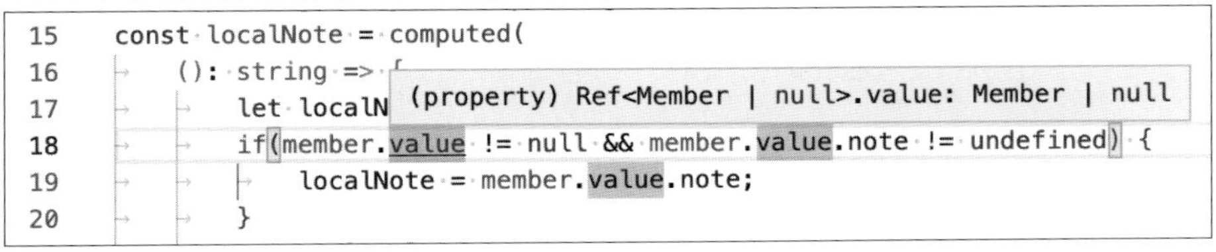

```
15    const localNote = computed(
16        (): string => {
17            let localN    (property) Ref<Member | null>.value: Member | null
18            if(member.value != null && member.value.note != undefined) {
19                localNote = member.value.note;
20            }
```

◎ 5.2.4　リクエストボディの取得

さて、最後の画面である会員情報追加画面をサーバ API エンドポイントへとアクセスする改造を行い、server-basic プロジェクトを完成させましょう。

▌会員情報登録エンドポイント作成

まずは、サーバ API エンドポイントである addMemberInfo.ts から作成します。このファイルでは、POST 送信されてきた会員情報をリクエストパラメータとして受け取り、それを登録する処理を行います。

ただし、現状、会員リスト情報そのものがリスト 5-2 で作成した membersDB.ts によって生成される固定データであり、そこにデータを追加する術がありません。本来のサーバサイド処理では、このようにして受け取ったデータは、例えばデータベースなどに保存するなどの処理が必要ですが、この段階でそこまでの処理を含めるには紙面が足りません。そこで、受け取った会員リスト情報は単にコンソール表示させるだけにとどめ、結果的にリストには何も追加されていない状態で済ませることをご了承ください。なお、5.4 節で、簡易的にサーバサイドでデータを保持し、読み書きする方法を紹介します。

さて、そのような処理コードは、リスト 5-9 のようになります。このファイルを作成してください。

▼ リスト 5-9　server-basic/server/api/addMemberInfo.ts

```
export default defineEventHandler(
  async (event) => {                                              ❶
    const body = await readBody(event);                           ❷
    console.log(body);                                            ❸
```

```
  return {
    result: 1, ─────────────────────────────────── ④
    member: body ─────────────────────────────────── ⑤
  };
 }
);
```

POST 送信処理の確認

　ここまでコーディングできたら、これまでのサーバサイド処理と同様にブラウザでアクセスして結果を確認したいところですが、ブラウザでアクセスした場合は GET 送信となってしまい、POST 送信によるリクエストパラメータの受信確認ができません。この場合は、**Postman** [4] などのツールに頼るしかありません。図 5-5 は、試しに Postman を利用して /api/addMemberInfo にアクセスした画面です。無事、result プロパティが 1 であるとともに、入力された会員情報が member プロパティとしている JSON データがリターンされているのがわかります。

▼ 図 5-5　/api/addMemberInfo へのアクセスを Postman で試した画面

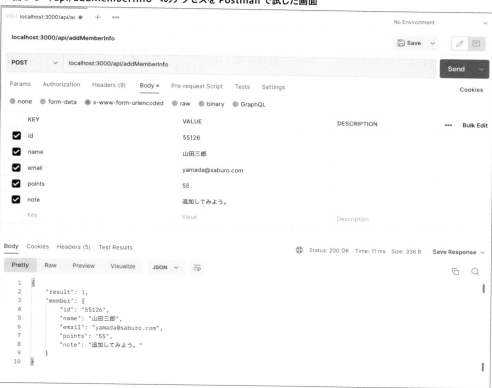

---

[4]　Postman の利用方法は、公式サイト、および、他媒体を参照してください。公式サイトの URL は、次の通りです。
https://www.postman.com/

リクエストボディの取得は readBody() 関数

　さて、このような JSON データを生成しているのが、リスト 5-9 の❹と❺です。本来ならばこの return 文の前に送信された会員情報の登録が成功したかどうかを判定し、❹の result プロパティの値を決定しなければなりませんが、ここでは固定値 1 として、常に成功したことにしています。

　また、❺に関しては、入力された会員情報オブジェクトである body をそのまま member プロパティとしています。では、この body はどのように取得するかというと、❷のコードが該当し、そのポイントとなるのが、**readBody()** 関数です。5.2.2 項で紹介したクエリパラメータを取得する関数である getQuery() と同様に、defineEventHandler() のコールバック関数の引数 event を readBody() に渡すことで、リクエストボディを取得できます。そのリクエストボディがリクエストパラメータの場合は、リクエストパラメータを格納したオブジェクトとなり、結果的に、これがそのまま会員情報オブジェクトとなります。図 5-5 の表示内容の member プロパティが、そのことを物語っています。

readBody() は async 関数

　この readBody() を実行する際にひとつ注意しなければならないのは、この関数は async 関数だということです。そのため、❷のように await を利用し、❶のようにコールバック関数全体では async 関数とする必要があります。

　このようにして取得した会員情報オブジェクトである body を、本来ならばデータベースなどに保存する必要がありますが、本項冒頭に紹介したように、ここでは❸のようにコンソールに表示させるにとどめています。結果、Nuxt プロジェクトを実行しているターミナル画面には、リスト 5-10 のように表示されているはずです。

▼ **リスト 5-10　コンソールに表示された会員情報**

```
[Object: null prototype] {
  id: '55126',
  name: '山田三郎',
  email: 'yamada@saburo.com',
  points: '55',
  note: '追加してみよう。'
}
```

◎ 5.2.5　会員情報登録処理を POST 送信へ改造

　さあ、最後の仕上げです。会員情報追加画面用コンポーネントである memberAdd.vue を改造しましょう。

memberAdd.vue の改造

　現在、このコンポーネントでは、入力された会員情報をステートで管理している会員リスト情報 Map オブジェクトに追加することで、会員情報の追加処理を行っています。そのデータの追加処理をサーバ API エンドポイントに任せます。その代わり、コンポーネントでは、入力データの POST 送信を行います。

　これは、リスト 5-11 の太字の改造となります。なお、❶のコメントアウトの 1 文に関しても、不要となった

コードですので、削除してもかまいません。

▼ リスト 5-11　server-basic/pages/member/memberAdd.vue

```
<script setup lang="ts">
import type {Member} from "@/interfaces";

definePageMeta({
  layout: "member"
});

const router = useRouter();
// const memberList = useState<Map<number, Member>>("memberList"); ━━━━━━━━━━❶
const member: Member =reactive(
  ～省略～
);
const pending = ref(false); ━━━━━━━━━━━━━━━━━━━━━━━━━━━━━━━━━━━❷
const onAdd = async (): Promise<void> => { ━━━━━━━━━━━━━━━━━━━━━━❸
  pending.value = true; ━━━━━━━━━━━━━━━━━━━━━━━━━━━━━━━━━━━━━❹
  const asyncData = await useFetch( ━━━━━━━━━━━━━━━━━━━━━━━━━━━❺
    "/api/addMemberInfo", ━━━━━━━━━━━━━━━━━━━━━━━━━━━━━━━━━━❻
    {
      method: "POST", ━━━━━━━━━━━━━━━━━━━━━━━━━━━━━━━━━━━━━❼
      body: member ━━━━━━━━━━━━━━━━━━━━━━━━━━━━━━━━━━━━━❽
    }
  );
  if(asyncData.data.value != null && asyncData.data.value.result == 1) { ━━━━━❾
    router.push({name: "member-memberList"}); ━━━━━━━━━━━━━━━━━━━❿
  }
};
</script>

<template>
  <nav id="breadcrumbs">
    ～省略～
  </nav>
  <section>
    <h2>会員情報追加</h2>
    <p v-if="pending">データ送信中…</p> ━━━━━━━━━━━━━━━━━━━━━━⓫
    <template v-else> ━━━━━━━━━━━━━━━━━━━━━━━━━━━━━━━━━━┐
      <p>
        情報を入力し、登録ボタンをクリックしてください。
      </p>
      <form v-on:submit.prevent="onAdd">                          ⓬
        ～省略～
      </form>
    </template> ━━━━━━━━━━━━━━━━━━━━━━━━━━━━━━━━━━━━━┘
  </section>
</template>
```

useFetch() の利用

リスト 5-11 の会員情報追加画面の処理の流れと、これまでの画面用コンポーネントの処理の流れとの決定的な違いは、画面表示時にデータ取得の非同期処理が発生しない、ということです。代わりに、会員情報追加画面から遷移する際にサーバ API エンドポイントへの非同期処理が発生します。まとめると、次のようになります。

- 会員リスト画面＆会員詳細情報画面：非同期サーバ API エンドポイントアクセス→画面表示
- 会員情報追加画面：画面表示→ボタンクリック→非同期サーバ API エンドポイントアクセス

このような流れの場合、lazy モードでのアクセスは意味をなしません。というのは、4.4.1 項の解説通り、lazy モードは画面表示を優先するモードだからです。したがって、会員情報追加画面では、useAsyncData()、または、useFetch() を await キーワードとともに利用します。それが、リスト 5-11 の❺です。ここでは、useFetch() を利用しています。このコードが、［登録］ボタンがクリックされた時のメソッド onAdd 内に記述する必要があることから、❸のようにメソッド全体が async 関数となり、戻り値の型も Promise でラップされている点に注意してください。

POST 送信は method プロパティと body プロパティを利用

その useFetch() 内でアクセスしているパスが、❻のように /api/addMemberInfo となっており、前項で作成した addMemberInfo.ts へのアクセスを意味します。この addMemberInfo.ts では、入力された会員情報を POST 送信のリクエストパラメータとして取得するように作成したので、それに合わせて、❺の useFetch() では POST 送信のオプションを指定します。これに関しては、表 4-4 の通り、**method** プロパティを利用し、送信するパラメータは **body** プロパティで指定します。それが、❼と❽です。

リスト画面へ遷移する条件

このようにして useFetch() を利用して入力された会員情報を POST 送信し、その結果としてサーバからのレスポンスデータが、これまで通り asyncData.data.value として取得できます。❾ではこの値が null でないかどうかを判定しています。さらに、❾ではレスポンスデータ JSON の result プロパティの値が 1 かどうかも判定しています。そして、これらがともに true の場合、すなわち、レスポンスデータが null ではなく、かつ、サーバ API エンドポイント側の処理が成功（result が 1）の場合のみ、❿のように、リスト画面へ遷移するようにします。

pending は手動で操作

ところで、❷の pending に関して補足しておきます。
これまでの画面用コンポーネントでは、サーバ API エンドポイントアクセスの結果オブジェクトである asyncData から pending の値を取得していました。これは、先の説明通り、画面表示に先立ち、非同期サーバ API エンドポイントアクセス、すなわち、useLazyFetch() が実行されているからです。
一方、非同期サーバ API エンドポイントアクセスが画面表示後となるリスト 5-11 では、この方式は採用できません。そこで、手動で❷のように初期値 false でリアクティブ変数 pending を用意します。これにより、⓬のように入力画面がまず表示された状態が実現します。その後、ボタンをクリックしたタイミング、すなわち、

❹でこの pending を true に変更し、⓫の「データ送信中」の表示へと切り替えるようにします。なお、その際、「情報を入力し、……」という p タグそのものも非表示とするため、p タグと form タグを template タグで囲み、その template タグに v-else を記述しています。

▌動作確認

さて、これで、一通り、コーディングが完成しました。画面の方でも動作確認を行っておきましょう。図 5-6 の①のように会員情報追加画面に何か入力を行い、［登録］ボタンをクリックするとい、②の画面を経て、最終的に図 5-1 の③の画面に戻ってきます。ただし、先述のように、リストには会員情報は増えていませんが、コンソールにはリスト 5-10 のような表示がされています。

▼ **図 5-6　Nuxt で用意したエンドポイントへのデータ送信処理画面**

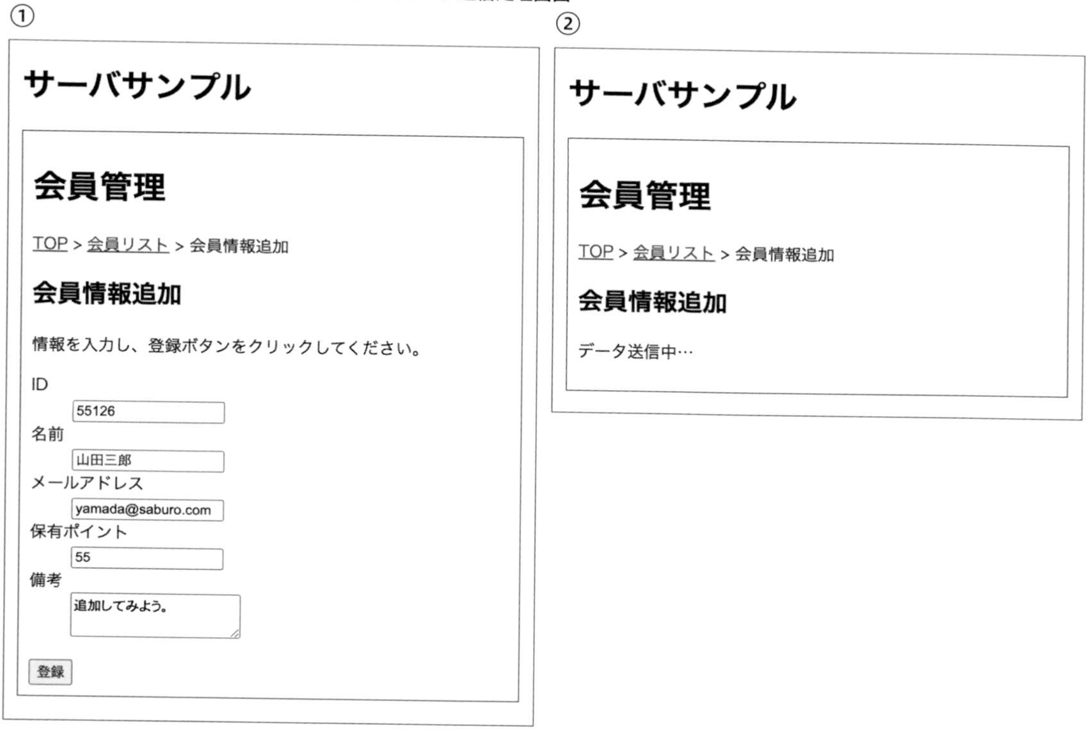

①

サーバサンプル

会員管理

TOP > 会員リスト > 会員情報追加

会員情報追加

情報を入力し、登録ボタンをクリックしてください。

ID
`55126`
名前
`山田三郎`
メールアドレス
`yamada@saburo.com`
保有ポイント
`55`
備考
`追加してみよう。`

登録

②

サーバサンプル

会員管理

TOP > 会員リスト > 会員情報追加

会員情報追加

データ送信中…

5｜3 サーバサイドルーティング

前節で、一通り、Nuxt でサーバ API エンドポイントを用意する方法の紹介が終了しました。

ただし、その際のサーバサイド URL は全て /api 配下となっています。一方、Web の世界、特にサーバ API エンドポイントの世界では、REST という考え方があります。この考え方に従うと、前節で作成したサーバ API エンドポイントには少し問題があります。その辺りを解消しながら、Nuxt のサーバサイドルーティングを紹介します。

◎ 5.3.1 REST API とその URL

REST とは、**Representational State Transfer** の略であり、2000 年にロイ・フィールディング（Roy Fielding）によって提唱された考え方です。その考え方によると、URL は、Web 上のリソース（データ）を特定するように設計する必要があるということです。詳細は他媒体に譲りますが、この考え方を前節で作成した会員情報管理アプリに適用すると、表 5-1 のようになります。

▼ **表 5-1　REST の考え方を適用した会員情報管理サーバ API エンドポイント設計**

	データ内容	HTTP メソッド	パス例
①	会員リスト情報	GET	/member-management/members
②	特定の会員情報	GET	/member-management/members/33456
③	会員情報の登録	POST	/member-management/members

まず、会員情報管理のように、何かデータを管理するサーバ API エンドポイントの場合は、表 5-1 の member-management のように、画面表示用の URL とは別のデータ管理を表すようなパス配下にまとめます。そして、そのデータを複数取得する場合、続けて、対象データの複数形とします。例えば、会員情報ならば、members とします。それが、①です。

さらに、そのうちの 1 件のデータのみを取得する場合は、②のように特定するためのキーをパスに続けます。②の場合は、会員 ID を members に続けています。

では、データ登録の場合はどうするかというと、HTTP メソッドで区別します。対象データを複数まとめたもの、つまり、members に 1 件データを追加する場合は、パスはそのまま members とし、その URL に **POST** 送信します。それが、③であり、①と③を区別するのは、HTTP メソッドが **GET** か POST かだけであり、URL に差はありません。もし特定の会員情報を更新する場合は、URL は②と同じものを利用し、代わりに HTTP メソッドとして **PUT** を利用します。削除する場合は、同じく URL は②と同じものとし、**DELETE** メソッドとします。

このように、HTTP メソッドを組み合わせることにより、URL を参照するだけで、それがどのようなデータ

を表すのかを一目瞭然として URL を設計するのが、REST の特徴です[5]。

◎ 5.3.2 サーバサイドルーティングプロジェクトの準備

このような REST に従った API を実現したプロジェクトを Nuxt で作成しようとすると、前節までの知識では問題があります。というのは、サーバサイド処理の URL が /api 配下となってしまうからです。

もちろん、それを解決する方法はあります。それを紹介する前に、前節で完成した server-basic プロジェクトを複製して server-routes プロジェクトとし、その server-routes プロジェクトを表 5-1 のパスを利用したものへと改造していきましょう。

まず、server-routes プロジェクトを作成し、server-basic プロジェクトの次のファイル一式を、ファイルごと server-routes プロジェクトの同階層にコピー&ペーストしてください。なお、コピー&ペーストした時点で、サーバサイドファイルが存在しないため、プロジェクトがエラーとなりますが、現時点ではそのままとしておいてください。のちの改造で解消していきます。

- interfaces.ts
- membersDB.ts
- layouts/default.vue
- layouts/member.vue
- pages/index.vue
- pages/member/memberList.vue
- pages/member/memberAdd.vue
- pages/member/memberDetail/[id].vue

また、server-routes プロジェクトの app.vue の中のソースコードも、server-basic プロジェクトの app.vue のものをコピー&ペーストして、丸々書き換えておいてください。

その上で、layouts/default.vue と layouts/member.vue のテンプレートブロックの h1 タグを、リスト 5-12 のように変更しておいた方がよいでしょう。

▼ リスト 5-12　server-routes/layouts/default.vue と server-routes/layouts/member.vue

```
～省略～
<template>
  <header>
    <h1>サーバサイドルーティングサンプル</h1>
  </header>
  ～省略～
</template>
```

---

[5]　より詳しくは、REST API Tutorial サイトの次のページを参照してください。
https://restfulapi.net/resource-naming/

◎ 5.3.3　サーバサイド処理結果の統一

プロジェクトの複製ができたところで、早速、改造を始めていきます。

本格的にサーバ処理ファイルの作成に入る前に、サーバ処理結果の統一を行っておきます。server-basic プロジェクトでは、会員リスト情報の送信、会員詳細情報の送信、会員情報登録後の結果の送信、それぞれがバラバラの内容でした。REST のパスを採用した際、このままでは、TypeScript の型推論に問題が発生します。

そこで、どの処理でも統一した結果を送信するようにし、その型定義を ReturnJSONMembers インターフェースとします。この定義であるリスト 5-13 を、interfaces.ts に追記してください。

▼ **リスト 5-13**　**server-routes/interfaces.ts**

```
export interface Member {
  ～省略～
}
export interface ReturnJSONMembers {
  result: number; ─────────────────────────────────────────── ❶
  data: Member[]; ─────────────────────────────────────────── ❷
}
```

追記したコードは、内容的には特に問題ないと思います。リスト 5-13 の❶はサーバサイド処理が成功したかどうかを表すプロパティです。これは、リスト 5-9 の addMemberInfo.ts で登場済みです。

さらに、会員リスト情報でも、会員一人分の詳細情報でも、登録済み会員情報でも、全て❷のように Member 型の配列として、data プロパティとして格納することにします。

◎ 5.3.4　サーバサイドルーティングを実現する routes サブフォルダ

各サーバ API エンドポイントの送信データの形式が統一ができたところで、サーバ API エンドポイントを表 5-1 のパスに合わせたものに改造していきます。

ここでよくよく表 5-1 のパスを眺めると、これは、まさに、第 3 章で紹介した Nuxt のルーティングとよく似ていますし、実は、その第 3 章で紹介した pages フォルダ配下にファイルを作成することでルーティングとする仕組みが、そっくりそのままサーバサイドにも流用できます。その際のフォルダが、server/**routes** です。Nuxt では、server/api 配下に作成したサーバ処理ファイルの場合は、そのまま /api 配下のパスとして実行される一方で、routes フォルダ配下に配置したファイルの場合は、ルーティングの仕組みが適用されます。

▍HTTP メソッドは拡張子で指定

ただし、ここでもうひとつ理解しておくべきことがあります。それが、HTTP メソッドの扱いです。前節までのサーバ処理では、HTTP メソッドは意識していません。もちろん、送信データを取得する場合においては、GET 送信と POST 送信の違いは意識する必要はありますが、そもそもサーバ処理ファイルそのものは、HTTP メソッドを区別していません。その証拠に /api/getMemberList に POST メソッドでアクセスしても、リスト 5-4 の JSON データは問題なく取得できます。一方、REST を採用する場合、この HTTP メソッドを意識する必要があり、表 5-1 の①と③のように、同名のパスでも HTTP メソッド違いのものを作成する必要が

あるからです。

　Nuxtではその仕組みも用意されています。それが、サーバ処理ファイルの拡張子です。例えば、表5-1の①の会員リスト情報を送信するサーバ処理ファイルは、members.**get.ts**のように、拡張子にHTTPメソッドを含めて作成します。こうすることで、そのHTTPメソッドでのアクセス以外は実行されないようになります。

▌会員リスト情報エンドポイントの作成

　では、早速、このファイルを作成しましょう。作成するフォルダは、server/routesですが、さらに、ルートパスの通り、member-managementフォルダが必要です。結果、ファイルのパスは、次のようになります。

```
server-routes/server/routes/member-management/members.get.ts
```

　コードは、リスト5-14の内容です。

▼ リスト5-14　server-routes/server/routes/member-management/members.get.ts

```
import type {ReturnJSONMembers} from "@/interfaces";
import {createMemberList} from "@/membersDB";

export default defineEventHandler(
  (event): ReturnJSONMembers => {                                    ❶
    const memberList = createMemberList();
    const memberListValues =  memberList.values();
    const memberListArray = Array.from(memberListValues);
    return {
      result: 1,                                                     ❷
      data: memberListArray                                          ❸
    }
  }
);
```

　ここまでのコーディングが終了したら、いったん、次のURLにアクセスしてみてください[6]。すると、リスト5-15のJSONデータが表示されます。

```
http://localhost:3000/member-management/members
```

▼ リスト5-15　/member-management/members の表示結果

```
{
  "result": 1,
  "data": [
    {
      "id": 33456,
      "name": "田中太郎",
```

＊6　コンポーネント部分にはコーディングエラーがありますが、プロジェクトは起動でき、サーバサイド部分は表示されるはずです。

```
      "email": "bow@example.com",
      "points": 35,
      "note": "初回入会特典あり。"
    },
    {
      "id": 47783,
      "name": "鈴木二郎",
      "email": "mue@example.com",
      "points": 53
    }
  ]
}
```

　リスト 5-14 のポイントは、ファイルの作り方だけであって、コード内容的にはリスト 5-3 の getMemberList.ts とそれほど違いはありません。変わったところは、リスト 5-3 では membersDB.ts の実行結果である会員リスト情報配列をそのまま送信していたところを、❸のように送信 JSON オブジェクトの data プロパティとしているところです。前項で導入した送信データ形式の統一を適用したためであり、これに合わせて、❶のように戻り値のデータ型も ReturnJSONMembers としています。なお、❷のように、処理結果を表す result プロパティを固定値 1 としているのは、5.2.4 項（p.162）の通りです。

◎ 5.3.5　サーバサイドルートパラメータの取得

　次に、表 5-1 の②の特定の会員情報を送信するサーバ API エンドポイントを作成しましょう。表 5-1 では、パス例記載の末尾の 33456 は、特定の会員 ID（この例では田中太郎さん）であり、表示する会員情報によって変わります。つまり、ルートパラメータとなります。サーバサイドでもこのルートパラメータは利用でき、そのファイルの作り方は、3.2 節で紹介した pages フォルダ内でのファイルの作成方法と全く同じです。となると、表 5-1 の②のサーバ API エンドポイントを実現するファイルパスは、次のようになります。

```
server-routes/server/routes/member-management/members/[id].get.ts
```

　この場合も、HTTP メソッドは GET なので、ファイルの拡張子が .get.ts となっている点に注意してください。このファイルの内容は、リスト 5-16 となります。

▼ リスト 5-16　server-routes/server/routes/member-management/members/[id].get.ts

```
import type {Member, ReturnJSONMembers} from "@/interfaces";
import {createMemberList} from "@/membersDB";

export default defineEventHandler(
  (event): ReturnJSONMembers => {
    //ルートパラメータを取得。
    const params = event.context.params; ─────────────────────────── ❶
    //membersDB.tsを利用して会員リスト情報Mapオブジェクトを生成。
    const memberList = createMemberList();
    //ルートパラメータのidを数値に変換。
```

```
    const idNo = Number(params!.id); ─────────────────────────────────────── ❷
    //ルートパラメータに該当する会員情報オブジェクトを取得。
    const member = memberList.get(idNo) as Member;
    //送信データオブジェクトをリターン。
    return {
      result: 1,
      data: [member] ────────────────────────────────────────────────────── ❸
    };
  }
);
```

　ここまでのコーディングが終了したら、次の URL にアクセスしてみてください。すると、リスト 5-17 の
JSON データが表示されます。

　　　http://localhost:3000/member-management/members/33456

▼ **リスト 5-17　/member-management/members/33456 の表示結果**

```
{
  "result": 1,
  "data": [
    {
      "id": 33456,
      "name": "田中太郎",
      "email": "bow@example.com",
      "points": 35,
      "note": "初回入会特典あり。"
    }
  ]
}
```

┃ルートパラメータの取得は context.param

　リスト 5-16 のポイントは、ルートパラメータを取得している❶です。defineEventHandler() のコール
バック関数の引数 event に対して、**context.param** プロパティにアクセスすることで、ルートパラメータを全
て取得できます。❶では、これを変数 params とし、❷でこのルートパラメータの id の値を取得しています。
ただし、この params が undefined の可能性があるので、❷では！を記述して、強制的に undefined では
ないとしています。

　以降の処理は、リスト 5-7 と同じですが、取得した member オブジェクトをそのままリターンするのでは
なく、❸のように、配列のひとつの要素とします。これは、ReturnJSONMembers の data プロパティを
Member 型配列としたからです。

event.context の正体

　5.1.2 項の Note（p.151）で紹介したように、defineEventHandler() のコールバック関数の引数 event は、H3Event 型です。そして、そのプロパティである **context** は、**H3EventContext** 型であり、そのプロパティには、ルートパラメータを表す **params** とセッションを表す **sessions** が定義されています。このうち、ここでは、params を利用しています。

5.3.6　データの挿入は POST メソッド

　最後に表 5-1 の③の会員情報の登録サーバ API エンドポイントを作成しましょう。5.3.1 項で解説した通り、何かリストデータに 1 件分のデータを追加する場合は、そのパスはリストデータを表すパスと同一であり、その違いは GET メソッドか POST メソッドかで区別します。となると、表 5-1 の③のサーバ API エンドポイントを実現するファイルパスは、リスト 5-14 のファイルの拡張子を **.post.ts** に変えただけの次のパスとなります。

```
server-routes/server/routes/member-management/members.post.ts
```

　このファイルの内容は、リスト 5-18 となります。

▼ リスト 5-18　server-routes/server/routes/member-management/members.post.ts

```
import type {Member, ReturnJSONMembers} from "@/interfaces";

export default defineEventHandler(
  async (event): Promise<ReturnJSONMembers> => {              ❶
    const body = await readBody(event);
    const member = body as Member;                           ❷
    console.log(member);
    return {
      result: 1,
      data: [member]                                         ❸
    };
  }
);
```

　ここまでコーディングできたら、Postman などで次の URL の POST 送信を行ってみてください。図 5-7 のような結果となります。もちろん、コンソールにも、リスト 5-10 と同じものが表示されています。

```
http://localhost:3000/member-management/members
```

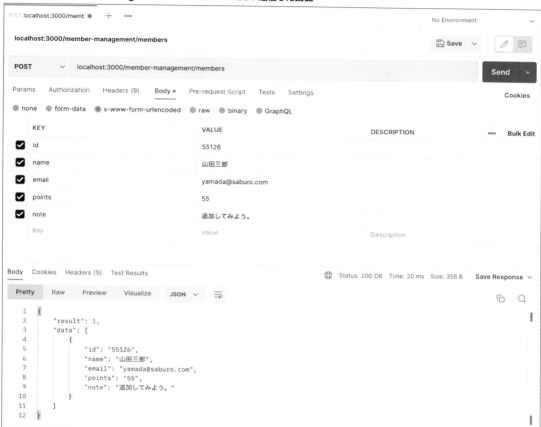

　URL が 5.3.4 項（p.169）記載の URL と全く同じであるにもかかわらず、HTTP メソッドによって全く違う処理になっており、.get.ts、.post.ts が明確に区別されていることを理解してもらえると思います。また、REST では、このように同一 URL の HTTP メソッド違いで、表現されるデータ内容が変わるという考え方に基づいていることも理解してもらえると思います。

　さて、リスト 5-18 の内容は、ほぼ、リスト 5-9 と同じですが、defineEventHandler() のコールバック関数の戻り値のデータ型を ReturnJSONMembers と明示しています。ただし、このコールバック関数は async 関数であるため、❶のように Promise でラップしています。

　戻り値を ReturnJSONMembers 型とするため、リスト 5-16 同様に、入力された会員情報である member を❸のように配列のひとつの要素としています。ただし、この配列はあらかじめ Member 型配列として ReturnJSONMembers で定義されているため、その要素とする member も Member 型としなければなりません。そのための型変換を行っているのが、❷です。

173

◎ 5.3.7 コンポーネントを REST API に合わせて変更

　サーバサイド処理が REST API として完成したところで、これらのサーバ API エンドポイントを利用するようにコンポーネントを改造していきましょう。

▌memberList.vue の改造

　まず、memberList.vue からです。これは、リスト 5-19 の太字の部分を変更してください。

▼ リスト 5-19　server-routes/pages/member/memberList.vue

```ts
<script setup lang="ts">
import type {Member} from "@/interfaces";                              ❶

definePageMeta({
  layout: "member"
});

const asyncData = useLazyFetch("/member-management/members");          ❷
const responseData = asyncData.data;                                  ❸
const pending = asyncData.pending;
const memberList = computed(                                          
  (): Member[] => {
    //空の会員リスト配列を用意。
    let returnList: Member[] = [];
    //レスポンスJSONデータがnull でないならば…
    if(responseData.value != null) {                                  ❹
      //レスポンスJSONデータのdataプロパティを取得。
      returnList = responseData.value.data;
    }
    return returnList;
  }
);
</script>

<template>
　～省略～
</template>
```

　変更点のポイントを軽く解説しておきます。まず、何はともあれ、❷のアクセス先パスを変更しておく必要があります。そして、今回、レスポンス JSON データが会員リスト配列から ReturnJSONMembers 型に変更になっています。そのため、このレスポンス JSON データを表す asyncData の data プロパティを直接 memberList とはできません。そこで、❸のようにいったん responseData 変数としておき、その中の会員リスト配列を表す data プロパティを取得することにします。これは、❹の算出プロパティが該当します。ただし、この responseData.value は null の可能性があるので、算出プロパティでは、null の場合を想定したコードとなっています。なお、この算出プロパティ中で Member インターフェースを利用するので、❶のインポート文が復活しています。

[id].vue の改造

次に、[id].vue を改造しましょう。これは、リスト 5-20 の太字の部分です。

▼ リスト 5-20　server-routes/pages/member/memberDetail/[id].vue

```ts
<script setup lang="ts">
import type {Member} from "@/interfaces";                                    ❶

definePageMeta({
  layout: "member"
});

const route = useRoute()
const asyncData = useLazyFetch(`/member-management/members/${route.params.id}`);  ❷
const responseData = asyncData.data;                                         ❸
const pending = asyncData.pending;
const member = computed(
  (): Member|undefined => {
    return responseData.value?.data[0];                                      ❹
  }
);
const localNote = computed(
  (): string => {
    let localNote = "--";
    if(member.value != undefined && member.value.note != undefined) {        ❺
      localNote = member.value.note;
    }
    return localNote;
  }
);
</script>

<template>
～省略～
</template>
```

　同じく、変更部分を軽く解説しておきます。リスト 5-19 同様、❷のデータ取得先 URL が変更になっています。しかも、もとの memberList.vue ではクエリパラメータを利用して会員 ID を送信していたものが、今回はサーバサイドルートパラメータへと変更になっています。そのため、アクセス先 URL の末尾に取得したルートパラメータを埋め込むコードへと変更になっています。

　また、レスポンスデータの扱いについてもリスト 5-19 と同様で、❸のようにレスポンス JSON データをいったん responseData としておき、❹のように、その data プロパティを算出プロパティにて抽出し、テンプレート変数 member とするようにしています。その際、responseData.value が null のことも考慮し、member のデータ型を Member|undefined としています。これに伴い、localNote の算出処理コード中の❺では、member.value のチェックを null から undefined に変更しています。

memberAdd.vue の改造

最後に、memberAdd.vue を改造しておきましょう。これは、リスト 5-21 の太字の部分です。

▼ リスト 5-21　server-routes/pages/member/memberAdd.vue

```
<script setup lang="ts">
～省略～
const pending = ref(false);
const onAdd = async () => {
  pending.value = true;
  const asyncData = await useFetch( ─────────────────────────── ❶
    "/member-management/members", ─────────────────────────────── ❷
    {
      method: "POST",
      body: member
    }
  );
  ～省略～
};
</script>

<template>
  ～省略～
</template>
```

リスト 5-21 では、❷のようにアクセス先のパスを変更するだけでよいです。

これで、全ての改造が完了したことになります。TOP ページから動作確認を行ってください。server-basic と同じ動作が実現できていれば成功です。

> **NOTE　レスポンスデータを統一した理由**
>
> 5.3.3 項で、server-routes のサーバサイド処理のレスポンスデータの形式を統一するためにインターフェースとして ReturnJSONMembers を導入しました。その理由を、少し補足しておきます。
>
> 仮に、表 5-1 の①の戻り値が、/api/getMemberList 同様に Member[] だとし、同じく、表 5-1 の②の戻り値が /api/addMemberInfo と同様の result と member をプロパティとするオブジェクトだとします。すると、リスト 5-19 の❷の asyncData とリスト 5-21 の❶の asyncData は、Member[] と、result と member をプロパティとするオブジェクトのユニオン型として扱われてしまいます。これは、アクセス先のパスが同じであるため、型推論としては、members.get.ts と members.post.ts のどちらが実行されるのかが判定できないのが原因です。そのため、この両ファイルの戻り値のデータ型のユニオン型とするしかないからです。この型推論のため、余計なエラーが表示されてしまいます。これを避けるために、あらかじめレスポンスデータ型を統一するという方法を採用しています。

5│4　Nuxt のサーバストレージ機能

　前節で完成した server-routes プロジェクトは、サーバサイドルーティングを導入することで、REST API が実現できました。これで、サーバサイド処理は一段落したように見えますが、決定的なことが欠けています。それが、データの永続化です。その問題を、本章の最後に解決しておきましょう。

◎ 5.4.1　インメモリストレージ

　server-basic プロジェクトや server-routes プロジェクトでは、会員リストデータとしてはあくまで固定のデータを利用しているため、そのデータを変更できません。そのため、会員情報追加画面で会員情報を入力しても、登録されません。この問題を本格的に解決しようとすると、データベースなど、外部のデータ管理ツールを導入し、サーバサイド処理でそれらツールと連携するコードを記述する必要があります。

　一方で、簡単なデータ管理の場合は、Nuxt 単体で可能です。それが、**インメモリストレージ**です。Nuxt プロジェクトがサーバ上で動作している限り、Key-Value 形式[*7]のデータをメモリ上に保存することができ、読み書きが可能となります。これを利用すると、会員情報の登録処理で、会員リストに追加が可能となります。

　ただし、あくまでメモリ上にデータが保存されるため、Nuxt プロジェクトを終了すると、全てのデータが消去される点に注意しておいてください。そのため、完全なデータの永続化には向かず、あくまで簡易なものと理解しておいてください。

　なお、データ形式は、先述の通り、Key-Value 形式です。これは、文字列データとそれを区別するためのキー文字列をセットで保存する形式です。そのため、文字列以外のデータを保存する必要がある場合は、文字列化する必要があります。典型的な方法が、JSON データの JSON.stringify() による文字列化です。これについては、実際にコーディングする際に、もう一度解説します。

◎ 5.4.2　プロジェクトの複製

　では、server-routes プロジェクトを複製しながら、本節のサンプルである server-storage プロジェクトを作成し、そのプロジェクトを改造しながら、インメモリストレージを利用していくことにします。インメモリストレージを利用すると、会員情報を実際に追加していくことが可能となります。そのため、サンプルの動作を少し変更します。

　TOP ページはこれまでと同じですが、会員リスト画面の初期表示が図 5-8 の①のように変わります。最初は会員情報がない画面となります。その後、会員情報追加画面で会員情報を登録することで、図 5-8 の②のようにリスト表示されるようになります。

[*7]　いわゆる連想配列の形式でデータを管理する形式。データをキーで管理し、そのキーを指定するとデータを取り出せるデータ管理形式のこと。

▼ 図 5-8　server-storage プロジェクトのリスト画面の特徴

①
サーバストレージサンプル
会員管理
TOP > 会員リスト
会員リスト
新規登録はこちらから
・会員情報は存在しません。

②
サーバストレージサンプル
会員管理
TOP > 会員リスト
会員リスト
新規登録はこちらから
・IDが55126の山田三郎さん

　早速、プロジェクトを作成していきましょう。server-storage プロジェクトを作成し、server-routes プロジェクトの次のファイル一式を、ファイルごと server-routes プロジェクトの同階層にコピー＆ペーストしてください。なお、コピー＆ペーストした時点で、membersDB.ts が存在しないため、プロジェクトがエラーとなりますが、現時点ではそのままとしておいてください。のちの改造で解消していきます。

- interfaces.ts
- server/routes/member-management/members.get.ts
- server/routes/member-management/members.post.ts
- server/routes/member-management/members/[id].get.ts
- layouts/default.vue
- layouts/member.vue
- pages/index.vue
- pages/member/memberList.vue
- pages/member/memberAdd.vue
- pages/member/memberDetail/[id].vue

　また、server-storage プロジェクトの app.vue の中のソースコードも、server-routes プロジェクトの app.vue のものをコピー＆ペーストして、丸々書き換えておいてください。
　その上で、layouts/default.vue と layouts/member.vue のテンプレートブロックの h1 タグを、リスト 5-22 のように変更しておいた方がよいでしょう。

▼ リスト 5-22　server-storage/layouts/default.vue と server-storage/layouts/member.vue

```
〜省略〜
<template>
  <header>
    <h1>サーバストレージサンプル</h1>
  </header>
```

```
～省略～
</template>
```

5.4.3 サーバストレージ利用の基本

プロジェクトの複製ができたところで、ここからサーバストレージを利用したコードへと改造していきましょう。

まず、会員リスト情報を送信するサーバサイド処理である members.get.ts の改造です。これは、リスト5-23 の太字の部分です。なお、❶に関しては、Member のインポートが追加されています。また、❷に関しては、もともと記述されていたインポート文が不要となるので、コメントアウトしています。こちらは、削除してもかまいません。

▼ **リスト 5-23**　server-storage/server/routes/member-management/members.get.ts

```
import type {Member, ReturnJSONMembers} from "@/interfaces";          ❶
// import {createMemberList} from "@/membersDB";                       ❷

export default defineEventHandler(
  async (event): Promise<ReturnJSONMembers> => {                       ❸
    //空の会員リストMapオブジェクトの用意。
    let memberList = new Map<number, Member>();                        ❹
    //ストレージの用意。
    const storage = useStorage();                                      ❺
    //ストレージから会員リスト情報JSONオブジェクトを取得。
    const memberListStorage = await storage.getItem("local:member-management_members");  ❻
    //会員リスト情報JSONオブジェクトが存在するなら…
    if(memberListStorage != undefined) {                               ❼
      //会員リスト情報JSONオブジェクトを会員リストMapに変換。
      memberList = new Map<number, Member>(memberListStorage as any);  ❽
    }
    const memberListValues =  memberList.values();
    const memberListArray = Array.from(memberListValues);
    return {
      result: 1,
      data: memberListArray
    }
  }
);
```

▍サーバストレージからのデータ取得方法

リスト 5-23 のポイントは、❺です。サーバストレージを利用する場合は、まず、**useStorage()** 関数を実行して、ストレージオブジェクトを取得します。

このストレージオブジェクトの **getItem()** メソッドを実行することで、ストレージに保存されたデータを取得できます。その際、データを区別するためのキー文字列を渡します。それが、❻であり、ここでは、local:member-management_members としています。このキー文字列のうち、データの保存先ストレー

ジが実際にデータを区別するために利用する部分は、コロン（:）より後の部分（member-management_members）です。コロンより前の部分（local）は、Nuxt がデータの保存先を区別するために利用します。このコロンより前の文字列の働きに関しては、8.3 節で詳しく紹介します。

　ただし、この getItem() メソッドは、async メソッドです。したがって、実行する場合は、❻のように await キーワードとともに用い、このコードが実行される関数を async 関数とします。❸では、async キーワードが追加され、戻り値の型も Promise オブジェクトでラップされているのはそのためです。

　ここまでの内容のサーバストレージからのデータの取得方法を、構文としてまとめておきます。

サーバストレージからのデータ取得

```
const storage = useStorage();
const storageData = await storage.getItem(キー文字列);
```

> **NOTE useStorage() の正体**
>
> 　リスト 5-23 で記述した useStorage() 関数も、Nuxt の関数ではありません。こちらは、Nuxt の土台となるサーバである **Nitro** の関数です。そもそも、Nuxt のサーバ機能とは、Nitro のそれであり、そのため、サーバストレージに関する機能は Nitro 由来です。

getItem() では JSON オブジェクトへは自動変換

　ここで、リスト 5-23 で取得したデータ形式について補足しておきます。これまでのサンプルでもそうであったように、会員リスト情報は、Map オブジェクトで管理していました。ここでもそのようにしたいのですが、5.4.1 項末（p.177）で紹介したように、Key-Value 形式でデータを保存する場合、Map オブジェクトはそのまま保存できません。そこで、Map オブジェクトをいったん JSON オブジェクトに変換し、その JSON オブジェクトをさらに文字列に変換したもの、つまり、Map → JSON →文字列と変換したものをキー local:member-management_members として格納することにします。こちらの変換方法については、5.4.6 項で紹介します。

　ここでは、そのように変換されたものを逆の手順で復元しなければなりません。そのコードが、リスト 5-23 の❽です。

　実は、getItem() メソッドを行う際、自動的に文字列→ JSON オブジェクトへの変換が行われています。そのため、❻の変数 memberListStorage は、そのまま Map オブジェクトが JSON オブジェクト化されたものです。このオブジェクトをもとに、Map オブジェクトを生成する方法が❽であり、なんのことはない、Map を new する際にその引数として渡すだけです。

　ただし、そもそも、この memberListStorage が undefined のことがありえます。初回の getItem() 実行後は、データがそもそも存在しませんので、確実に undefined です。そこで、❹であらかじめ空の Map オブジェクトを memberList としておき、データがある場合は、その memberList を置き換えるようにします。それが、❼の if 文です。

　また、この memberListStorage はデータ型としては StorageValue 型となっており、Map を new する時の引数と互換性がありません。そこで、ここでは強制的に any 型へと変換しています。❽の「as any」はそ

のためです。

◎ 5.4.4　会員リスト画面用コンポーネントの改造

　会員リスト情報送信サーバ API エンドポイントの改造ができたところで、これを利用する会員リスト画面用コンポーネントである memberList.vue を改造しましょう。これは、リスト 5-24 の太字の部分です。会員リスト情報が空の場合への対応ですので、❶のように会員リストが空かどうかの算出プロパティを用意し、❷の空の場合の表示を追加しているだけです。

▼ リスト 5-24　server-storage/pages/member/memberList.vue

```
<script setup lang="ts">
〜省略〜
const isEmptyList = computed( ─────────────────────────
  (): boolean => {
    return memberList.value.length == 0;                        ❶
  }
); ──────────────────────────────────────────
</script>

<template>
  <nav id="breadcrumbs">
    〜省略〜
  </nav>
  <section>
    〜省略〜
    <section v-else>
      <ul>
        <li v-if="isEmptyList">会員情報は存在しません。</li> ──────── ❷
        <li
          〜省略〜
        </li>
      </ul>
    </section>
  </section>
</template>
```

　さて、本来なら、ここで一度動作確認をしておきたいところですが、membersDB.ts ファイルがないためのエラーで、プロジェクトそのものが起動しません。そこで、コーディングを進めて、全てが完成したところで、動作確認を行うことにします。

◎ 5.4.5　会員詳細情報表示関連のコードの改造

　次に、会員詳細情報表示に関するファイルを改造しましょう。実は、会員詳細情報画面用コンポーネントである [id].vue は、改造が不要です。改造するのは、サーバサイドの [id].get.ts のみであり、これは、リスト 5-25 の太字の部分となります。太字の追記部分を見ると、リスト 5-23 で追記した部分と同じです。❶のコメ

ントアウトに関する扱いも同様です。

▼ **リスト 5-25**　server-storage/server/routes/member-management/members/[id].get.ts

```
import type {Member, ReturnJSONMembers} from "@/interfaces";
// import {createMemberList} from "@/membersDB";                              ❶

export default defineEventHandler(
  async (event): Promise<ReturnJSONMembers> => {
    const params = event.context.params;
    let memberList = new Map<number, Member>();
    const storage = useStorage();
    const memberListStorage = await storage.getItem("local:member-management_members");
    if(memberListStorage != undefined) {
      memberList = new Map<number, Member>(memberListStorage as any);
    }
    const idNo = Number(params.id);
    const member = memberList.get(idNo) as Member;
    return {
      result: 1,
      data: [member]
    };
  }
);
```

◎ 5.4.6　サーバストレージへのデータ登録

　最後に、会員情報追加に関するファイルを改造しましょう。会員情報追加についても、会員情報追加画面用コンポーネントである memberAdd.vue の改造は不要です。そこで、サーバサイドの members.post.ts を、リスト 5-26 の太字の部分のように改造してください。

▼ **リスト 5-26**　server-storage/server/routes/member-management/members.post.ts

```
import type {Member, ReturnJSONMembers} from "@/interfaces";

export default defineEventHandler(
  async (event): Promise<ReturnJSONMembers> => {
    const body = await readBody(event);
    const member = body as Member;
    let memberList = new Map<number, Member>();
    const storage = useStorage();
    const memberListStorage = await storage.getItem("local:member-management_members");
    if(memberListStorage != undefined) {                                        ❶
      memberList = new Map<number, Member>(memberListStorage as any);
    }
    memberList.set(member.id, member);                                          ❷
    await storage.setItem("local:member-management_members", [...memberList]);   ❸
    return {
```

```
      result: 1,
      data: [member]
    };
  }
);
```

　これで、一通りのコーディングが終了しました。プロジェクト内のエラーも解消していますので、プロジェクトを起動し、動作確認を行ってください。

　最初にリスト画面を表示させた場合は、図 5-8 の①のように表示されますが、会員情報を追加することで、②のようにリストに追加されます。もちろん、会員詳細情報画面でも入力されたデータが確認できます。ただし、5.4.1 項（p.177）で紹介したように、これらのデータは、プロジェクトの開発サーバを終了させると消えるので注意してください。

ストレージへのデータ格納は setItem()

　さて、リスト 5-26 のコードを解説していきます。リスト 5-26 のポイントは、ストレージへのデータ格納であり、その際、事前に useStorage() で取得したストレージオブジェクトに対して、❸のように、**setItem()** メソッドを使います。第 1 引数はキー文字列であり、第 2 引数は格納したいデータです。この第 2 引数については、文字列以外のオブジェクトが渡されれば、自動的に JSON.stringify() されるようになっています。

　ただし、getItem() 同様、setItem() は async メソッドですので、await キーワードを利用し、このコードが実行される関数自体も async 関数化する必要があります。もっとも、この改造に関しては、リスト 5-23 やリスト 5-25 と同様です。

Map オブジェクトの格納方法

　ここで、リスト 5-26 のデータ格納の処理内容について補足しておきます。全体としては、❶のコードは、リスト 5-23 やリスト 5-25 のストレージからデータを取得して Map オブジェクトに変換するコードと同じです。

　実は、リスト 5-26 では、ストレージに格納されている Map オブジェクトをいったん取得し、その Map オブジェクトに入力された会員情報を追加し、情報が追加された Map オブジェクトを、上書きする形でストレージに格納しています。そのうち、追加しているコードが❷であり、上書き格納を行っているコードが❸です。❸の setItem() の第 1 引数のキー文字列が、local:member-management_members と取得のキーと同じになっている点に注目してください。

　なお、5.4.3 項で触れた Map → JSON への変換コードが、❸の第 2 引数に記述されている [...memberList] です。このカラクリを図にすると、図 5-9 の通りです。

▼ 図 5-9　Map から JSON への変換の仕組み

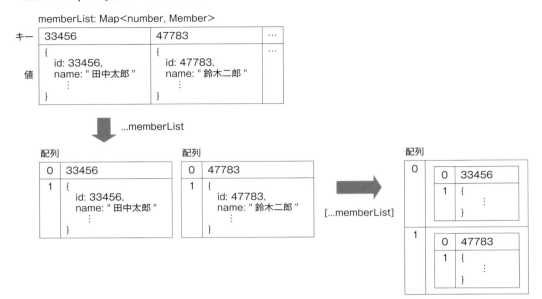

まず、memberList に対してスプレッド演算子（...）を適用することで、Map オブジェクト内の各要素が配列に展開されます。この配列は、インデックス 0 が Map のキーとなり、インデックス 1 が値オブジェクトとなります。このような配列ひとつひとつを要素とするさらに親の配列を用意することで、入れ子の配列が出来上がり、これがそのまま JSON オブジェクトとなります。

また、5.4.3 項で紹介したように、このような JSON オブジェクト（配列オブジェクト）を引数として Map を new することで、Map オブジェクトを復元できるようになっています。この仕組みを利用することで、Map と Key-Value ストアとの相互変換が実現できるようになります。

第 6 章

基本編

Nuxtでのエラー処理

前章で紹介した Nuxt のサーバ機能も含めて、前章までの内容で Nuxt アプリケーションを作成するのに必要な機能は一通り揃ったことになります。本章では、少し視点を変えてみます。アプリケーションを実行する際、何も問題なく処理が終了することが望ましいのですが、そううまくいかないことも多々あります。つまりは、実行時のエラーの発生です。Nuxt では、このような実行時のエラーを効率よく処理する仕組みがあります。本章では、このエラー処理を紹介します。

Nuxt のエラー発生と
エラー処理タグ

本章では、エラーをテーマにさまざまな仕組みを紹介していきます。その際、前半では、error-basic という
プロジェクトを作成しながら、エラー処理のさまざまなパターンを紹介していきます。その後、後半では、5.4 節
で作成した server-storage プロジェクトを移植した error-practical プロジェクトにエラー処理を組み込み
ながら、より実践的なエラー処理を紹介します。

その前半でまず紹介するのは、エラーを効率よく発生させる仕組みと、そのエラーを処理する専用タグです。

◎ 6.1.1　サンプルプロジェクトの準備

早速、前半のプロジェクトである error-basic を作成していきましょう。ここでは、図 6-1 のような画面を
作成します。

▼ 図 6-1　error-basic に作成する最初の画面

```
エラーを  発生

戻る
```

この画面用コンポーネントを errorHandlerBasic とすると、画面中の「エラーを発生」と表示されている
部分は、子コンポーネントの ErrorGeneratorBasic とします。そして、この［発生］ボタンをクリックすると、
エラーが発生します。本来の動作としては、このボタンが何かの処理、例えば、サーバにアクセスしてデータ
を取得して表示させる処理のようなものを想定してください。その際に、何かのエラーが発生してしまうとしま
す。それを擬似的に再現するようにします。

▌プロジェクトの基本部分の作成

では、早速作成しましょう。error-basic プロジェクトを作成し、app.vue をリスト 6-1 のように書き換え
てください。

▼ リスト 6-1　error-basic/app.vue

```
<template>
  <NuxtPage />
</template>
```

トップ画面の作成

次に、図 6-1 の画面へのリンクが掲載されたトップ画面を作成しましょう。これは、リスト 6-2 の pages/index.vue です。

▼ **リスト 6-2　error-basic/pages/index.vue**

```
<template>
  <ul>
    <li>
      <NuxtLink v-bind:to="{name: 'errorHandlerBasic'}">
        エラー表示実験
      </NuxtLink>
    </li>
  </ul>
</template>
```

エラー処理画面の作成

次に、リスト 6-2 の［エラー表示実験］のリンク先のページ、すなわち、図 6-1 の画面用コンポーネントである errorHandlerBasic.vue を作成しましょう。これは、リスト 6-3 の内容です。

▼ **リスト 6-3　error-basic/pages/errorHandlerBasic.vue**

```
<template>
  <ErrorGeneratorBasic/>
  <p>
    <NuxtLink v-bind:to="{name: 'index'}">
      戻る
    </NuxtLink>
  </p>
</template>
```

戻るリンク以外は、子コンポーネントとして ErrorGeneratorBasic をレンダリングしているだけのコードです。

エラー生成コンポーネントの作成

最後に、この ErrorGeneratorBasic.vue を components フォルダ内に作成しましょう。これは、リスト 6-4 の内容です。

▼ **リスト 6-4　error-basic/components/ErrorGeneratorBasic.vue**

```
<script setup lang="ts">
const onThrowsErrorClick = (): void => {
  throw createError("擬似エラー発生。");                                    ❶
};
</script>
```

```
<template>
  <section>
    エラーを<button v-on:click="onThrowsErrorClick">発生</button>
  </section>
</template>
```

動作確認

　ここまで作成できたら、プロジェクトを起動し、画面を表示させてください。図 6-2 のリンク画面が表示されます。この［エラー表示実験］リンクをクリックすると、図 6-1 の画面が表示されます。

▼ 図 6-2　リンクが表示された error-basic プロジェクトのトップ画面

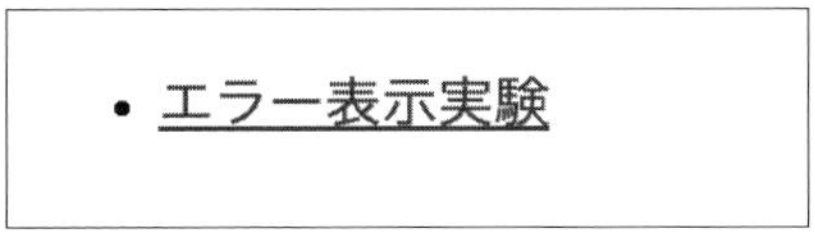

- エラー表示実験

◎ 6.1.2　エラーを発生させる createError()

　この状態で、図 6-1 の画面上の［発生］ボタンをクリックすると、エラーが発生します。ただし、画面上は何の変化もなく、ブラウザの開発者ツールのコンソールにエラーが表示されるだけです（図 6-3）。

▼ 図 6-3　コンソールに表示されたエラー

　もちろん、これらのエラーは、適切に処理され、画面に何らかの結果を表示させる必要があります。それらのエラー処理に関しては後述するとして、ここでは、まず、エラーの発生について解説しておきます。

　Nuxt では、エラーを効率よく発生させる仕組みとして、**createError()** 関数が用意されています。それが、リスト 6-4 の❶です。引数としては、エラー内容を表す文字列を渡します。そして、この createError() によって生成されたエラーオブジェクトを、❶のように **throw** することで、その時点でエラーが発生するようになっています。

　もちろん、このような関数を利用しなくても、問題が発生した時点で自動的にエラーオブジェクトが発生する

（throw される）ことも多々あります。一方で、意図的にエラーを発生させてそれを処理するコードをあえて記述することもあります。何より、今回のように擬似的にエラーを発生させる際に、後述するようなさまざまなオプションを指定できるため、この createError() 関数は便利です。

◎ 6.1.3 エラー時の表示を実現する NuxtErrorBoundary タグ

さて、このままでは、エラーがコンソールに表示されるだけで、適切に処理されているとはいえません。子コンポーネントでエラーが発生した際に、そのエラーを受けて表示を変更する仕組みが Nuxt にはあり、それを errorHandlerBasic.vue に組み込みましょう。これは、リスト 6-5 の太字の改造となります。

▼ リスト 6-5　error-basic/pages/errorHandlerBasic.vue

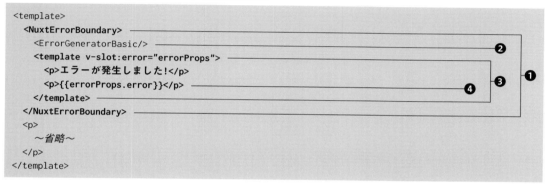

改造が完了したら、図 6-1 の画面を再読み込みし、画面上の［発生］ボタンをクリックしてください。今度は、図 6-4 の画面へと変化します。

▼ 図 6-4　エラー処理されて表示内容が変わった画面

```
エラーが発生しました!

"Error: 擬似エラー発生。"

戻る
```

▍NuxtErrorBoundary タグの利用方法

子コンポーネントでエラーが発生した際のエラー処理に利用されるのが、リスト 6-5 の ❶ の **NuxtErrorBoundary** タグです。子コンポーネントをレンダリングする ❷ の記述を、❶ のように NuxtErrorBoundary タグで囲みます。さらに、子コンポーネントでエラーが発生した際の表示内容を記述し、template タグで囲みます。それが、❸ です。

そして、そのエラー表示タグに **v-slot:error** ディレクティブを記述します。属性値は任意の名称でかまいま

せんが、❹のように、この属性値の名称でエラー内容を表すオブジェクトを取得することになります。具体的には、❸では、属性値として errorProps としており、そのプロパティである **error** にエラー内容が格納されています。❹ではそれを表示させており、その表示内容は、まさに、リスト 6-4 の❶の createError() の引数として渡された文字列です。

 分割代入による error の取得

リスト 6-5 の❹で最終的に利用しているのは、v-slot:error ディレクティブの属性値の error プロパティということを考えると、❸の段階で次のように分割代入により直接 error を取得して利用する方法もあります。

```
<template v-slot:error="{error}">
  <p>エラーが発生しました!</p>
  <p>{{error}}</p>
</template>
```

ただし、本書ではこれまでの章でもそうであったように、可読性を重視して、分割代入を利用しないコードを記載していきます。

ここまでの内容を構文としてまとめておきます。

子コンポーネントのエラー処理タグ

```
<NuxtErrorBoundary>
  <子コンポーネント/>
  <template v-slot:error="errorProps">
    errorProps.errorを利用してエラーが発生した時の表示
  </template>
</NuxtErrorBoundary>
```

 NuxtErrorBoundary の仕組みはスコープ付き Slot

リスト 6-5 の❸のディレクティブからもわかるように、NuxtErrorBoundary は Slot の仕組みを利用しています。このうち、❷のエラーがない場合のレンダリングコンポーネントが**名前なし Slot**（**Default Slot**）に該当し、❸のtemplate タグは、名前付きスロットであり、error という名称を利用するように決まっています。そして、その error Slot に対しての Slot Props として errorProps を指定しています。この Slot Props を利用してエラー内容を取り出せるようになっています。

◎ 6.1.4 エラーが解消された時の処理

前項までで、一通り、エラーが発生した時に表示が変更できるようになりました。ここでもう一歩踏み込みます。もし、何らかの処理で子コンポーネントのエラーが解消された場合、画面を元の図 6-1 に戻したいとします。そのような処理を、errorHandlerBasic.vue に組み込みましょう。これは、リスト 6-6 の太字の改造となります。

▼ リスト 6-6 error-basic/pages/errorHandlerBasic.vue

```
<script setup lang="ts">
const onResetButtonClick = (error: Ref) => {          ①
  error.value = null;                                  ②
}
</script>

<template>
  <NuxtErrorBoundary>
    <ErrorGeneratorBasic/>
    <template v-slot:error="errorProps">
      <p>エラーが発生しました!</p>
      <p>{{errorProps.error}}</p>
      <button v-on:click="onResetButtonClick(errorProps.error)">エラーを解消</button>   ③
    </template>
  </NuxtErrorBoundary>
  <p>
    〜省略〜
  </p>
</template>
```

改造が完了したら、図 6-1 の画面を再読み込みし、画面上の［発生］ボタンをクリックしてください。今度は、図 6-5 の①の画面へと変化し、［エラーを解消］ボタンが増えています。この［エラーを解消］ボタンをクリックすると、元の画面である②の画面に戻ります。

▼ 図 6-5 ［エラーを解消］ボタンが追加された画面とその後に表示される画面

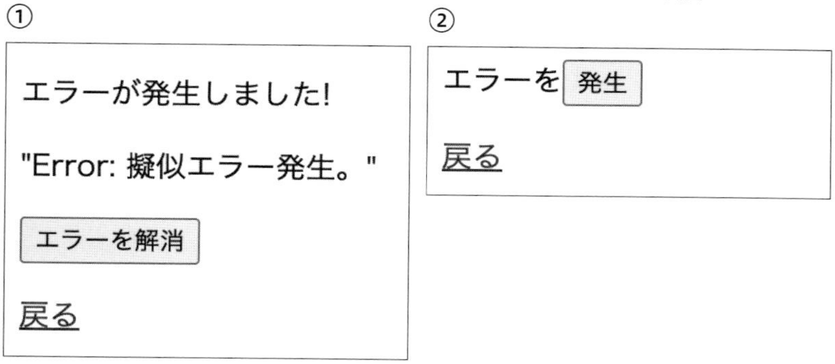

①

```
エラーが発生しました!

"Error: 擬似エラー発生。"

[エラーを解消]

戻る
```

②

```
エラーを [発生]

戻る
```

エラー解消はリアクティブシステムと連動

　リスト 6-6 では、❸で、［エラーを解消］ボタンがクリックされた時に onResetButtonClick メソッドが実行されるようにしています。その際、引数として、エラーオブジェクトにあたる errorProps.error を渡しています。この onResetButtonClick メソッドを定義している❶では、引数としてこのエラーオブジェクトを受け取るようにしています。そして、その型指定として **Ref** を記述しています。この Ref は、ref() 関数などによって生成されたオブジェクトのデータ型そのものであり、つまりは、リアクティブな変数です。実は、エラーが発生した際、Nuxt では、そのエラーオブジェクトはリアクティブな変数として渡されるようになっています。

　そして、そのリアクティブなエラーオブジェクトの実体、すなわち、value プロパティに❷のように null を代入することで、エラーが解消されたとみなし、NuxtErrorBoundary 内のレンダリングが、エラーがない時のものへと自動的に変化します。［エラーを解消］ボタンをクリックすると、表示が元に戻ったのは、このためです。

COLUMN　　　　　　　　　　　　　　　　ヘッドレス CMS

　　CMS（Contents Management System） というと、真っ先に思い浮かべるのが **WordPress**[*1] ではないでしょうか。この WordPress をはじめとして、多くの CMS は、いわゆるサーバサイド Web アプリケーションの仕組みで実現されています。ということは、データの取得・管理と、そのデータをもとにした画面の生成が、一体となって実現されています。

　一方、この CMS からデータの管理部分を切り離した、**ヘッドレス CMS** というシステムがあります。ヘッドレス CMS は、データの管理、すなわちサイトコンテンツの管理部分のみを提供しており、そのコンテンツのデータそのものはサーバ API エンドポイントとして提供しています。

　これは、Nuxt のようなサーバ API エンドポイントを利用して Web サイトを実現する仕組みとは非常に相性がよく、サイトのユーザにコンテンツを表示する部分を Nuxt で作成して、コンテンツの管理をヘッドレス CMS に任せるという Jamstack なサイトも作成できます。

　ヘッドレス CMS のうち、特に Nuxt と相性がよいものとして **Storyblok**[*2] があります。なぜ相性がよいかというと、専用のモジュールとして **@storyblok/nuxt** が提供されているからです。

[*1]　https://wordpress.com/
[*2]　https://www.storyblok.com/

6｜2 子コンポーネント　レンダリング時のエラー

前節のサンプルでは、子コンポーネントがレンダリングされ、いったん画面が表示された後にエラーが発生し、さらにそのエラーを解消できる仕組みが実現できる場合を模したものとなっています。

一方で、場合によっては、子コンポーネントがレンダリングされるその瞬間にエラーが発生してしまう場合もあります。次に、そのような場合を扱っていきましょう。

◎ 6.2.1 サンプルプロジェクトへの追加

早速、error-basic にそのようなコードを追加していきましょう。まず、pages/index.vue にリンクをひとつ追加します。これは、リスト 6-7 の太字のコードです。

▼ リスト 6-7　error-basic/pages/index.vue

```
<template>
  <ul>
    <li>
      <NuxtLink v-bind:to="{name: 'errorHandlerBasic'}">
        エラー表示実験
      </NuxtLink>
    </li>
    <li>
      <NuxtLink v-bind:to="{name: 'errorHandlerNavigate'}">
        画面表示時のエラー実験
      </NuxtLink>
    </li>
  </ul>
</template>
```

┃エラー処理画面の作成

新たに追加したリンク先の画面用コンポーネントである errorHandlerNavigate.vue は、リスト 6-8 のコードとなります。このコードは、❶以外はリスト 6-6 の errorHandlerBasic.vue と全く同じです。

▼ リスト 6-8　error-basic/pages/errorHandlerNavigate.vue

```
<script setup lang="ts">
const onResetButtonClick = (error: Ref): void => {
  error.value = null;
```

```
}
</script>

<template>
  <NuxtErrorBoundary>
    <ErrorGeneratorImmediate/> ─────────────────────────────────── ❶
    <template v-slot:error="errorProps"> ─
      <p>エラーが発生しました!</p>
      <p>{{errorProps.error}}</p>                                    ❷
      <button v-on:click="onResetButtonClick(errorProps.error)">エラーを解消</button>
    </template> ─
  </NuxtErrorBoundary>
  <p>
    <NuxtLink v-bind:to="{name: 'index'}">
      戻る
    </NuxtLink>
  </p>
</template>
```

エラー生成コンポーネントの作成

　最後に、リスト 6-8 の❶でレンダリングしている ErrorGeneratorImmediate コンポーネントを作成しましょう。これは、リスト 6-9 の内容です。

▼ リスト 6-9　error-basic/components/ErrorGeneratorImmediate.vue

```
<script setup lang="ts">
throw createError("擬似エラー発生。"); ─────────────────────────── ❶
</script>

<template>
  <p>エラーを自動発生</p> ─────────────────────────────────────── ❷
</template>
```

◎ 6.2.2　エラー解消が不可能なエラー発生パターン

　ここまでコーディングできたら、動作確認を行っておきましょう。トップ画面を再表示させてください。図 6-6 の①のようにリンクが増えています。この［画面表示時のエラー実験］リンクをクリックすると、図 6-6 の②の画面が表示されます。

▼**図6-6　error-basic に追加されたリンクと新しい画面**

①

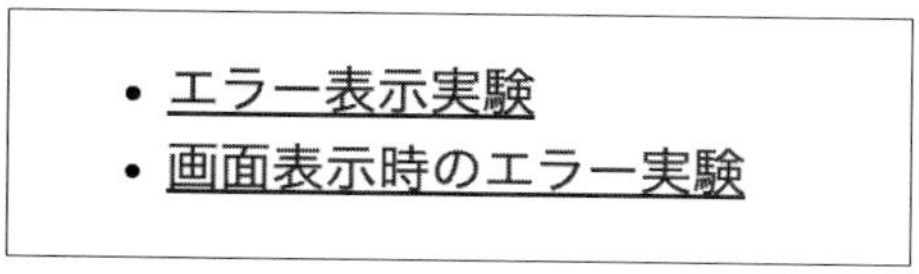

- エラー表示実験
- 画面表示時のエラー実験

②

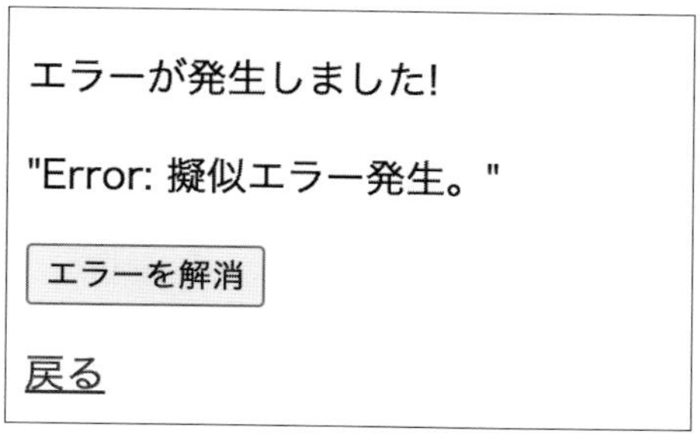

エラーが発生しました!

"Error: 擬似エラー発生。"

エラーを解消

戻る

　図6-5 の ErrorGeneratorBasic コンポーネントでは、ボタンをクリックしたタイミングでエラーが発生し、その時点で画面表示が変わるような処理の流れでした。一方、リスト6-9 の ErrorGeneratorImmediate コンポーネントは、❶にあるように、コンポーネントのレンダリングと同時にエラーが発生するようになっており、したがって、❷のテンプレートブロックは全くレンダリングされることがありません。

　もちろん、リスト6-9 の ErrorGeneratorImmediate コンポーネントの作りは、実際のコーディングではありえないものです。一方で、例えば、スクリプトブロックの最初の部分で Web アクセスなどの処理を行い、結果的にエラーとなるということは充分に考えられます。リスト6-9 の❶は、そのような場合を想定したものと思ってください。

エラー解消とエラー発生がループする状態

　さて、そのようなコンポーネントを利用した場合、実際に表示された画面では、図6-6 の②にある通り、NuxtErrorBoundary タグによってエラー処理された上で、リスト6-8 の❷のエラー時レンダリング部分が表示されています。

　このエラーを解消させる処理を行うとして、［エラーを解消］ボタンを errorHandlerNavigate コンポーネントにも組み込んでいます。そのエラー処理コードは、6.1.4 項で紹介したエラーオブジェクトを null にするコードそのものです。

　ここで、この［エラーを解消］ボタンをクリックしてください。画面は全く変化しません。ボタンが反応していないのかと思うぐらいに反応がありませんが、実際に処理は行われています[*1]。実は、［エラーを解消］ボタンをクリックすると、

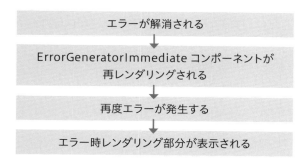

エラーが解消される

ErrorGeneratorImmediate コンポーネントが
再レンダリングされる

再度エラーが発生する

エラー時レンダリング部分が表示される

[*1]　実際に処理が行われているかは、onResetButtonClick メソッド内にコンソール出力を記述してみるとわかります。

という流れで処理が実行されています。結果、エラー発生無限ループに陥り、画面が全く変化しないように見えます。これでは、エラーの解消にはなりません。

◎ 6.2.3　画面を遷移する navigateTo() を併用する

このように、子コンポーネントがレンダリングされるその最初期においてエラーが発生する場合は、そのコンポーネントを再読み込みするエラー処理ではなく、どこか別のページへ遷移するしか解決方法がありません。そのような処理を errorHandlerNavigate コンポーネントに追加しましょう。これは、リスト 6-10 の太字のコードです。

▼ リスト 6-10　error-basic/pages/errorHandlerNavigate.vue

```ts
<script setup lang="ts">
const onResetButtonClick = async (error: Ref): Promise<void> => {        ❶
  await navigateTo("/");                                                 ❷
  error.value = null;                                                    ❸
}
</script>

<template>
  ～省略～
</template>
```

追記が完了したら、画面を再読み込みしてください。今度は［エラーを解消］ボタンをクリックすると、図 6-6 の①の画面、すなわち、トップ画面に遷移します。

このように特定のページへ遷移する関数として、Nuxt では **navigateTo()** というのを用意しています。それがリスト 6-10 の❷です。引数として遷移先パスを渡します。❷では「/」を渡しているので、トップ画面へ遷移します。ただし、この navigateTo() 関数は async 関数ですので、await キーワードを付与し、❶のようにメソッド全体を async メソッドとします。と同時に、戻り値のデータ型も Promise でラップします。

このように、navigateTo() 関数を利用して別ページへ遷移する処理を実行した後、❸のようにエラーオブジェクトを null にし、エラーを解消します。もし、この❷と❸の記述順を逆にした場合、場合によっては、前項で解説したエラー発生無限ループに陥る可能性があるので注意してください。

6 | 3　カスタムエラー画面

前項までで、子コンポーネントから発生するエラー処理に関して、一通りのパターンを紹介したことになります。

これらのエラー処理方法とは別に、Nuxtでは、デフォルトで表示されるエラー画面があります。次に、その画面とその画面のカスタマイズ方法を紹介します。

◎ 6.3.1　デフォルトエラー画面

Nuxtアプリケーションにおいて、パスがルーティング登録されていないURLにアクセスした場合、**404エラー**（**Not Found**）となります。その際、図6-7の画面が表示されます。

▼ **図6-7　存在しないURLにアクセスした際に表示される画面**

この画面が、Nuxtのデフォルトのエラー画面であり、404エラー以外でもこの画面が表示されます。例えば、図6-8は、サーバ処理に問題があった場合に発生する**500エラー**（**Internal Server Error**）の場合の画面です。

▼ **図6-8　500エラーが発生した際に表示される画面**

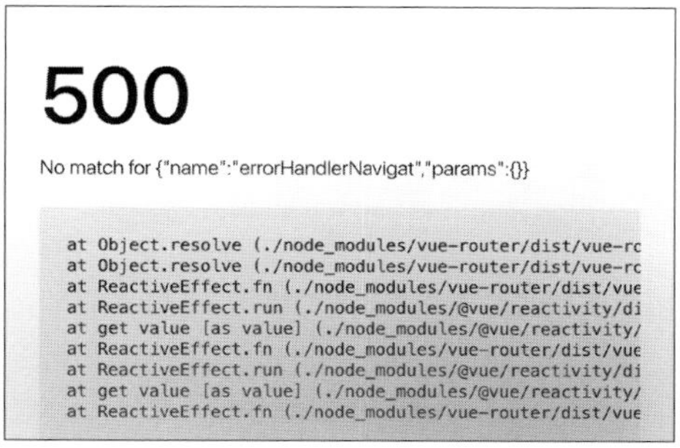

このエラー画面は、リスト 6-7 の index.vue の太字コードの v-bind:to ディレクティブの属性値の記述を、わざと間違えて発生させています。

なお、この 500 エラーが発生した場合、エラー画面では、色が変わった枠内にエラーの発生過程が表示されるようになっています。このようなエラーの発生過程のことを、エラーの**スタックトレース**といいます。

◎ 6.3.2　意図的に 500 エラーを発生

このような 500 エラーは、もちろんそのエラー名が示すように、サーバサイドでの処理が失敗した場合にも発生します。一方、意図的に発生させることもできます。

次に、error-basic プロジェクトに、そのようなコードを追加していきましょう。まず、pages/index.vue にリンクをひとつ追加します。これは、リスト 6-11 の太字のコードです。

▼ **リスト 6-11　error-basic/pages/index.vue**

```
<template>
  <ul>
    <li>
      〜省略〜
    </li>
    <li>
      〜省略〜
    </li>
    <li>
      <NuxtLink v-bind:to="{name: 'errorHandlerFatal'}">
        致命的エラー発生実験
      </NuxtLink>
    </li>
  </ul>
</template>
```

▌エラー処理画面の作成

新たに追加したリンク先の画面用コンポーネントである errorHandlerFatal.vue は、リスト 6-12 のコードとなります。

▼ **リスト 6-12　error-basic/pages/errorHandlerFatal.vue**

```
<template>
  <ErrorGeneratorFatal/>
  <p>
    <NuxtLink v-bind:to="{name: 'index'}">
      戻る
    </NuxtLink>
  </p>
</template>
```

エラー生成コンポーネントの作成

最後に、リスト 6-12 の errorHandlerFatal コンポーネントでレンダリングしている ErrorGeneratorFatal コンポーネントを作成しましょう。これは、リスト 6-13 の内容です。

▼ リスト 6-13　error-basic/components/ErrorGeneratorFatal.vue

```
<script setup lang="ts">
const onThrowsErrorClick = (): void => {                                    ❶
  throw createError({                                                        ❷
    message: "致命的な擬似エラー発生。",                                        ❸
    fatal: true                                                              ❹
  });
};
</script>


<template>
  <section>
    致命的なエラーを<button v-on:click="onThrowsErrorClick">発生</button>
  </section>
</template>
```

動作確認

ここまで追加が完了したら、動作確認を行っておきましょう。トップ画面を再表示させてください。図 6-9 の①のようにリンクが増えています。このリンクをクリックすると、図 6-9 の②の画面が表示されます。この画面中の［発生］ボタンをクリックすると、500 エラーが発生し、図 6-9 の③の画面が表示されます。

▼ 図 6-9　500 エラーの発生処理が追加された error-basic

◎ 6.3.3　createError() の引数オブジェクト

図 6-9 の②の［発生］ボタンをクリックした時に実行されるメソッドが、リスト 6-13 の❶の onThrowsErrorClick メソッドであり、その中で、❷のように createError() 関数の実行結果が throw されています。ここまでの処理は、これまでのサンプル中のコードと同じです。

違うのは、この createError() 関数の引数です。リスト 6-4 の❶にしても、リスト 6-9 の❶にしても、

createError() 関数の引数は、エラー内容を表す文字列でした。実は、この createError() 関数の引数には、文字列以外にもオブジェクトを指定することができ、そのオブジェクトに細かくエラー内容を設定できます。この引数オブジェクトの主なプロパティを、表 6-1 にまとめておきます。

▼ 表 6-1　createError() 関数の引数オブジェクトの主なプロパティ

プロパティ名	データ型	内容
message	string	エラーメッセージ
statusCode	number	ステータスコード
statusMessage	string	ステータスメッセージ
fatal	boolean	致命的なエラーかどうか

表 6-1 のプロパティのうち、**fatal** プロパティとして true を指定すると、サーバサイドのみならずクライアントサイド処理においても、500 エラーとして扱われ、図 6-9 の③の画面のように、いわゆるエラー画面へ遷移します。ただし、その際、リスト 6-12 のテンプレートブロックのように、NuxtErrorBoundary タグを利用しないところがポイントです。

リスト 6-13 の❹では、この仕組みを利用するために、true を指定しています。さらに、❸の **message** プロパティを利用して、エラーメッセージを格納しています。図 6-9 の③の画面を見ると、まさに、リスト 6-13 の❸のメッセージが表示されているのがわかります。

意図的に 404 を発生

表 6-1 の createError() 関数の引数オブジェクトに **statusCode** プロパティと **statusMessage** プロパティがあります。これによって createError() 関数では任意の HTTP ステータスコードのエラーを発生させることもできます。例えば、404 エラーをあえて発生させる場合は、次のようなコードを記述します。

```
throw createError({
  message: "パスは存在するけどあえて404エラー発生。",
  statusCode: 404,
  statusMessage: "ページが見つかりません。",
  fatal: true
});
```

6.3.4　エラー画面のカスタマイズ

このように、コンポーネント内でエラー処理を行うのではなく、専用のエラー画面を表示させる方法も、エラー処理にはあります。ただし、図 6-7 の 404 エラーとは違い、図 6-8 や図 6-9 の③の 500 エラーの画面の場合、そこからどこかに遷移するためのボタンが、デフォルトのエラー画面にはありません。

実は、このエラー画面はカスタマイズが可能です。本節の最後に、エラー画面のカスタマイズを行うことにします。といっても、このカスタマイズは簡単で、**error.vue** というコンポーネントを作成するだけです。ただし、

ファイルの配置位置は、あくまでプロジェクト直下である点に注意してください。他のフォルダ内に入れないようにしてください。

　早速作成しましょう。例えば、リスト 6-14 のような内容とします。

▼ リスト 6-14　error-basic/error.vue

```
<script setup lang="ts">
interface Props {                                                    ❶
  error: {                                                           ❷
    statusCode?: string;
    statusMessage?: string;
    message?: string;                                                ❸
    stack?: string;
  };
}
defineProps<Props>();

const onBackButtonClick = () => {                                    ❹
  clearError({redirect: "/"});                                       ❺
}
</script>

<template>
  <h1>障害が発生しました!</h1>
  <h2>{{error.statusCode}}: {{error.statusMessage}}</h2>
  <p>{{error.message}}</p>                                           ❻
  <p>{{error.stack}}</p>
  <button v-on:click="onBackButtonClick">戻る</button>                ❼
</template>
```

　ファイルの追加ができたら、図 6-9 の②の［発生］ボタンを再度クリックしてください。図 6-10 のカスタマイズされたエラー画面が表示されます。さらに、［戻る］ボタンをクリックすると、トップ画面に遷移します。

▼ 図 6-10　カスタマイズされたエラー画面

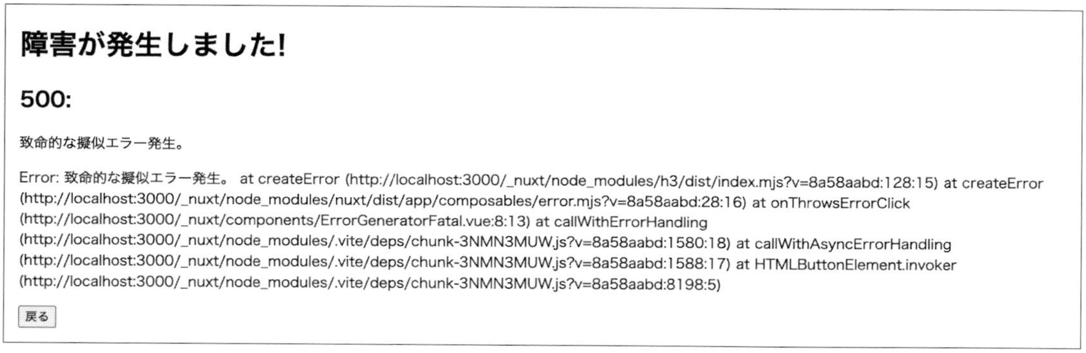

障害が発生しました!

500:

致命的な擬似エラー発生。

Error: 致命的な擬似エラー発生。 at createError (http://localhost:3000/_nuxt/node_modules/h3/dist/index.mjs?v=8a58aabd:128:15) at createError (http://localhost:3000/_nuxt/node_modules/nuxt/dist/app/composables/error.mjs?v=8a58aabd:28:16) at onThrowsErrorClick (http://localhost:3000/_nuxt/components/ErrorGeneratorFatal.vue:8:13) at callWithErrorHandling (http://localhost:3000/_nuxt/node_modules/.vite/deps/chunk-3NMN3MUW.js?v=8a58aabd:1580:18) at callWithAsyncErrorHandling (http://localhost:3000/_nuxt/node_modules/.vite/deps/chunk-3NMN3MUW.js?v=8a58aabd:1588:17) at HTMLButtonElement.invoker (http://localhost:3000/_nuxt/node_modules/.vite/deps/chunk-3NMN3MUW.js?v=8a58aabd:8198:5)

戻る

エラー内容の表示には Props を利用

カスタムエラー画面である error.vue がレンダリングされる際、エラー内容が Props として渡ってきます。それをインターフェースとして定義しているのが、リスト 6-14 の❶です。

渡ってくるデータは、**error** プロパティのひとつのみであり、その値がオブジェクトとなっています。それが、❷です。このエラーオブジェクトのプロパティには、表 6-2 のものが含まれており、それを定義しているのが❸です。ただし、全てオプション扱いのプロパティですので、? が付与されています。また、ステータスコードを表す statusCode が文字列として渡ってくる点には注意しておいてください。

これらの Props を利用してエラー画面に表示させているのが、❻です。

▼ 表 6-2　エラーオブジェクトの主なプロパティ

プロパティ名	内容
statusCode	ステータスコード
statusMessage	ステータスメッセージ
message	エラーメッセージ
stack	スタックトレース

エラーオブジェクトの定義内容

表 6-2 のエラーオブジェクトの定義内容は、実は、Nuxt の公式ドキュメントには適切な記載がありません。そのため、表 6-2 の内容は、筆者が実際の動作結果やソースコードから確認した内容です。今後変更される可能性があることをご了承ください。

エラーの解消と遷移を同時に行う clearError()

リスト 6-14 で追加したカスタムエラー画面には、トップ画面へ遷移する［戻る］ボタンが追加されています。このボタンの処理が、❹の onBackButtonClick メソッドです。

その中で実行されているのが、❺の **clearError()** 関数です。この関数は、現時点で存在しているエラーオブジェクトをクリアした上で、指定されたページへの遷移まで行ってくれる関数です。遷移先のパスの指定は、❺のように、引数オブジェクトの **redirect** プロパティで指定します。❺では「/」としているので、エラーが解消された上でトップ画面に遷移するようになっています。

サーバ API エンドポイントの エラー処理

エラー処理を紹介する前半の最後として、サーバ API エンドポイントで発生したエラー処理について紹介します。

◎ 6.4.1　サーバ API エンドポイントでのエラー発生

　本節では、第 4 章で紹介した useFetch() などのサーバ API エンドポイントへアクセスする関数を利用する際に、サーバ API エンドポイント側での処理が失敗し、500 エラーが返ってきた場合の処理を紹介します。

　ということは、まず、擬似的にでも 500 エラーが発生するサーバ API エンドポイントを用意する必要があります。幸い、第 5 章で紹介したように、Nuxt にはサーバ API エンドポイントを用意できる機能が含まれています。しかも、そのサーバ機能において、本章で紹介してきている createError() 関数がそのまま利用でき、この仕組みにより、サーバ API エンドポイントにて 500 エラーを擬似的に発生させることができます。せっかくなので、この方法を利用して、error-basic にサーバ API エンドポイントが 500 エラーの場合の処理サンプルを追加していきましょう。

---

 httpbin

　500 エラーを擬似的に発生してくれる Web サービスが実は存在します。それが、**httpbin** であり、次の URL にアクセスすることで、500 エラーのレスポンスを受け取ることができるようになっています。

　　https://httpbin.org/status/500

　この httpbin は 500 エラー以外にも、さまざまな HTTP レスポンスを生成してリターンする URL を用意してくれています。

▌500 エラー発生エンドポイントの作成

　まずは、サーバ API エンドポイント側の実装です。リスト 6-15 の generateError.ts を server/api フォルダ内に作成してください。

▼ リスト 6-15　error-basic/server/api/generateError.ts

```
export default defineEventHandler(
  (event): never => {                                                    ❶
    throw createError("サーバ側でのエラー発生。");                          ❷
  }
);
```

前章でさんざん作成したサーバ API エンドポイントを用意するコードですので、全体としては特に問題ない
と思います。

ポイントは、❷のように、defineEventHandler() 関数の引数のコールバック関数内で、createError()
の結果を throw している点です。この createError() の引数が文字列だけになっている点に注目してくださ
い。このようにサーバサイド処理で createError() を実行した場合、それは自動的に 500 エラーとなります。
そのため、statusCode の指定などは行っていません。

NOTE
戻り値のデータ型 never

リスト 6-15 の❶のコールバック関数の戻り値のデータ型に注目してください。**never** となっています。
TypeScript の never 型は、特殊なデータ型であり、到達不可能を表します。すなわち、戻り値に到達しないことを
表します。これは、void の戻り値がない状態とは違います。関数やメソッド内の処理が完了し、その完了した結果
戻り値がない、という状態が void です。一方、never の場合は、関数やメソッド内の処理が完了しないことを表し
ます。完了しないため、戻り値に到達しない、ということです。実際、リスト 6-15 では、コールバック関数内でエラー
が発生するため、その時点で関数の処理は中断され、完了することはありません。

◎ 6.4.2　500 エラーエンドポイントへのアクセスサンプルの追加

500 エラーが発生するサーバ API エンドポイント側の用意ができたところで、このサーバ API エンドポイン
トにアクセスするコードを追加していきましょう。

まず、pages/index.vue にリンクをひとつ追加します。これは、リスト 6-16 の太字のコードです。

▼ **リスト 6-16　error-basic/pages/index.vue**

```
<template>
  <ul>
    <li>
        ～省略～
    </li>
    <li>
        ～省略～
    </li>
    <li>
        ～省略～
    </li>
    <li>
      <NuxtLink v-bind:to="{name: 'errorHandlerServer'}">
        サーバエラー発生実験
      </NuxtLink>
    </li>
  </ul>
</template>
```

エラー処理画面の作成

新たに追加したリンク先の画面用コンポーネントである errorHandlerServer.vue は、リスト 6-17 のコードとなります。

▼ **リスト 6-17　error-basic/pages/errorHandlerServer.vue**

```
<template>
  <ErrorGeneratorServer/>
  <p>
    <NuxtLink v-bind:to="{name: 'index'}">
      戻る
    </NuxtLink>
  </p>
</template>
```

エラー生成コンポーネントの作成

最後に、リスト 6-17 の errorHandlerServer コンポーネントでレンダリングしている ErrorGeneratorServer コンポーネントを作成しましょう。これは、リスト 6-18 の内容です。

▼ **リスト 6-18　error-basic/components/ErrorGeneratorServer.vue**

```
<script setup lang="ts">
const onThrowsErrorClick = async (): Promise<void> => {
  const asyncData = await useFetch("/api/generateError");        ❶
  const errorValue = asyncData.error.value;                     ❷
  if(errorValue != null) {                                      ❸
    throw createError({                                          ❹
      message: `サーバでエラーが発生しました: ${errorValue.message}`,
      statusCode: errorValue.statusCode,
      statusMessage: errorValue.statusMessage,                  ❺
      fatal: true
    });
  }
};
</script>

<template>
  <section>
    サーバでエラーを<button v-on:click="onThrowsErrorClick">発生</button>
  </section>
</template>
```

動作確認

ここまで追加が完了したら、動作確認を行っておきましょう。トップ画面を再表示させてください。図 6-11 の①のようにリンクが増えています。このリンクをクリックすると、図 6-11 の②の画面が表示されます。

この画面中の［発生］ボタンをクリックすると、サーバ API エンドポイント側の 500 エラーを受けて、再度 500 エラーが発生し、図 6-11 の③の画面が表示されます。

▼ 図 6-11　サーバ API エンドポイントの 500 エラー処理が追加された error-basic

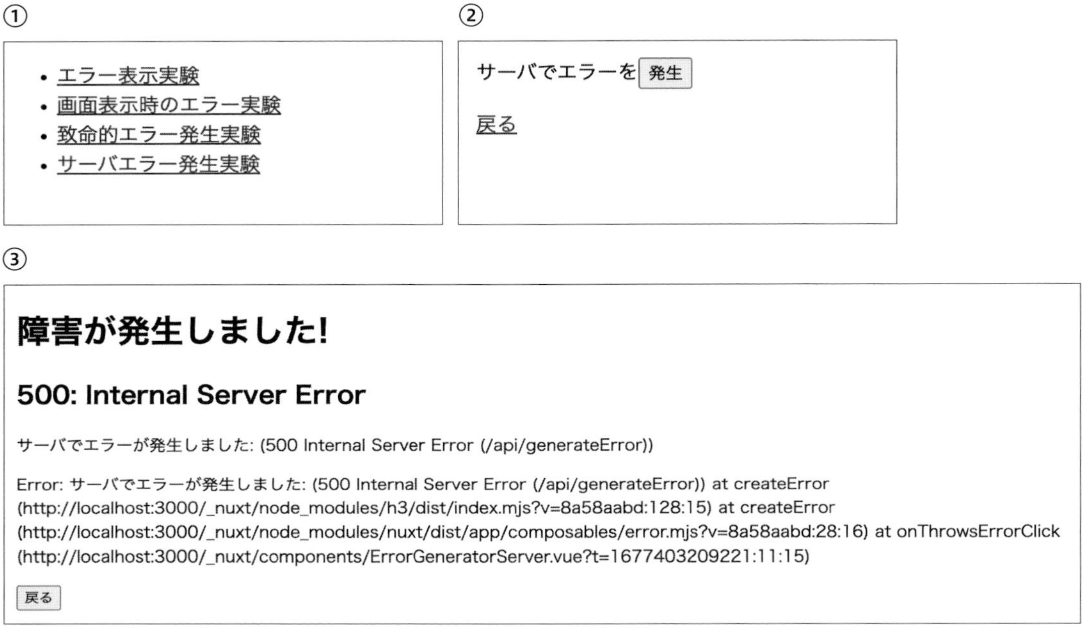

①

- エラー表示実験
- 画面表示時のエラー実験
- 致命的エラー発生実験
- サーバエラー発生実験

②

サーバでエラーを ［発生］

戻る

③

障害が発生しました!

500: Internal Server Error

サーバでエラーが発生しました: (500 Internal Server Error (/api/generateError))

Error: サーバでエラーが発生しました: (500 Internal Server Error (/api/generateError)) at createError (http://localhost:3000/_nuxt/node_modules/h3/dist/index.mjs?v=8a58aabd:128:15) at createError (http://localhost:3000/_nuxt/node_modules/nuxt/dist/app/composables/error.mjs?v=8a58aabd:28:16) at onThrowsErrorClick (http://localhost:3000/_nuxt/components/ErrorGeneratorServer.vue?t=1677403209221:11:15)

［戻る］

◎ 6.4.3　エンドポイントエラーを格納した error プロパティ

リスト 6-18 の❶では、useFetch() を利用してリスト 6-15 で追加したサーバ API エンドポイントである /api/generateError にアクセスしています。もちろん、このサーバ API エンドポイントは 500 エラーとなります。

実は、このサーバ API エンドポイント側のエラーを検知する仕組みが useFetch() や useAsyncData() にはあります。それが、これらの関数の戻り値オブジェクトの **error** プロパティです。こちらは、表 4-2 に記載があります。その表 4-2 に記載の通り、この error プロパティはリアクティブ変数ですので、その実データには❷のように .value でアクセスします。❷では、これを変数 errorValue としています。

そして、サーバ API エンドポイント側でエラーがなければ、この errorValue は null となるようになっています。一方、エラーがある場合は、エラーオブジェクトが格納されています。そこで、❸のように、errorValue が null でない場合、サーバ API エンドポイント側でエラーがあったと判断し、適切な処理を行います。リスト 6-18 では、❹のように、再度コンポーネント側でエラーを発生させ、❺のように、サーバ API エンドポイント側のエラー内容をそのまま渡すようにしています。

なお、この❺のコードからもわかるように、errorValue オブジェクトに格納されるプロパティは、表 6-2 と同じものとなっています。

6│5 会員情報管理アプリへの エラー処理

さて、前節で、Nuxt でのエラー処理方法を紹介する前半が終わりました。後半として、本節では、5.4 節で作成した server-storage プロジェクトを移植した error-practical プロジェクトにエラー処理を組み込みながら、より実践的なエラー処理を紹介します。

◎ 6.5.1 サンプルプロジェクトの準備

まずは、server-storage プロジェクトの移植作業を行っていきましょう。error-practical プロジェクトを作成し、server-storage プロジェクトの次のファイル一式を、ファイルごと error-practical プロジェクトの同階層にコピー＆ペーストしてください。

- interfaces.ts
- server/routes/member-management/members.get.ts
- server/routes/member-management/members.post.ts
- server/routes/member-management/members/[id].get.ts
- layouts/default.vue
- layouts/member.vue
- pages/index.vue
- pages/member/memberList.vue
- pages/member/memberAdd.vue
- pages/member/memberDetail/[id].vue

また、error-practical プロジェクトの app.vue の中のソースコードも、server-storage プロジェクトの app.vue のものをコピー＆ペーストして、丸々書き換えておいてください。

その上で、layouts/default.vue と layouts/member.vue のテンプレートブロックの h1 タグを、リスト 6-19 のように変更しておいた方がよいでしょう。

▼ リスト 6-19　error-practical/layouts/default.vue と error-practical/layouts/member.vue

```
〜省略〜
<template>
  <header>
    <h1>エラー処理サンプル</h1>
  </header>
  〜省略〜
</template>
```

移植が終了したら、プロジェクトを起動し、server-storage プロジェクトと同様の動作になるか確認しておいてください。

◎ 6.5.2　await には try-catch を利用する

ここから、エラー処理を組み込んでいきます。トップ画面の表示に関しては、想定外のエラー以外は発生する箇所はありません。そこで、その次の会員リスト画面の表示処理について、まず、エラー処理を組み込んでいきます。

このうち、サーバ API エンドポイント側の処理から組み込んでいきます。ファイルとしては、members.get.ts です。このファイルを、リスト 6-20 の太字のように変更してください。なお、コメントアウトコードに関しては、その使い方は後述します。

▼ リスト 6-20　error-practical/server/routes/member-management/members.get.ts

```
import type {Member, ReturnJSONMembers} from "@/interfaces";

export default defineEventHandler(
  async (event): Promise<ReturnJSONMembers> => {
    let memberList = new Map<number, Member>();
    let resultVal = 0;                                              ❶

    // throw createError("擬似エラー発生");                          ❷
    try{                                                            
      const storage = useStorage();
      const memberListStorage = await storage.getItem("local:member-management_members");  ❹
      // throw createError("擬似エラー発生");                        ❺
      if(memberListStorage != undefined) {                          ❸
        memberList = new Map<number, Member>(memberListStorage as any);
      }
      resultVal = 1;                                                ❻
    }
    catch(err) {                                                    
      console.log(err);                                            ❼
    }

    const memberListValues =  memberList.values();
    const memberListArray = Array.from(memberListValues);
    return {
      result: resultVal,                                            ❽
      data: memberListArray
    }
  }
);
```

▎エンドポイントで 500 エラー発生を減らす result

Nuxt に限らず、PHP でも Java でも、一般的にサーバ API エンドポイントを用意する場合、極力 500 エラーは返さないようにする、という点を考慮してコーディングする必要があります。

　リスト 6-20 では、そのような仕掛けが組み込まれています。実は、レスポンスとしてリターンするオブジェクトのプロパティ result が該当します。もしサーバ API エンドポイント側の処理が失敗した場合は、500 エラーを返す代わりに、この result を 0 にして適切にレスポンスをリターンさせるようにしています。それでも、予期せぬエラーが発生することがあり、その場合は、500 エラーがレスポンスとしてリターンされます。これは、コンポーネント側で処理します。

　そのような役割の result ですが、5.2.4 項で登場して以来、第 5 章の段階からすでに記述しています。ただし、固定値として 1 をリターンしていました。今回から、これが処理内容に応じて、0 と 1 が切り替わるようになっています。

　そのため、リスト 6-20 では❶のように変数 resultVal として用意し、❽のようにその値を result プロパティの値としています。この resultVal の初期値は、失敗を表す 0 としています。そして、全ての処理が成功した場合のみ、1 に変更するようにします。これは、リスト 6-20 では、❻が該当します。

非同期処理には例外処理が必須

　では、どのような場合に失敗するのかといえば、一番可能性が高いのが、非同期処理の await の部分であり、リスト 6-20 では❹です。

　そもそも、async 関数の戻り値は Promise オブジェクトです。そして、この Promise オブジェクトを適切に処理する場合は、then() メソッドを利用して非同期処理が成功した場合の処理を、catch() メソッドで失敗した場合の処理を、それぞれコールバック関数として登録することになっています。この仕組みを簡潔に記述でき、さも同期処理のように非同期処理を記述できるのが await です。ただし、その場合は、非同期処理が成功した場合、すなわち、本来なら then() で登録する処理のみです。改造前の members.get.ts のコードでは、実は、catch() で登録する処理、すなわち、非同期処理が失敗した場合については、全く考慮されていないコードとなっています。

　await を利用した非同期処理において、その処理が失敗した場合を考慮したコードを記述する場合は、いわゆる、**try-catch** によるエラー処理を行います。これは、リスト 6-20 の❸のように、await 処理も含めてエラーが発生しそうな処理全体を **try** ブロックで囲みます。そして、その try ブロックに続けて、❼のように **catch** ブロックを記述します。catch には () を続けて、その中に発生したエラーを格納するための変数を用意し、catch ブロック内では、この変数を利用してエラーが発生した場合の処理を記述します。リスト 6-20 では、単にコンソールに出力するようにしています。

　このような try-catch によるエラー処理を行うことで、サーバ API エンドポイント側の 500 エラー発生を極力減らすことができます。

エラーを擬似発生させるコード

　なお、リスト 6-20 のコメントアウト❺は、❹の await でエラーが発生した場合を擬似的にテストする場合のコードです。次項で活用できますが、このコメントアウトを元に戻して実行することで、❹のコードでエラーが発生してもサーバ API エンドポイント全体としては 500 エラーにならないことが確認できます。

　ただし、先述のように、それでもサーバ API エンドポイント処理では想定外のエラーが発生し、500 エラーとなることがありえます。その場合のテストを行うためのコードが、❷のコメントアウトです。このコメントアウトを元に戻して実行すると、このサーバ API エンドポイントそのものが 500 エラーとなります。

◎ **6.5.3** コンポーネントでは **error** と **result** の両方を評価

サーバ API エンドポイント側の改造が終了したところで、会員リスト画面を表示するコンポーネントである memberList.vue にエラー処理を組み込みましょう。これは、リスト 6-21 の太字の改造となります。

▼ **リスト 6-21** error-practical/pages/member/memberList.vue

```
<script setup lang="ts">
〜省略〜
const asyncData = useLazyFetch("/member-management/members");
const responseData = asyncData.data;
const pending = asyncData.pending;
const memberList = computed(
  〜省略〜
);
const isEmptyList = computed(
  〜省略〜
);
const noServerError = computed(                                          ❶
  (): boolean => {                                                      ❷
    let returnVal = false;
    if(asyncData.error.value == null && responseData.value != null && responseData.↵
result == 1) {                                                         ❸
      returnVal = true;                                                 ❹
    }
    return returnVal;
  }
);
</script>

<template>
  <nav id="breadcrumbs">
    〜省略〜
  </nav>
  <section>
    〜省略〜
    <p v-if="pending">データ取得中…</p>                                   ❺
    <template v-else>                                                   ❻
      <section v-if="noServerError">                                    ❼
        <ul>
          <li v-if="isEmptyList">会員情報は存在しません。</li>
          <li
            v-for="member in memberList"
            v-bind:key="member.id">
            <NuxtLink v-bind:to="{name: 'member-memberDetail-id', params: {id: member.id}}">
              IDが{{member.id}}の{{member.name}}さん
            </NuxtLink>
          </li>
        </ul>
      </section>
      <p v-else>サーバからデータ取得中に障害が発生しました。</p>             ❽
```

```
    </template>
  </section>
</template>
```

　改造が終了したら、一度動作確認を行いましょう。会員リスト画面を表示させてください。通常なら、server-storage プロジェクトと同様の表示となります。一方で、リスト 6-20 の❷や❺のコメントアウトを元に戻して実行した場合、図 6-12 の表示となり、エラー処理されていることが確認できます。

▼ 図 6-12　エラー処理された会員リスト画面

エラー処理サンプル

会員管理

TOP > 会員リスト

会員リスト

新規登録はこちらから

サーバからデータ取得中に障害が発生しました。

エンドポイント側エラーの有無の判定

　リスト 6-21 のポイントは、❶の算出プロパティ noServerError です。この値は、サーバ API エンドポイントでエラーが発生していないかどうかを表し、算出関数内では❷のように初期値を false としておき、サーバ API エンドポイント側でエラーが発生していることをデフォルトとします。

　そして、❸でエラーが発生したかどうかをチェックしています。まず、asyncData.error.value が null かどうかをチェックしています。6.4.3 項で解説した通り、useFetch()（useLazyFetch()）関数の戻り値オブジェクトの error.value プロパティが null の場合は、サーバ API エンドポイント側ではエラーが発生していません。さらに、responseData.value が null ではない場合、その result の値を調べます。この値は、まさに、リスト 6-20 で改造した通り、1 の場合にサーバ API エンドポイント側の処理が成功したことを表します。これらの条件が全て満たされた場合のみ、❹のように noServerError の算出値を true とします。

エンドポイント側エラーの有無で表示を切り替える

　そして、この算出プロパティ noServerError の値を利用して表示の切り替えを行っているのが、❼の v-if です。v-else に該当するのが❽であり、まさにこの p タグがレンダリングされた画面が、図 6-12 です。無事エラー処理されていることがわかります。

　ただし、❼の section タグと❽の p タグの両方が、データ取得処理が終了した後、すなわち、pending が false となった場合のレンダリングとなります。そのため、全体を❻のように template タグで囲み、そのタグに v-else とする必要があります。

◎ 6.5.4　会員詳細情報取得エンドポイントではデータがない場合を想定

　次に、会員詳細情報表示についてエラー処理を組み込んでいきましょう。会員詳細情報表示についても、会員リスト表示と同様の考え方が通用します。サーバ API エンドポイント側では予期せぬ 500 エラーだけでなく、result の値を 0 として処理失敗をコンポーネント側にリターンする処理を組み込みます。そして、コンポーネント側では、サーバ API エンドポイントの処理が失敗した場合、たとえ、それが 500 エラーでも、result が 0 でも、図 6-13 の①のような画面とします。

　さらに、会員詳細情報表示の場合は、ルートパラメータとして存在しない会員 ID が渡される可能性を考慮しなければなりません。その場合は、エラーではなく、図 6-13 の②のような画面とする必要があります。これらのコードを組み込んでいきます。

▼ 図 6-13　エラー処理が組み込まれた会員詳細情報表示画面

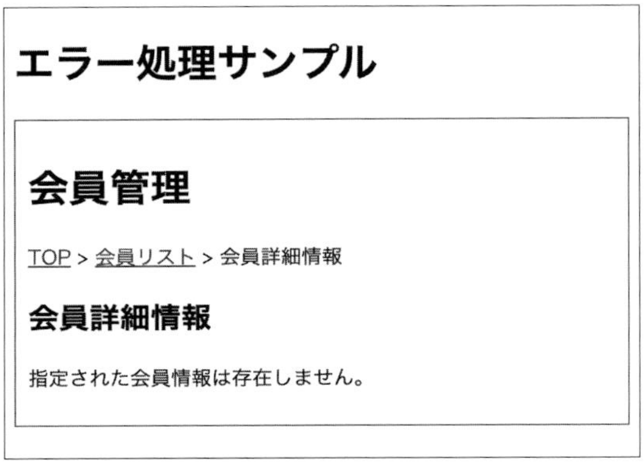

エンドポイント側の改造

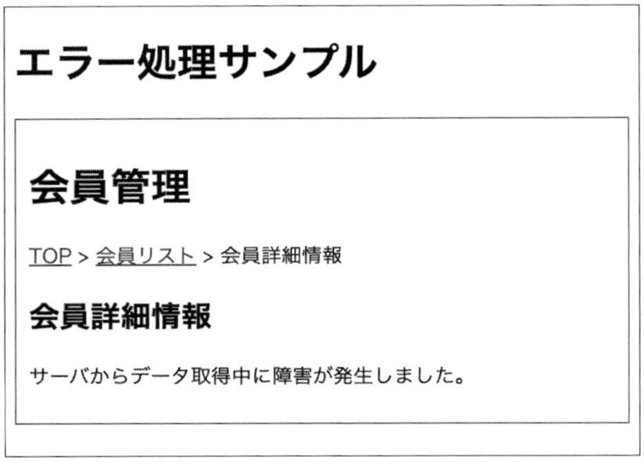

　まずは、サーバ API エンドポイント側の改造を行いましょう。これは、[id].get.ts ファイルへの改造であり、リスト 6-22 の太字の部分が変更点です。なお、コメントアウトコードに関しては、その役割は、リスト 6-20 と同じです。

▼ リスト 6-22　error-practical/server/routes/member-management/members/[id].get.ts

```
import type {Member, ReturnJSONMembers} from "@/interfaces";

export default defineEventHandler(
  async (event): Promise<ReturnJSONMembers> => {
    let resultVal = 0;                                            ❶
    const memberListArray: Member[] = [];                         ❷

    // throw createError("擬似エラー発生");
    try{                                                          ❸
      const params = event.context.params;
      let memberList = new Map<number, Member>();
```

```
    const storage = useStorage();
    const memberListStorage = await storage.getItem("local:member-management_members");
    // throw createError("擬似エラー発生");
    if(memberListStorage != undefined) {
      memberList = new Map<number, Member>(memberListStorage as any);
    }
    if(params != undefined) {                                              ④
      const idNo = Number(params.id);
      const member = memberList.get(idNo);                                 ⑤
      resultVal = 1;                                                       ⑥
      if(member != undefined) {                                           ⑦
        memberListArray[0] = member;                                      ⑧
      }
    }
  }
  catch(err) {                                                             ⑨
    console.log(err);
  }
  return {
    result: resultVal,                                                     ⑩
    data: memberListArray                                                  ⑪
  };
 }
);
```

　リスト 6-22 においても、リスト 6-20 で導入した resultVal が登場しており、それが❶です。初期値は 0 であり、全ての処理が成功した❻において 1 へと変更しています。それを、⑩のようにリターンオブジェクトの result プロパティの値としています。また、❸と⑨で try-catch 構文を導入して、エラー処理を行っている点も、リスト 6-20 と同様です。

データの有無判定を適切に組み込む

　リスト 6-22 の新しい点は、❷の Member 型配列 memberListArray であり、これを、リターンオブジェクトの data プロパティの値としています。初期値は、空の配列です。そして、この空の配列に対して、無事会員情報を取得できた場合のみ、そのオブジェクトを格納するようにしています。この仕組みにより、取得する会員情報が存在しない場合は、空の配列がコンポーネントに渡ることになり、コンポーネントでは、配列が空かどうかで表示内容を変更することが可能なようにしています。

　改造前の [id].get.ts では、ルートパラメータとして渡された会員 ID の値が、存在する会員 ID のものであることを前提に記述されたコードでした。これを、リスト 6-22 では、存在しないことを考慮したコードへと変更しています。

　具体的には、❹、❺、❼、❽です。まず、❹でそもそもルートパラメータが存在するかどうかのチェックを行っています。そして、存在する場合は、その id の値で会員情報オブジェクトを取得しています。それが、❺です。ただし、改造前では、この段階で無理やり Member 型へと型変換を行っていました。ここを、❼のようにオブジェクトが存在するかどうかのチェックを行い、存在する場合のみ❽のように配列のインデックス 0 として格納するようにしています。これらのコードにより、存在しない会員 ID がルートパラメータとして渡されたとしても、エラーにはならず、空の配列がコンポーネント側に渡されるようになっています。

213

データなしとエラーを区別

　なお、サーバ API エンドポイント側の処理成功を表す resultVal を 1 に変更するコードが、❼の会員情報オブジェクトが存在するかどうかのチェックの前で行われている点に注意してください。たとえ存在しないとしても、オブジェクトの取得が終了した時点、すなわち、❺の時点で処理としては成功したといえるからです。resultVal が 1 で、かつ、memberListArray が空の配列ということは、サーバ API エンドポイント側の処理は成功、かつ、データなし、という状態といえます。この 2 点を区別することで、このサーバ API エンドポイントを利用するコンポーネントでは、より細かく表示を切り替えることができます。結果、ユーザビリティの向上へとつながります。

◎ 6.5.5　会員詳細情報画面コンポーネントの改造

　会員詳細情報取得サーバ API エンドポイントの改造が終了したので、その改造内容を踏まえて、会員詳細情報画面用コンポーネントである [id].vue を改造しましょう。これは、リスト 6-23 の太字の部分です。

▼ リスト 6-23　error-practical/pages/member/memberDetail/[id].vue

```ts
<script setup lang="ts">
〜省略〜
const member = computed(
  〜省略〜
);
const localNote = computed(
  〜省略〜
);
const isEmptyList = computed(
  (): boolean => {
    return responseData.value?.data.length == 0;
  }
);                                                                    ❶
const noServerError = computed(
  (): boolean => {
    let returnVal = false;
    if(asyncData.error.value == null && responseData.value != null && responseData.value.↵
result == 1) {                                                        ❷
      returnVal = true;
    }
    return returnVal;
  }
);
</script>

<template>
  <nav id="breadcrumbs">
    〜省略〜
  </nav>
  <section>
    <h2>会員詳細情報</h2>
```

```
    <p v-if="pending">データ取得中…</p>
    <template v-else>
      <template v-if="noServerError"> ————————————————— ❸
        <p v-if="isEmptyList">指定された会員情報は存在しません。</p> ——— ❹
        <dl v-else>
          〜省略〜
        </dl>
      </template>
      <p v-else>サーバからデータ取得中に障害が発生しました。</p> ——— ❺
    </template>
  </section>
</template>
```

動作確認

改造が終了したら、一度動作確認を行いましょう。会員詳細情報画面を表示させてください。通常なら、server-storage プロジェクトと同様の表示となります。一方で、リスト 6-22 のコメントアウトを元に戻して実行した場合、図 6-13 の①表示となり、エラー処理されていることが確認できます。

さらに、リスト 6-22 のエラー発生コードをコメントアウトし、リスト 6-23 の URL のルートパラメータにあたる部分を、例えば、次の URL のように存在しない ID へと変更し、表示させてみてください。図 6-13 の②が表示されます。

    http://localhost:3000/member/memberDetail/1568651

リスト 6-23 において、サーバ API エンドポイント側の処理が失敗した場合の扱いに関しては、リスト 6-21 の会員リスト画面コンポーネントと同様です。❷で算出プロパティ noServerError を用意します。算出関数内の処理コードは、リスト 6-21 と全く同じです。この noServerError の値を使って分岐を行っているのが、❸と❺です。

コンポーネント側でもデータの有無を判定

ただし、サーバ API エンドポイント側の処理が成功した場合の表示内容、すなわち、❸の template タグ内も、さらにデータがある場合とない場合に分かれます。その分岐の元となる算出プロパティが❶の isEmptyList です。これは、第 5 章から会員リスト画面コンポーネントにはすでに組み込まれていたコードであり、レスポンスオブジェクトの data プロパティ、すなわち、会員リスト配列が空かどうかを表す値です。

リスト 6-23 の改造において、まさに、この data プロパティが空の場合が組み込まれたため、このように会員詳細情報画面用コンポーネントでも活用できるようになりました。この値を利用して、配列が空の場合に❹のような表示ができるようになっています。この場合が、図 6-13 の②に該当します。

◎ 6.5.6 データ登録でも失敗時は空の配列をリターン

さあ、最後の改造です。会員情報登録処理にエラー処理を組み込んでいきましょう。

まず、サーバ API エンドポイント側の members.post.ts の改造です。実は、この改造の考え方は、リスト 6-22 の [id].get.ts と同様であり、resultVal と try-catch によるエラー処理に加えて、登録処理が失敗し

た場合は、空の配列がリターンされるようにします。これは、リスト 6-24 の太字の改造となります。なお、コメントアウトコードに関しては、その役割は、これまでと同様です。

▼ リスト 6-24　error-practical/server/routes/member-management/members.post.ts

```
import type {Member, ReturnJSONMembers} from "@/interfaces";

export default defineEventHandler(
  async (event): Promise<ReturnJSONMembers> => {
    let resultVal = 0;                                              ❶
    const memberListArray: Member[] = [];                          ❷

    // throw createError("擬似エラー発生");
    try{                                                           ❸
      const body = await readBody(event);
      // throw createError("擬似エラー発生");
      const member = body as Member;
      let memberList = new Map<number, Member>();
      const storage = useStorage();
      const memberListStorage = await storage.getItem("local:member-management_members");
      if(memberListStorage != undefined) {
        memberList = new Map<number, Member>(memberListStorage as any);
      }
      memberList.set(member.id, member);
      await storage.setItem("local:member-management_members", [...memberList]);
      memberListArray[0] = member;                                 ❹
      resultVal = 1;                                               ❺
    }
    catch(err) {                                                   ❻
      console.log(err);
    }
    return {
      result: resultVal,                                           ❼
      data: memberListArray                                        ❽
    };
  }
);
```

　リスト 6-22 同様に、リスト 6-24 でも、❶で resultVal を初期値 0 で、❷で Member 型の配列 memberListArray を空の配列を初期値として用意しています。その後、❸と❻にあるように、try-catch 構文を利用してエラー処理を行っています。そして、全ての処理が成功するのが、❹と❺の位置です。その❹で登録した会員情報オブジェクトを memberListArray のインデックス 0 に格納し、❺で resultVal を 1 へと変更しています。最後に、❼と❽で、これらの変数をリターンする値としています。

◎ 6.5.7　会員情報登録画面コンポーネントの改造

　サーバ API エンドポイント側の改造が完了したので、会員情報登録画面用コンポーネントである memberAdd.vue を改造しましょう。これは、リスト 6-25 の太字の部分です。

▼ リスト6-25 error-practical/pages/member/memberAdd.vue

```
<script setup lang="ts">
    ～省略～
const pending = ref(false);
const noServerError = ref(true);                                              ①
const onAdd = async () => {
  pending.value = true;
  const asyncData = await useFetch(
    ～省略～
  );
  if(asyncData.error.value == null && asyncData.data.value != null && asyncData.data.value.↵
result == 1) {                                                                 ②
    router.push({name: "member-memberList"});
  }
  else {                                                                       ③
    pending.value = false;                                                     ④
    noServerError.value = false;                                               ⑤
  }
};
</script>


<template>
  <nav id="breadcrumbs">
    ～省略～
  </nav>
  <section>
    <h2>会員情報追加</h2>
    <p v-if="pending">データ送信中…</p>
    <template v-else>
      <p v-if="noServerError">                                                 ⑥
        情報を入力し、登録ボタンをクリックしてください。
      </p>
      <p v-else>
        サーバ処理中に障害が発生しました。もう一度登録を行なってください。      ⑦
      </p>
      <form v-on:submit.prevent="onAdd">
        ～省略～
      </form>
    </template>
  </section>
</template>
```

動作確認

改造が終了したら、一度動作確認を行いましょう。会員情報登録処理を行ってください。通常なら、server-storage プロジェクトと同様の動作となります。すなわち、「データ送信中…」という表示を経て、登録が完了し、リスト画面に戻ります。もちろん、登録された会員情報はリストに追加されて表示されます。

一方で、リスト6-24のコメントアウトを元に戻して登録処理を実行した場合、「データ送信中…」という表示を経て、図6-14の表示となり、エラー処理されていることが確認できます。

▼ 図 6-14　エラー処理が組み込まれた会員情報登録処理

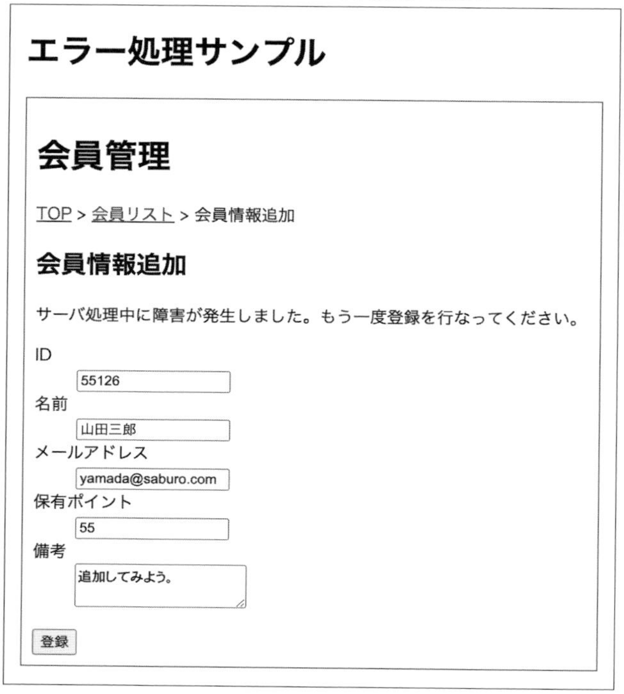

エラー処理サンプル

会員管理

TOP > 会員リスト > 会員情報追加

会員情報追加

サーバ処理中に障害が発生しました。もう一度登録を行なってください。

ID
`55126`
名前
`山田三郎`
メールアドレス
`yamada@saburo.com`
保有ポイント
`55`
備考
`追加してみよう。`

登録

データ登録失敗の場合は入力画面を再表示

　リスト 6-25 のポイントは、サーバ API エンドポイント側で処理が失敗した場合に、図 6-14 の画面を表示するかどうかの判定に用いるテンプレート変数を、❶のように noServerError としてあらかじめ用意している点です。これは、5.2.5 項（p.164）で解説した pending をテンプレート変数として手動で用意しているのと同様の理由です。そして、この noServerError が true の場合は、❻のように改造前と同様の表示とさせています。一方、false の場合は、❼の部分がレンダリングされ、図 6-14 の画面となるようになっています。

　では、そのサーバ API エンドポイント側の処理が成功したかどうかの判定をどこで行っているかというと、実は、すでに組み込まれています。それが、❷の if 文であり、改造前では、この条件に合致した場合、すなわちサーバ API エンドポイント側の処理が成功した場合のみ、リスト画面へ遷移するようにしています。ただし、改造前の条件である data.value が null でなく、かつ、result が 1 であるという条件に加えて、リスト6-25 では太字のように、error.value が null かどうかのチェックも行っています。これにより、サーバ APIエンドポイント側の 500 エラーにも対応するようにしています。

　そして、この条件に合致しない場合、すなわち、❸の else ブロック内で、❹のように pending の値をfalse にし、データの入力欄を再表示させると同時に、❺のように noServerError の値を false にし、❼の pタグが表示されるようにしています。結果、図 6-14 の画面が表示されるようになっています。

　ここまで改造してきたように、Nuxt のエラー処理機能を利用することで、サーバ API エンドポイント側もコンポーネント側も、エラーが発生した際に、アプリケーションのユーザを適切に誘導できるようになります。これらの処理コードは、実運用のアプリケーションでは必須といえます。

第 **7** 章

基本編

———

Nuxtのミドルウェア

本章で、Nuxt の機能を紹介する基本編は最後となります。その本章で紹介するテーマであるミドルウェアとは、端的にいうと、ルートの移動時やサーバ API エンドポイントの処理時などに、任意の処理を挟み込むための仕組みです。ミドルウェアを利用すると、各コンポーネントにいちいち記述しなければならない処理をまとめておくこともでき、効率のよいコーディングができます。そのミドルウェアを紹介する題材として、ログイン機能の実装も併せて本章で扱うことにします。

7 | 1　ログイン機能の実装

　本章のテーマは、ミドルウェアです。そのミドルウェアとは何か、作り方はどうすればいいのか、などの本題は次節から紹介することとします。

　本節では、まず、ミドルウェアを導入しやすいアプリケーションとして、前章で作成した error-practical プロジェクトを移植し、そこにログイン・ログアウト機能を実装していきます。ミドルウェアの解説に入る前に、少し横道にそれますが、お付き合いください。

◎ 7.1.1　サンプルプロジェクトの準備

　では、早速作成していきましょう。まずは、プロジェクトの移植からです。middleware-fundamental プロジェクトを作成し、error-practical プロジェクトの次のファイル一式を、ファイルごと middleware-fundamental プロジェクトの同階層にコピー＆ペーストしてください。

- interfaces.ts
- server/routes/member-management/members.get.ts
- server/routes/member-management/members.post.ts
- server/routes/member-management/members/[id].get.ts
- layouts/default.vue
- layouts/member.vue
- pages/index.vue
- pages/member/memberList.vue
- pages/member/memberAdd.vue
- pages/member/memberDetail/[id].vue

　また、middleware-fundamental プロジェクトの app.vue の中のソースコードも、error-practical プロジェクトの app.vue のものをコピー＆ペーストして、丸々書き換えておいてください。

　その上で、layouts/default.vue と layouts/member.vue のテンプレートブロックの h1 タグを、リスト 7-1 のように変更しておいた方がよいでしょう。

▼ リスト 7-1　middleware-fundamental/layouts/default.vue と error-practical/layouts/member.vue

```
<template>
  <header>
    <h1>ミドルウェアサンプル</h1>
  </header>
```

```
~省略~
</template>
```

　移植が終了したら、プロジェクトを起動し、error-practical プロジェクトと同様の動作になるか確認しておいてください。

◎ 7.1.2 ログイン機能の概要

　ここから、この middleware-fundamental プロジェクトにログイン機能を実装していきます。今から実装する画面は、図 7-1 の①の画面です。この画面に適切なログイン ID とパスワードを入力すると、これまで通り②のトップ画面が表示されます。ただし、ヘッダ部分に現在ログインしているユーザ名とログアウトのリンクが表示されます。このログインしているユーザ名とログアウトリンクのヘッダ表示は、例えば③の会員リスト画面のように、これまでのプロジェクトで表示させてきた会員管理関係の全ての画面で表示させるようにします。ログアウトリンクをクリックすると、ログアウト処理が行われ、①のログイン画面に遷移します。

▼ 図 7-1　middleware-fundamental プロジェクトで新たに実装する画面

　プロジェクト全体としては、ログイン画面を表示させるコンポーネントとログアウト処理を行うコンポーネント、さらに、サーバ API エンドポイント側として、ログインのためのユーザ認証に使うファイルが追加されることになります。それぞれ、表 7-1 の内容となります。

▼ 表 7-1　middleware-fundamental プロジェクトに新たに追加する主なファイルの内容

内容	パス	プロジェクト内ファイルパス
ログイン画面	/login	pages/login.vue
ログアウト処理	/logout	pages/logout.vue
ログイン用ユーザ認証エンドポイント	/user-management/auth	server/routes/user-management/auth.post.ts

NOTE　さまざまなログインの方法

ログイン処理に関して、現在では、さまざまな認証方式が存在しています。スマートフォンでよく利用される指紋や顔といった生体認証もそうですし、画面上にデータを入力しなくても、GitHub や各種 SNS の登録情報を利用しての認証方法などもあります。

一方、図 7-1 の①を見てもわかるように、これより追加するログイン機能は、ユーザにログイン ID とパスワードを入力して認証を行うという、非常にオーソドックスなものです。これは、本章のテーマはあくまでミドルウェアであり、ログイン機能はミドルウェアを紹介するための手段に過ぎないからです。話を簡単にするために、一番オーソドックスな方法を採っていることをご了承ください。

また、以降のコーディングにおいても、適所で認証に関して簡略化したコーディングを行っています。併せてご了承ください。

7.1.3 ユーザ認証エンドポイントの実装

早速コーディングを行っていきましょう。まず、表 7-1 のログイン用ユーザ認証サーバ API エンドポイントの実装から行っていきます。

インターフェースの追加

そのためには、認証されたユーザ情報を表すインターフェースと、ユーザ認証サーバ API エンドポイントからのレスポンスデータを表すインターフェースが必要です。これらを interfaces.ts に追加しましょう。これは、リスト 7-2 の太字の部分が該当します。

▼ リスト 7-2　middleware-fundamental/interfaces.ts

```
export interface Member {
  ～省略～
}

export interface ReturnJSONMembers {
  ～省略～
}

export interface User {          ❶
  id: number;
  name: string;
  loginId: string;
  password: string;
}

export interface ReturnJSONAuth {          ❷
  result: number;
  token: string;
  user: User|null;
}
```

リスト 7-2 の❶が、ログインしてくるユーザ情報を表すインターフェースです。単純に、そのユーザの ID（id）、名前（name）、ログイン ID（loginId）、パスワード（password）が格納できるようになっています。

一方、❷がログイン用ユーザ認証サーバ API エンドポイントのレスポンスオブジェクトを表すインターフェースです。これまでのレスポンスオブジェクト同様に、サーバ API エンドポイント側の処理が成功したかどうかを表す result と、認証が通った場合に発行されるアクセストークン文字列（token）、そして、認証されたユーザ情報（user）が格納できるようになっています。なお、サーバ API エンドポイント側では、認証が通らなかった場合、token を空文字、user を null とするようにコーディングします。

サーバ API エンドポイントの作成

では、そのサーバ API エンドポイントの処理である auth.post.ts をコーディングしましょう。これは、リスト 7-3 の内容となります。

▼ リスト 7-3　middleware-fundamental/server/routes/user-management/auth.post.ts

```ts
import type {User, ReturnJSONAuth} from "@/interfaces";

export default defineEventHandler(
  async (event): Promise<ReturnJSONAuth> => {
    //レスポンスオブジェクトの各プロパティの初期値を用意。
    let resultVal = 0;
    let tokenVal = "";                                              ❶
    let loginUser: User|null = null;                               

    try{
      //リクエストボディを取得。
      const body = await readBody(event);
      //この時点でエンドポイント側の処理は成功とみなす。
      resultVal = 1;
      //ログインIDとパスワードが正しければ…
      if(body.loginId == "bow" && body.password == "wow") {        ❷
        //アクセストークンを生成。
        tokenVal = "abcsefghijklmn";                               ❸
        //ログインユーザ情報を格納。
        loginUser = {
          id: 1234,
          name: "山本五郎",
          loginId: body.loginId,                                   ❹
          password: ""
        }
      }
    }
    //エラー処理。
    catch(err) {
      console.log(err);
    }

    //レスポンスオブジェクトをリターン。
    return {
```

```
      result: resultVal,
      token: tokenVal,
      user: loginUser
   };
  }
);
```

認証コードの処理の流れ

　まず、7.1.2 項（p.222）の Note の通り、リスト 7-3 のサーバ API エンドポイントによる認証コードは、非常に簡略化したコードとなっていることをご了承ください。まず、レスポンスオブジェクトの初期値については、リスト 7-2 のインターフェースの定義通り、認証が通らなかった場合の値、すなわち、token プロパティに該当する tokenVal を空文字、user プロパティに該当する loginUser を null にしています。

　その後、ポストパラメータとして送信されてきた loginId と password の値を利用して、これらが正しいかどうかの認証処理を行います。ここで、本来ならば、例えばデータベースにアクセスするなどして、正しいかどうかのチェックを行う処理を記述します。ただし、本章の目的はログイン処理の解説ではありませんので、簡略化し、ログイン ID が「bow」、パスワードが「wow」の場合のみ、認証されたとみなすことにします。そのコードが❷です。

　認証が通った場合、すなわち、❷の if ブロック内では、アクセストークン文字列を発行する必要があります。その文字列も簡略化し、❸のような、ただアルファベットを並べただけの文字列としておきます。そして、ログインしてきたユーザ情報を、❹のように loginUser に格納します。これも、固定値とします。この処理に関しても、本来ならログイン ID をもとに、データベースなどに格納されたデータを格納する必要があることは念頭におくようにしてください。ただし、パスワード（password プロパティ）に関しては、セキュリティ上の理由から格納せず、空文字とするようにします。

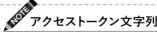
アクセストークン文字列

　認証処理において、認証が通った際、そのユーザが認証されたことを保証するために一意の文字列を発行します。この文字列のことを**アクセストークン**といいます。アプリケーションにおいて、ログイン後のさまざまな処理の際に、このアクセストークンの有無、正しさでもって、それらの処理の認可を得ることになります。詳細は他媒体に譲りたいと思いますが、このようなアクセストークンの規格には関しては、独自のものもあれば、**JWT（JSON Web Token）**のように広く利用されているものもあります。

動作確認

　ここまでのコーディングが終了したら、可能ならば Postman などの POST 送信が可能なツールを使い、動作確認を行ってみてください。送信先 URL は次のとおりです。

　http://localhost:3000/user-management/auth

　このURLに、loginIdが「bow」、passwordが「wow」の正しいデータをPOST送信した場合、図7-2の①のように想定位通りのJSONデータが返ってきます。一方、bow-wowの組み合わせ以外のデータをPOST送信した場合、②のように、サーバAPIエンドポイント側の処理成功を表すresultが1である一方で、tokenが空文字、useがnullを表すJSONデータとなります。こちらも想定通りです。

▼ 図7-2　ユーザ認証サーバAPIエンドポイントの動作確認
①

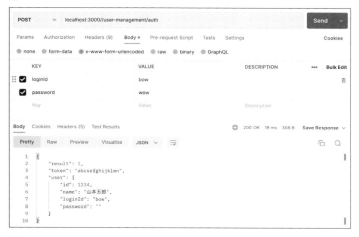

②

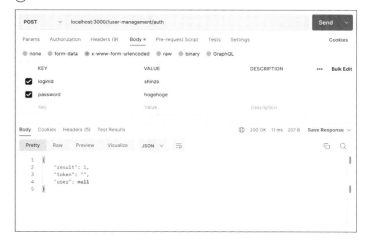

◎ 7.1.4　ログイン画面とログイン処理の実装

　ユーザ認証サーバAPIエンドポイントの実装ができたところで、ログイン画面とログイン処理を実装していきましょう。これは、表7-1の通り、login.vueコンポーネントファイルの追加です。

ログイン画面用レイアウトの追加

ただし、この画面には、図 7-1 の②や③に該当するログインユーザ情報やログアウトリンクを表示する部分は不要です。7.1.7 項でこの部分をレイアウトコンポーネントである default.vue と member.vue に追加します。

そのため、login.vue では、これらと別のレイアウトコンポーネントを用意することにします。これは、現在の default.vue と同一内容となるので、default.vue をファイルごとコピーし、同一階層である layouts フォルダ内に loggedout.vue としてペーストしてください。内容的には、リスト 7-4 のようになっているはずです。

▼ リスト 7-4　middleware-fundamental/layouts/loggedout.vue

```
<template>
  <header>
    <h1>ミドルウェアサンプル</h1>
  </header>
  <main>
    <slot/>
  </main>
</template>
```

ログイン画面の追加

さて、本項の本題である login.vue を作成しましょう。これは、リスト 7-5 の内容です。少し長いコードですが、既知の内容も多々あります。コメントを頼りにコーディングしていってください。

▼ リスト 7-5　middleware-fundamental/pages/login.vue

```
<script setup lang="ts">
import type {User} from "@/interfaces";

definePageMeta({
  //レイアウトをloggedoutに設定。
  layout: "loggedout"
});

//ログイン入力コントール用テンプレート変数。
const loginId = ref("");
//パスワード入力コントール用テンプレート変数。
const password = ref("");
//ペンディング（読込中）かどうかを表すテンプレート変数。
const pending = ref(false);                                              ❶
//エンドポイント側でエラーがないことを表すテンプレート変数。
const noServerError = ref(true);                                        ❷
//認証が失敗したことを表すテンプレート変数。
const authFailed = ref(false);                                          ❸
//ログインボタンクリック時の処理メソッド。
const onLoginButtonClick = async (): Promise<void> => {
  //ペンディングをtrueに変更。
  pending.value = true;                                                  ❹
```

```
//authFailedを初期値に変更。
authFailed.value = false;
//noServerErrorを初期値に変更。
noServerError.value = true;
//ログインデータのPOST送信。
const asyncData = await useFetch(
  "/user-management/auth",
  {
    method: "POST",
    body: {
      loginId: loginId.value,
      password: password.value
    }
  }
);
//エンドポイント側の処理が成功したならば…
if(asyncData.error.value == null && asyncData.data.value != null && asyncData.data.value.⏎
result == 1) {
  //認証が通ったならば…
  if(asyncData.data.value.token != "" && asyncData.data.value.user != null) {
    //ログインユーザ情報をクッキーに格納。
    const loginUserCookie = useCookie<User|null>("loginUser");
    loginUserCookie.value = asyncData.data.value.user;
    //アクセストークン文字列をクッキーに格納。
    const loginTokenCookie = useCookie<string|null>("loginToken");
    loginTokenCookie.value = asyncData.data.value.token;
    //トップ画面に遷移
    await navigateTo("/");
  }
  //認証が通らなかった場合…
  else {
    pending.value = false;
    authFailed.value = true;
  }
}
//エンドポイント側の処理が失敗した場合…
else {
  pending.value = false;
  noServerError.value = false;
}

};
</script>

<template>
  <h1>ログイン</h1>
  <p v-if="pending">ログイン中…</p>
  <template v-else>
    <p v-if="authFailed">ログインIDまたはパスワードが違います。</p>
    <p v-if="noServerError">IDとパスワードを入力してログインしてください。</p>
    <p v-else>サーバ処理中に障害が発生しました。もう一度ログインを行なってください。</p>
    <form v-on:submit.prevent="onLoginButtonClick">
```

⑤
⑥
⑦
⑧
⑨
⑩
⑪
⑫
⑬
⑭
⑮
⑯
⑰
⑱
⑲
⑳

7

```
    <dl>
      <dt>ID</dt>
      <dd><input type="text" v-model="loginId" required></dd>
      <dt>パスワード</dt>
      <dd><input type="password" v-model="password" required></dd>
    </dl>
    <button type="submit">ログイン</button>
  </form>
  </template>
</template>
```

動作確認

ここまでコーディングできたら、動作確認を行っておきましょう。次の URL にアクセスしてください。

http://localhost:3000/login

図 7-1 の①のログイン画面が表示されます。この画面に、まず、bow-wow 以外の組み合わせのログイン情報を入力し、[ログイン] ボタンをクリックしてください。ネットワークの環境によりますが、図 7-3 の①の画面を経て、画面遷移を行わずに、②のように認証が通らなかったことを示すメッセージが表示されます。また、サーバ API エンドポイント側でエラーが発生した場合は、同じく、③のエラーが発生したことを告げるメッセージが表示されます。

一方、bow-wow の組み合わせでログイン情報を入力し、サーバ API エンドポイント側でエラーが発生しなかった場合は、①の画面を経て、④のトップ画面が表示されます。ただし、図 7-1 の②とは違い、ログインユーザ情報やログアウトリンクは、まだ表示されていません。

▼ 図 7-3　ログインに関して動作確認を行った画面

①

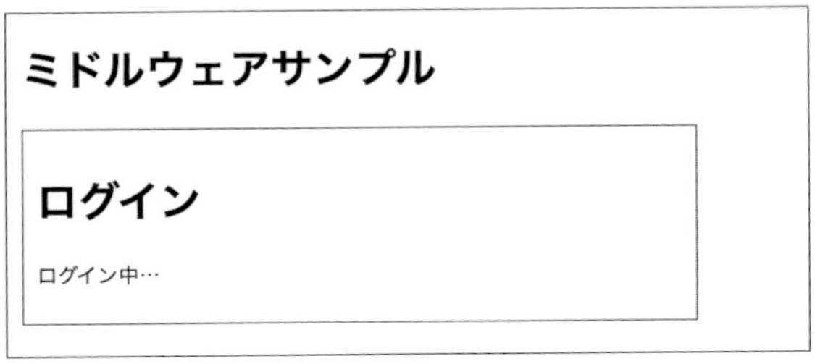

> # ミドルウェアサンプル
>
> ## ログイン
>
> ログイン中…

②

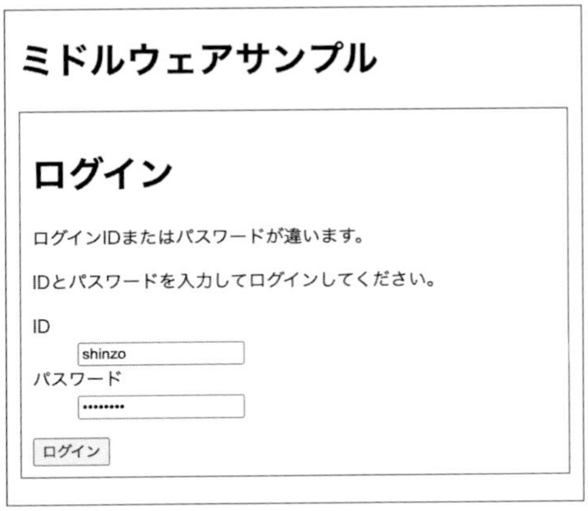

> # ミドルウェアサンプル
>
> ## ログイン
>
> ログインIDまたはパスワードが違います。
>
> IDとパスワードを入力してログインしてください。
>
> ID
> shinzo
> パスワード
> ••••••••
>
> ログイン

③

ミドルウェアサンプル

ログイン

サーバ処理中に障害が発生しました。もう一度ログインを行なってください。

ID

```
shinzo
```

パスワード

```
••••••••
```

[ログイン]

④

ミドルウェアサンプル

TOP

TOP

会員管理はこちら

▌ログイン処理と認証が失敗した場合の処理

　このように、さまざまな表示形態があるログイン画面ですが、まず、①の「ログイン中…」という表示に関しては、表示部分はリスト 7-5 の⓰です。そして、この p タグの表示・非表示を制御しているのが、これまでも利用してきた pending 変数です。それが、❶であり、[ログイン] ボタンをクリックしたタイミングである onLoginButtonClick メソッド内の処理の❹で true に変更しています。

　その onLoginButtonClick メソッド内では、❻で POST 送信を行い、❼以降、その結果判定を行っています。まず、❼はこれまでにも記述してきたコードであり、サーバ API エンドポイント側の処理が成功したかどうかを判定しています。その if ブロック内の❽で認証が通ったかどうかを判定しています。

　認証が通った場合の if ブロック内の処理に関しては次項で解説するとして、ここでは通らなかった場合の、⓮の else ブロック内を先に解説しておきます。ここでは、まず、pending を false に変更し、⓰の p タグを非表示にすると同時に、⓱の template タグを表示させ、メッセージとともに入力欄を再表示させています。そのメッセージ部分で新たに表示させているのが⓲の認証が通らなかったことを表す p タグです。この表示の制御に利用している変数が❸の authFailed であり、⓮でこの値を true とすることで、メッセージが表示されます。

▌エンドポイント側が失敗した場合の処理

　同様に、サーバ API エンドポイント側の処理が失敗した場合の処理が⓯であり、pending を false に変更した上で、noServerError も false にしています。こちらの処理は、前章で紹介済みの内容であり、この変更によって、⓴のメッセージが表示されるようになります。

　なお、❺について補足しておきます。例えば、間違ったログイン ID、または、パスワード（現状においては bow-wow 以外の組み合わせですね）でログインをしようとした場合、図 7-3 の②の画面が表示されます。ここで、ログイン ID やパスワードの値を変更し（あるいは、変更しなくても）、もう一度 [ログイン] ボタンをクリックし、その時点でサーバ API エンドポイント側で処理が失敗したとします。その際、もし、❺のコードがなかったとしたら、図 7-4 の画面が表示されてしまいます。

▼ 図 7-4　認証失敗とエラーの両方のメッセージが表示されたログイン画面

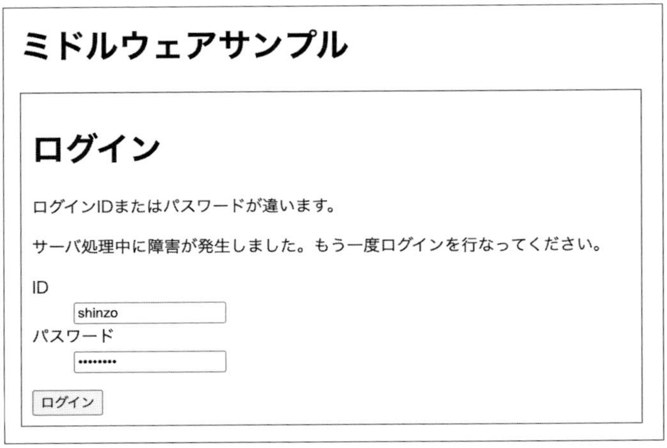

これは、⓮で authFailed を true に変更した値が、そのまま残っているからです。逆の手順、すなわち、サーバ API エンドポイント側でエラー発生後の認証失敗でも、同様の画面となります。これを避けるために、［ログイン］ボタンをクリックした際に、authFailed と noServerError の値をいったん初期値に戻す必要があります。それが、❺のコードです。

◎ 7.1.5　認証情報の保存

さて、いよいよ、リスト 7-5 の❽の if ブロック内の処理、すなわち、サーバ API エンドポイント側の処理が成功し、かつ、認証が通った場合の処理内容を見ていくことにします。

この場合、認証が通ったことを保持するために、ログインユーザ情報とアクセストークン文字列をどこかに保持しておく必要があります。その保持する先として、まず思いつくのは、useState() によるステートかもしれません。もちろん、それでも問題なく動作します*1。ただし、ステートを利用した場合は、現在アクセスしているブラウザタブを閉じたり、サーバ側が終了したりしてしまうと、保持していたデータが消え、認証されていない状態、すなわち、ログアウト状態となってしまいます。

クッキーを利用する際の関数 useCookie()

そこで、ブラウザのタブを閉じても認証情報を保持しているクッキーにログインユーザ情報とアクセストークン文字列を保存することにします。Nuxt には、このクッキーを簡単に利用できるようにした関数として、**useCookie()** があります。それを利用しているのが、❾と⓫です。この useCookie() の使い方を構文としてまとめると、次の通りです。

useCookie()

```
const 変数 = useCookie<データ型>("クッキー名", オプションオブジェクト);
```

＊1　ダウンロードサンプルには、useState() によるステートにログインユーザ情報とアクセストークン文字列を格納したサンプルとして、login-state プロジェクトが含まれています。参考にしてください。

第2引数のオプションオブジェクトは省略可能です。主なオプションとしては、表7-2のプロパティがあり、そのほとんどは、HTTPレスポンスヘッダに含まれる **Set-Cookie** に関する属性です。

▼ **表7-2 useCookie() の主なオプション**

プロパティ	設定値	内容
maxAge	秒数を表す数値	Set-Cookie の Max-Age を設定し、指定秒数が過ぎるまで有効となる
expires	Date オブジェクト	Set-Cookie の Expires を設定し、指定日時まで有効となる
httpOnly	true/false	Set-Cookie の HttpOnly を設定し、クッキーの利用を HTTP プロトコルのみに制限
secure	true/false	Set-Cookie の Secure を設定し、クッキーの利用を HTTPS のみに制限
domain	文字列	Set-Cookie の Domain を設定し、サブドメインへのクッキーの許可を設定
path	文字列	Set-Cookie の Path を設定し、送信可能なパスを設定
sameSite	true/false/ 文字列	Set-Cookie の SameSite を設定し、別ドメインへのリクエストにクッキーを送信するかどうかの設定
default	アロー関数	初期値を設定

❾も⓫もオプションを指定せずに利用しています。ただし、本来なら、認証情報の保持という内容から、maxAge または expires を利用して保持期間を指定した方がセキュリティ上は望ましいといえます。

クッキーオブジェクトはリアクティブな変数

さて、このように useCookie() を利用して用意したクッキーオブジェクトを、❾では変数 loginUserCookie、⓫では変数 loginTokenCookie としています。実は、この useCookie() で用意したクッキーオブジェクトは、リアクティブな変数となっています。そのため、その value プロパティに値を代入するだけで、自動的にクッキーとして保存してくれます。それが、❿と⓬です。❿では、サーバ API エンドポイントからのレスポンス JSON データ（asyncData.data.value）に格納された user プロパティが、そのままログインユーザ情報を表す User オブジェクトですので、その値を代入しています。そのため、❾の useCookie() のジェネリクスのデータ型指定では、User | null としています。null が含まれているのは、文字通り null の可能性があるからです。

同様に、⓬では、アクセストークン文字列を表す token プロパティの値を代入しています。これに合わせて、⓫のジェネリクスの記述は string | null としています。

最終的に、このように、アクセストークン文字列とログインユーザ情報、つまり、ログイン関連データがクッキーに保存できたところで、⓭の navigateTo() 関数を利用してトップ画面へ遷移しています。

> **NOTE 自動エンコードとデコード**
>
> 本来、ブラウザのクッキーに格納できるデータは文字列だけです。そのため、User オブジェクトのようなデータをクッキーに格納する場合は、JSON.stringify() による文字列化が必要です。しかし、リスト7-5の⓬ではそのようなコードはありません。実は、useCookie() で用意したクッキーオブジェクトの value プロパティに値を代入する際、自動的に JSON.stringify() によるエンコードが行われています。同様に、データを取得する際もデコードは自動で行われます。ただし、TypeScript の場合は、型チェックが働くため、このようなエンコードとデコードを正しく行うためには、ジェネリクスによる型指定は必要であり、これを忘れると、コーディングエラーとなるので注意してください。

クッキーデータの確認

　ここで、bow-wow の組み合わせで正しくログインできたのち、図 7-3 の④のトップ画面が表示された状態で、ブラウザの開発者ツールのアプリケーションタブを確認してください。図 7-5 のように、クッキーとして無事 loginToken と loginUser が格納され、ログイン処理が問題なく動作していることが確認できると思います。

▼ **図 7-5　クッキーにログイン関連データが格納されたことが確認できた画面**

ローカルストレージの利用

　ここまできて、クッキーではなく、ローカルストレージをなぜ使わなかったのか、と思う勘のよい方もいると思います。ただ、Nuxt ではローカルストレージは使わない方がよいです。というのは、第 1 章で紹介したように、Nuxt のレンダリングには、ブラウザのみで動作するクライアントサイドだけでなく、サーバサイドレンダリングがあり、通常では、この両者を混在させるユニバーサルレンダリングが利用されます。そして、ローカルストレージに格納されたデータは、サーバサイドレンダリングの際、読み取ることができません。そのため、クライアントサイドでもサーバサイドでも利用できる仕組みとして、クッキーを利用するのが妥当という結論になります。

　また、ローカルストレージと同様のブラウザ内ストレージとして、セッションストレージがあります。こちらは、ステートと同様に、ブラウザのタブを閉じると認証情報が消えてしまいます。それよりも、やはり、サーバサイドレンダリングではその値は読み取ることができないので、利用は避けた方がよいでしょう。

　なお、これらのレンダリングモードの違いに関しては、次章で詳しく紹介します。

◎ 7.1.6 ログアウト処理の実装

ログイン処理が実装できたところで、次にログアウト処理を実装しましょう。これは、表 7-1 にあるように、logout.vue コンポーネントの作成です。これは、リスト 7-6 の内容です。

▼ **リスト 7-6 middleware-fundamental/pages/logout.vue**

```
<script setup lang="ts">
import type {User} from "@/interfaces";

//ログインユーザ情報のクッキーを削除。
const loginUserCookie = useCookie<User|null>("loginUser");     ❶
loginUserCookie.value = null;                                  ❷
//アクセストークン文字列のクッキーを削除。
const loginTokenCookie = useCookie<string|null>("loginToken"); ❸
loginTokenCookie.value = null;                                 ❹
//ログイン画面に遷移。
await navigateTo("/login");                                    ❺
</script>
```

動作確認に関しては、次項でまとめて行うので、ここでは先に解説を行っておきます。

まず、このコンポーネントは、画面表示がありません。必ず、リスト 7-6 の❺の navigateTo() を利用してログイン画面へ遷移させます。そのため、テンプレートブロックが不要です。

さて、その処理内容ですが、端的にいえば、クッキーに格納したログイン関連データの削除です。そのためには、❶や❸のように、該当クッキーオブジェクトを取得します。そして、そのオブジェクトの value プロパティに null を代入するだけです。これで、ブラウザのクッキーから削除されます。

なお、このように、クッキーからデータを削除する場合は、value に null を代入するため、useCookie() のジェネリクスの型指定は、どうしても「|null」が必要になります。同様に、クッキーにデータが存在しない場合も、value の値は null となるため、やはり「|null」という型指定になります。

◎ 7.1.7 ログインユーザ情報とログアウトリンクの表示

さあ、ログイン機能を実装する本節も、これで最後です。図 7-1 の②や③のヘッダ部分に表示されている現在ログインしているユーザ名とログアウトリンクの表示を実装しましょう。

┃ログインユーザ情報コンポーネントの作成

この表示部分は、さまざまな画面で利用されます。そこで、独立したコンポーネント TheLoggedInSection.vue として実装し、レイアウトコンポーネント内で利用することにします。

この TheLoggedInSection.vue は、リスト 7-7 の内容です。独立したコンポーネントなので、components 内に作成する点を注意してください。

▼ リスト 7-7　middleware-fundamental/components/TheLoggedInSection.vue

```
<script setup lang="ts">
import type {User} from "@/interfaces";

const loginUser = useCookie<User|null>("loginUser"); ──────────────❶
</script>

<template>
  <section v-if="loginUser"> ──────────────────────────────────❷
    <p>{{loginUser.name}}さんがログイン中</p> ──────────────────❸
    <p><NuxtLink v-bind:to="{name: 'logout'}">ログアウト</NuxtLink></p> ──❹
  </section>
</template>
```

　リスト 7-7 の内容に関しては、特に新しいことは何もありません。❶でクッキーからログインユーザ情報である User オブジェクトを取得しています。ただし、ログインしていない場合は、これは null です。そのため、前項末で説明した通り、ジェネリクスの型指定は User|null となります。

　まさに、その null かどうかを判定に利用しているのが、❷の v-if です。結果、null でない場合のみ、❸のコードで現在ログインしているユーザ名が、❹のコードでログアウトリンクが表示されるようになります。

ログインユーザ情報コンポーネントの埋め込み

　さて、コンポーネントができたところで、これを、レイアウトコンポーネントである layouts/default.vue と layouts/member.vue に埋め込むことにします。これは、どちらも、リスト 7-8 の太字のコードです。

▼ リスト 7-8　middleware-fundamental/layouts/default.vue と error-practical/layouts/member.vue

```
<template>
  <header>
    <h1>ミドルウェアサンプル</h1>
    <TheLoggedInSection/>
  </header>
  〜省略〜
</template>
```

　ここまできたら、トップ画面を表示させてください。クッキーにデータが残っているならば、図 7-1 の②の画面が表示されます。同様に、会員リスト画面では、図 7-1 の③の画面が表示されます。

　さらに、ログアウトリンクをクリックしてください。ログイン画面に遷移し、クッキーからデータが削除されているはずです。今度は、このログアウト状態、すなわち、クッキーにログイン関連データがない状態で、トップ画面を表示させてください。図 7-3 の④のように、ヘッダに現在のログインユーザ名とログアウトリンクがない画面となります。

7│2 ルートミドルウェア

さあ、ログイン機能の実装が完了しました。ここから、本章の本題であるミドルウェアに話を進めていきます。

◎ 7.2.1 トップ画面表示の問題と認可処理

ミドルウェアとは何かを解説するにあたり、前節末の動作確認の問題点の確認をしておきましょう。その問題点とは、ログインをしていないのにトップ画面を参照できてしまう、ということです。すなわち、ログアウト状態での図 7-3 の④の画面の表示です。そもそも、ログイン機能が存在する理由を考えれば、トップ画面も含めて、それ以降の会員リスト表示などの会員情報管理の各画面を認証なしに利用させないためです。つまり、認可の問題です。

トップ画面も含め、ログイン画面以外の各画面が表示されるその前段階で、認証済みかのチェックを行い、画面利用の認可を与える処理を記述する必要があります。もし未認証の場合は、該当画面の利用はさせずに、どこか別の画面へ遷移させるのが妥当です。その場合、大抵は、ログイン画面へ遷移し、ログインするように促します。

では、そのような処理を、トップ画面である index.vue に追加しましょう。これは、リスト 7-9 のスクリプトブロックの処理になります。スクリプトブロックを丸々追記してください。

▼ **リスト 7-9　middleware-fundamental/pages/index.vue**

```
<script setup lang="ts">
import type {User} from "@/interfaces";

const loginTokenCookie = useCookie<string|null>("loginToken"); ────────❶
const loginUserCookie = useCookie<User|null>("loginUser"); ────────────❷
if(loginTokenCookie.value  == null || loginUserCookie.value == null) { ─❸
  await navigateTo("/login"); ──────────────────────────────────────────❹
}
</script>

<template>
  ～省略～
</template>
```

追記が終了したら、動作確認を行っておきましょう。これまで通りログイン状態でトップ画面を表示させると、図 7-1 の②の画面が表示されます。一方、ログアウト状態でトップ画面を表示させようとすると、図 7-3 の④が表示されるのではなく、ログイン画面が表示されます。その際、URL も次のものになっており、強制的にログイン画面表示へ遷移していることがわかるでしょう。

```
http://localhost:3000/login
```

　リスト 7-9 で追加したコード内容としては難しいものは何もなく、❶でクッキーに保存されたアクセストーク
ン文字列を、❷でログインユーザ情報を取得しておき、❸でそのどちらに対しても null かどうかをチェックし
ます。片方でも null の場合は、ログインしていないとみなし、❹でログイン画面へ遷移します。これらのコー
ドのおかげで、認証されていないユーザはこの画面を利用できなくなります。

◎ 7.2.2　コンポーネントレンダリングの前に実行されるルートミドルウェア

　前項で、認可の問題は解消されたかに見えますが、実は、少し問題があります。コード的には正しいのです
が、そのコードの位置に問題があります。少し掘り下げます。リスト 7-9 のコードは、当然ですが、トップ画面
コンポーネントがレンダリングされる際に実行されます。スクリプトブロックの先頭に記述しているので、レン
ダリング処理の最初期に実行されることには間違いないのですが、そもそも、認証されていないユーザに対し
ては、このコンポーネントのレンダリングすらされない方が望ましいといえます。
　この仕組みを図にすると、現状の認可チェック処理は、図 7-6 のような内容になります。

▼ 図 7-6　レンダリングの再初期で認可チェック処理を行う

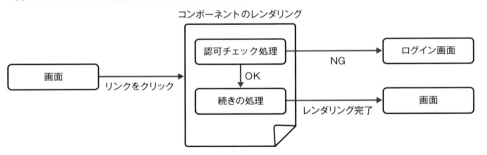

　一方、理想的なのは、図 7-7 のような内容であり、コンポーネントがレンダリングされる前、画面遷移の途
中で認可チェック処理を行うことです。

▼ 図 7-7　画面遷移の途中で認可チェック処理を行う

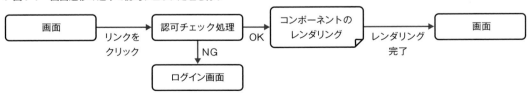

　このように、一般的に何かの途中に処理を挟み込む仕組みのことを**ミドルウェア（Middleware）**といい、
そのうち画面遷移の途中で処理を挟み込む場合を、**ルートミドルウェア（Route Middleware）**といいます。

このルートミドルウェアに関して、Nuxt では表 7-3 の 3 種類のものを用意しており、次項以降、順に解説していきます。

▼ 表 7-3　ルートミドルウェアの種類

名称	内容
インラインルートミドルウェア	特定のコンポーネント内にそのコードを記述するもの
名前付きルートミドルウェア	ミドルウェアを再利用できるようにしたもの
グローバルルートミドルウェア	全てのルーティングに適用されるもの

◎ 7.2.3　特定のコンポーネントに紐づけるインラインミドルウェア

　ルートミドルウェアの概要が理解できたところで、実際に、index.vue の認可チェック処理コードを、ルートミドルウェアを利用したコードに書き換えましょう。これは、リスト 7-10 の太字の書き換えとなります。なお、❶のコメントアウト行の扱いについては、後述します。

▼ リスト 7-10　middleware-fundamental/pages/index.vue

```
<script setup lang="ts">
import type {User} from "@/interfaces";

// console.log("index.vue started");                                    ❶
definePageMeta({                                                        ❷
  middleware: (to, from) => {                                           ❸
    const loginTokenCookie = useCookie<string|null>("loginToken");
    const loginUserCookie = useCookie<User|null>("loginUser");
    if(loginTokenCookie.value  == null || loginUserCookie.value == null) {
      return navigateTo("/login");                                      ❹
    }
    else {                                                              
      return;                                                           ❺
    }
  }
});
</script>

<template>
  〜省略〜
</template>
```

　コーディングが完了したら動作確認を行いましょう。7.2.1 項の動作確認同様に、ログイン状態の場合は問題なくトップ画面が表示される一方で、ログアウト状態の場合はログイン画面へ強制的に遷移されます。その際、❶のコメントアウト行を元に戻して、もう一度トップ画面を表示させようとしてください。同様にログアウト画面へ強制的に遷移されますが、コンソールに❶のメッセージが表示されません。このことから、コンポーネントのレンダリングが行われる前に、認可チェック処理が実行されていることがわかります。

　さて、そのようなルートミドルウェアのうち、リスト 7-10 のように特定のコンポーネント内にそのコードを記

述するものを、**インラインルートミドルウェア**（**Inline Route Middleware**）、あるいは、**無名ルートミドルウェア**（**Anonymous Route Middleware**）といいます。構文としてまとめると次のようになります。

インラインルートミドルウェア

```
definePageMeta({
    ⋮
  middleware: (to, from) => {
    ルートミドルウェア処理
  }
});
```

リスト 7-10 の❷のように、レイアウトの設定など、これまでにも登場した definePageMeta() の引数オブジェクトの **middleware** プロパティとして設定します。それが、❸です。設定値はアロー関数であり、その関数内にルートミドルウェア処理を記述します。リスト 7-10 では、もともと認可チェック処理として記述していた❹と新たに追加した❺の else ブロックが該当します。

◎ 7.2.4　ルートミドルウェアの引数と戻り値

そのアロー関数の引数は 2 個定義でき、リスト 7-10 の❸のように第 1 引数が to、第 2 引数が from となっています。この両方とも **RouteLocationNormalized** オブジェクト、すなわち、ルートに関するデータが格納されたオブジェクトです。このことから、第 1 引数の to が遷移先のルートに関するデータが、第 2 引数の from が遷移元のルートに関するデータが格納されています。これらの実際のデータに関しては、7.2.6 項で表示させてみることにします。

次に、アロー関数内の戻り値について話を移します。ルートミドルウェアのアロー関数の戻り値としては、表 7-4 の 4 パターンから選択します。

▼ 表 7-4　ルートミドルウェアのアロー関数の戻り値

	コード	内容
①	return;	画面遷移処理を続行
②	return navigateTo(遷移先パス);	画面遷移処理を中断し指定の画面へ遷移
③	return abortNavigation();	画面遷移処理を中断
④	return abortNavigation(エラーオブジェクト);	画面遷移処理を中断し、エラーを発生

リスト 7-10 の❹では、もともとの認可チェックコードで navigateTo() を利用していたので、これを return 文に書き換えています。ただし、認可されない場合の処理であり、表 7-4 の②のパターンに該当します。一方で、認可された場合の処理として①のパターンを記述しておく必要があります。そのために、❺で else ブロックを追加しています。

なお、③のコードを記述した場合は 404 エラー、④の場合は 500 エラーの画面が表示されます。

> **NOTE** **ルートミドルウェアはナビゲーションガード**
>
> 　ルートミドルウェアのアロー関数の引数が RouteLocationNormalized オブジェクトの to と from というところか
> らピンと来た方もいるかもしれませんが、このルートミドルウェアは、内部的には、Vue Router の**ナビゲーションガー
> ド**を利用して実現しています。ナビゲーションガードとは、Vue Router が画面遷移処理を行う前後に、指定された
> 処理を挟み込ませる機能です。

◎ **7.2.5　ミドルウェアを再利用できる名前付きミドルウェア**

　これで、認可チェック処理をミドルウェアとして実装することができました。あとは、リスト 7-10 のコードを
必要なコンポーネントにコピー＆ペーストして、といいたいところですが、もちろん、そんな非効率なことは行
いません。

　インラインルートミドルウェアは、別名である無名ルートミドルウェアという名称からもわかるように、再利用
できないようになっています。一方、再利用できるミドルウェアも用意されています。それが**名前付きルートミド
ルウェア**（**Named Route Middleware**）であり、通常はこちらを利用します。認可チェック処理を、名前付
きルートミドルウェアとして実装し、それを利用していくコードへと改造しましょう。

▎ミドルウェアファイルの作成

　まず、名前付きルートミドルウェアは、その処理が記述されたファイルを **middleware** フォルダ内に格納す
ることになっています。また、そのファイル名も、ケバブ記法[*2] とすることになっています。ここでは、認可チェッ
ク処理コードが記述されたファイルを loggedin-check.ts とすることにします。このファイルを middleware
フォルダ内に作成し、リスト 7-11 のコードを記述してください。

▼ **リスト 7-11　middleware-fundamental/middleware/loggedin-check.ts**

```
import type {User} from "@/interfaces";

export default defineNuxtRouteMiddleware(                                    ❶
  (to, from) => {
    const loginTokenCookie = useCookie<string|null>("loginToken");
    const loginUserCookie = useCookie<User|null>("loginUser");
    if(loginTokenCookie.value == null || loginUserCookie.value == null) {
      return navigateTo("/login");                                          ❷
    }
    else {
      return;
    }
  }
);
```

＊2　英単語をハイフンでつなぐ記法。例えば、loggedin と check をつなぐと loggedin-check となります。

　名前付きルートミドルウェアを定義する場合は、リスト7-11の❶のように、**defineNuxtRouteMiddleware()** 関数の実行をデフォルトエクスポートするだけです。そして、その引数として渡すのは、まさにインラインミドルウェアで定義したアロー関数そのものです。そのため、❷のコードは、リスト 7-10 と変わりません。これだけで名前付きルートミドルウェアは定義できます。

　構文としてまとめておきます。

名前付きルートミドルウェア

```
export default defineNuxtRouteMiddleware(
  (to, from) => {
    ルートミドルウェア処理
  }
);
```

名前付きミドルウェアの適用

　名前付きルートミドルウェアができたので、これを login.vue と logout.vue 以外の全てのコンポーネントに適用させていきましょう。

　まず、index.vue です。index.vue はすでにインラインルートミドルウェアが記述されているので、改造となります。これは、リスト 7-12 の太字のコードになります。なお、❶のインポート文のコメントアウトは、もはや不要なコードを意味します。削除してもかまいません。

▼ リスト 7-12　middleware-fundamental/pages/index.vue

```
<script setup lang="ts">
// import type {User} from "@/interfaces";  ────────────────────────────❶

definePageMeta({
  middleware: ["loggedin-check"]  ────────────────────────────────────❷
});
</script>

<template>
  ～省略～
</template>
```

　名前付きルートミドルウェアを適用させるには、これまでインラインルートミドルウェアとしてアロー関数を記述していた definePageMeta() 関数の引数オブジェクトの middleware プロパティに対して、リスト 7-12 の❷のように、middleware フォルダ内のファイル名を配列型式で記述するだけです。リスト 7-11 では、認可チェック処理の名前付きルートミドルウェアを loggedin-check.ts として作成したので、❷ではその拡張子を取り除いた loggedin-check を記述しています。これだけで、ルートミドルウェアとして適用されます。

残りのコンポーネントへのミドルウェアの適用

　同様に、残りのコンポーネントにも適用させましょう。memberList.vue、memberAdd.vue、[id].vue ともに同様に追記となるので、代表として memberList.vue を掲載します。これは、リスト 7-13 の太字の

部分です。

▼ リスト 7-13　middleware-fundamental/pages/member/memberList.vue

```
<script setup lang="ts">
import type {Member} from "@/interfaces";

definePageMeta({
  layout: "member",
  middleware: ["loggedin-check"]
});
〜省略〜
</script>

<template>
  〜省略〜
</template>
```

　ここまで追記ができたら、全ての画面において、動作確認を行っておいてください。ログイン状態ならば、それぞれの画面が表示される一方で、ログアウト状態の場合は、各 URL に直接アクセスしても、ログイン画面へ強制遷移されることが確認できます。

◎ 7.2.6　ミドルウェアを複数利用

　前項の改造で、認可の問題は解消しました。ここから少しミドルウェアを掘り下げていきます。
　まず、名前付きルートミドルウェアの適用コードが配列記述であることからわかるように、複数の名前付きルートミドルウェアを適用させることができます。ただし、注意点があるので、少し実験を兼ねてもうひとつ名前付きルートミドルウェアを作成し、それを適用させてみましょう。

┃ミドルウェアファイルの作成

　ここで作成する名前付きミドルウェアは、リスト 7-14 の logging.ts とします。このファイルを作成してください。

▼ リスト 7-14　middleware-fundamental/middleware/logging.ts

```
export default defineNuxtRouteMiddleware(
  (to, from) => {
    console.log(`遷移元: ${from.fullPath}\n遷移先: ${to.fullPath}`); ────❶
    return; ──────────────────────────────❷
  }
);
```

　ルートミドルウェア処理は簡単なものであり、❶のように遷移元のパスと遷移先のパスをコンソール出力するだけのものです。この場合、特に画面遷移を妨げる必要はないので、❷のように表 7-4 のパターン①を適用しています。

logging ミドルウェアの適用

次に、この logging ルートミドルウェアを index.vue に適用させましょう。index.vue にリスト 7-15 の太字の部分を追記してください。

▼ **リスト 7-15　middleware-fundamental/pages/index.vue**

```
<script setup lang="ts">
definePageMeta({
  middleware: ["logging", "loggedin-check"] ─────────────────────────────────①
});
</script>

<template>
    〜省略〜
</template>
```

この状態で動作確認を行ってください。例えば、ログイン状態で会員リスト画面からトップ画面に遷移すると、コンソールには次のように表示されます。

```
遷移元: /member/memberList
遷移先: /
```

一方、ログアウト状態で直接トップ画面にアクセスすると、強制的にログイン画面が表示されますが、その際のコンソール表示は次のようになります。

```
遷移元: /
遷移先: /
```

> **NOTE　コンソールの表示先**
>
> 　logging.ts を作成して画面遷移の動作確認を行っていると、少し不思議なことに気づくかもしれません。遷移元と遷移先のパスの記述先が、Nuxt プロジェクトの起動コマンドを実行しているターミナルとブラウザの開発者モードのコンソールタブの 2 箇所に分かれています。
>
> 　7.1.5 項の Not（p.232）で軽く紹介したように、Nuxt のデフォルトのレンダリングはユニバーサルレンダリングであり、クライアントサイドでレンダリングする場合とサーバサイドでレンダリングする場合がその時々で自動判定されています。そして、ルートミドルウェアも同様であり、そのミドルウェアの処理によるコンソール出力も、クライアントサイドでレンダリングされる場合はブラウザのコンソールタブに、サーバサイドでレンダリングされる場合はターミナルに表示されるようになります。
>
> 　このレンダリングの違いに関しては、次章で詳しく扱います。

ミドルウェア適用は順序が大切

　ここで、ひとつ実験をしましょう。リスト 7-15 の❶の配列内の順序を入れ替えて、次のように記述してみてください。

```
middleware: ["loggedin-check", "logging"]
```

　その上で、動作確認を行ってください。ログイン状態の場合は、コンソール表示に変わりはありません。一方、ログアウト状態で直接トップ画面にアクセスすると、コンソールに表示されなくなります。
　この違いは、名前付きミドルウェアの適用順序は配列の記述順序になる、というのが原因です。リスト 7-15 のように ["logging", "loggedin-check"] と記述した場合は、logging ルートミドルウェアが実行されたのちに loggedin-check ルートミドルウェアが実行されます。そして、ログアウト状態の場合は、logging によりコンソール出力が行われた後に強制的にログイン画面へ遷移します（図 7-8）。

▼ 図 7-8　logging → loggedin-check の適用順の場合

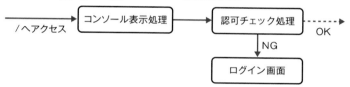

　一方、["loggedin-check", "logging"] と記述した場合、logging ルートミドルウェアよりも loggedin-check ルートミドルウェアの方が先に実行されます。そして、ログアウト状態の場合は、logging ルートミドルウェアが実行される前に強制的にログイン画面へ遷移してしまいます（図 7-9）。結果、コンソール表示がない状態となってしまいます。
　このように、名前付きルートミドルウェアを複数適用させる場合は、その記述順序に注意してください。

▼ 図 7-9　loggedin-check → logging の適用順の場合

> **NOTE　適用ミドルウェアがひとつだけの場合**
>
> 　リスト 7-12 のように、適用させる名前付きルートミドルウェアがひとつだけの場合は、実は、配列記述の必要はなく、次のように単にその名前を記述しても問題なく動作します。

```
definePageMeta({
  middleware: "loggedin-check"
});
```

　とはいえ、たとえ適用させる名前付きルートミドルウェアがひとつだけだとしても、記述の統一に伴う可読性を確保するために、あえて配列で記述することを筆者はお勧めします。

◎ 7.2.7　全てのルーティングに適用されるグローバルミドルウェア

　さて、コンソール表示を行う名前付きルートミドルウェアを作成したところで、このルートミドルウェアを全てのコンポーネントに適用させようと思います。といっても、リスト 7-15 のように middleware プロパティの配列に logging を追記していく必要はありません。Nuxt には、無条件に全ての画面遷移においてルートミドルウェアを適用させる仕組みがあり、それが最後に紹介する**グローバルルートミドルウェア**（**Global Route Middleware**）です。

　リスト 7-14 で作成した logging.ts をこのグローバルルートミドルウェアに改造しましょう。といっても実はコードの変更は不要であり、ファイル名を変更するだけです。

　その変更の前に、先に、index.vue の名前付きルートミドルウェアの適用を、次のコードのように、loggedin-check のみの適用に戻しておいてください。

```
middleware: ["loggedin-check"]
```

　その上で、logging.ts のファイル名を、logging.global.ts へと変更してください。このように、ルートミドルウェアファイルの拡張子を **.global.ts** とするだけで、自動的にグローバルルートミドルウェアとなり、全ての画面遷移に適用されるようになります。

　変更が完了したら、動作確認を行ってください。ログイン状態でもログアウト状態でも、画面遷移の度にコンソールに遷移元と遷移先パスが表示されるようになります。

7│3　サーバミドルウェア

　ミドルウェアを紹介する本章も、いよいよ最後の節です。ここまで紹介してきたミドルウェアは、ルートミドルウェアという名称で全て紹介してきました。

　実は、Nuxtのミドルウェアには、画面遷移の際に処理を挟み込めるルートミドルウェアの他に、サーバAPIエンドポイント側の処理が行われる前に処理を挟み込める**サーバミドルウェア**というのも存在します。本節では、このサーバミドルウェアを紹介します。

◎ 7.3.1　サーバミドルウェアの作り方

　では、早速サーバミドルウェアを作成しましょう。内容的には、リスト7-14で作成したルートミドルウェアのloggingと同じものを作成します。

　まず、サーバミドルウェアファイルは、`server/middleware`フォルダ内に作成することになっています。このフォルダ内にlogging.tsとしてリスト7-16のファイルを作成してください。

▼ リスト7-16　middleware-fundamental/server/middleware/logging.ts

```
export default defineEventHandler(
  (event) => {
    console.log(`リクエスト情報: ${event.node.req.url}`);  ──❶
  }
);
```

　このコードを見るとわかるように、サーバミドルウェアの構文は、5.1.2項（p.150）の「サーバ処理ファイル内の記述」構文と同じです。つまり、サーバAPIエンドポイント処理コードとサーバミドルウェアコードの違いはほとんどなく、そのファイルの配置位置で違いが出てくると理解しておいてください。

◎ 7.3.2　サーバミドルウェアの注意点

　といっても、いくつく注意点があるので、補足しておきます。

　まず、サーバAPIエンドポイント処理コードと違い、戻り値は記述できません。これは、サーバAPIエンドポイント処理が実行される前に挟み込まれる処理というミドルウェアの性質を考えれば理解できるでしょう。ただし、throwによるエラー発生は許されています。

　また、ルートミドルウェアと違い、サーバミドルウェアには種類はありません。必ずグローバルで適用されます。すなわち、ミドルウェアファイルを作成しておくと、全てのサーバAPIエンドポイント処理の実行前に適用されます。

　この仕組みを念頭に一度動作確認を行ってください。ログイン画面や会員リスト画面など、サーバ API エンドポイントにアクセスする画面では、ターミナルに次のような表示が確認できます。

```
リクエスト情報: /user-management/auth
リクエスト情報: /member-management/members
```

◎ 7.3.3 アクセスエンドポイントパスの取得コード

　このリクエスト情報の続きがまさにサーバ API エンドポイントのパスに該当し、その値が、リスト 7-16 の ❶ の event.node.req.url という記述です。このコードについて補足しておきます。

　まず、アロー関数の引数の event オブジェクトが H3Event オブジェクトであることは、5.1.2 項（p.151）で紹介しています。この H3Event には **node** プロパティがあり、**NodeEventContext** 型となっています。これは、その名称通り、node.js サーバが提供するデータが格納されたオブジェクトであり、リクエストに関するデータが格納された **req** プロパティとレスポンスに関するデータが格納された **res** プロパティが定義されています。

　これらのプロパティを利用することで、node.js により提供されたデータを取得することができ、この res の url プロパティは、まさにサーバ API エンドポイントのパスを表します。リスト 7-16 では、その値をコンソールに表示させています。

COLUMN　　　　　　　　　　　　　　　　　**Supabase**

　フロントエンド Web アプリケーションやモバイルアプリケーションに対して、データベースや認証などのバックエンドに必要な機能を提供するサービスを、**BaaS（Backend as a Service）** といいます。そして、そのような BaaS のひとつとして有名なのが、Google が提供している **Firebase** [1] です。一方、この Firebase 代替サービスとして最近人気なのが、**Supabase** [2] です。

　Firebase と Supabase の大きな違いは、そのデータベースにあります。Firebase のデータベースはいわゆる NoSQL なのに対して、Supabase のデータベースは PostgreSQL を利用した RDB となっています。そのため、RDB に慣れ親しんだ開発者には扱いやすいものとなっています。

　さらに、Nuxt の場合、この Supabase と連携するためのモジュールとして **@nuxtjs/supabase** が提供されているため、Nuxt から利用する BaaS としては、非常に相性がよいといえます。。

---

[1]　https://firebase.google.com/
[2]　https://supabase.com/

第 **8** 章

応用編

———

Nuxtの動作の仕組み

前章までの内容で、Nuxt の主要な機能はほぼ紹介したことになります。本書も残り 2 章です。ここからは応用編として、より実践的な内容を紹介していきます。まず、本章では、そもそも Nuxt を本番環境で動作させるためにはどうすればいいのか、について話を進めていきます。併せて、前章で作成した middleware-fundamental プロジェクトを本運用環境で公開することを見据えて、Redis と連携させる方法も紹介します。

8 | 1　npm runのオプション

　これまで作成してきた Nuxt アプリケーションを起動するために利用してきたコマンドは、npm run dev です。これは、開発用サーバが起動するコマンドです。一方、npm run には他のオプションがあり、実運用と関連しています。本節では、そのあたりを紹介していきます。

◎ 8.1.1　build オプション

　まず紹介したいオプションは、**build** オプション、すなわち、次のコマンドです。このコマンドを実行することで、本運用で動作するファイル一式が作成されます。

本運用ファイル一式作成コマンド

```
npm run build
```

　試しに、このコマンドを前章で作成した middleware-fundamental プロジェクトで実行してみてください。すると、リスト 8-1 のようにさまざまなメッセージがコンソールに表示され、最終的にプロンプトが戻ってきます。

▼ リスト 8-1　middleware-fundamental プロジェクトの npm run build の実行結果

```
% npm run build

> build
> nuxt build

Nuxi 3.6.2
Nuxt 3.6.2 with Nitro 2.5.2
ℹ Building client...
vite v4.3.9 building for production...
✓ 146 modules transformed.
.nuxt/dist/client/manifest.json              5.98 kB
～省略～
✓ Client built in 1616ms
ℹ Building server...
vite v4.3.9 building SSR bundle for production...
✓ 102 modules transformed.
.nuxt/dist/server/_nuxt/app-styles.2f36be12.mjs     0.08 kB
～省略～
✓ Server built in 618ms
✓ Generated public .output/public
```

```
i Building Nitro Server (preset: node-server)
✓ Nitro server built
  ├─    .output/server/package.json (1.19 kB) (444 B gzip)
〜省略〜
Σ Total size: 3.24 MB (764 kB gzip)
✓ You can preview this build using node .output/server/index.mjs ────────────❶
```

　すると、プロジェクトフォルダ内には、これまでなかった **.output** フォルダが作成されており、その中に、図8-1のようにさまざまなフォルダやファイルが作成されています。

▼ **図8-1　npm run build によって生成された .output フォルダ**

```
∨ middleware-fundamental
  > .nuxt
  ∨ .output
    ∨ public
      > _nuxt
      ★ favicon.ico
    ∨ server
      > chunks
      > node_modules
      JS index.mjs
      ≡ index.mjs.map
      {} package.json
    {} nitro.json
  > components
  > layouts
  > middleware
  > node_modules
```

◎ 8.1.2　ビルドされたプロジェクトの実行

　ここで作成された .output フォルダ内のファイル一式、すなわち、ビルドファイル一式は、このままでNode.js上で動作するように作成されています。試しに実行させてみましょう。

　その実行コマンドは、実は、リスト8-1のビルドメッセージ内に表示されており、❶が該当します。再掲載すると、次の構文です。そして、このコマンドの通り、図8-1にもある .output/server フォルダ内に生成された index.mjs ファイルを Node.js に実行させることで、プロジェクト全体が動作するようになります。

ビルドされたプロジェクトの実行コマンド

```
node .output/server/index.mjs
```

実際にこのコマンドを実行すると、コンソールにリスト 8-2 のように表示され、プロンプトが戻りません。

▼ **リスト 8-2　index.mjs を Node.js で実行するコマンドの結果**

```
% node .output/server/index.mjs

Listening http://[::]:3000
```

この状態は、Node.js サーバが起動中であり、次の URL にアクセスすることでプロジェクトを実行できることを意味します。

http://localhost:3000/

実際にアクセスしてみてください。図 7-1 のログイン画面が表示[*1]され、以降は、npm run dev で起動した middleware-fundamental プロジェクトと同様の動作確認ができるようになっています。

このように、Nuxt アプリケーションでは、npm run build コマンドで生成したビルドファイル一式は、そのままで Node.js サーバ上で動作するようになっており、その他の設定は特に必要ないようになっています。ということは、クラウドサービスなど、インターネット上に Node.js サーバを公開し、そのサーバ上に .output 内のファイル一式をデプロイするだけで、作成したアプリケーションを Web に公開できるようになります。

実際に、次章では、そのようなクラウドサービスのうち、さらに手軽に利用できるものにデプロイする方法を紹介します。

> **NOTE**
>
> **node コマンドの終了**
>
> ビルドされた Nuxt アプリケーションを、上記 node コマンドで実行すると、プロンプトが戻らず、実行されたままとなってしまいます。これは、npm run dev と同じ状態であり、このように実行されたままの Node.js サーバを終了させる場合は、[ctrl] + [C] を押下し、コマンドを終了させます。

◎ 8.1.3　preview オプション

npm run のオプションには、**preview** というのがあります。すなわち、次の構文です。

ビルドされたプロジェクトの実行コマンド

```
npm run preview
```

このコマンドは、ビルドされたプロジェクトの実行コマンドとほぼ同じ働きをします。すなわち、生成された .output/server/index.mjs を Node.js サーバで実行する先のコマンドを、内部で実行しています。その

[*1]　以前にログインしたままの状態で middleware-fundamental プロジェクトを終了した場合は、ログイン画面ではなく、トップ画面が表示されます。

ため、npm run preview を実行する場合は、事前に npm run build を実行しておく必要があります。

では、node コマンドによる index.mjs の実行と npm run preview との間に違いがないのかというと、あります。そのひとつは、.env の扱いです。4.6.6 項で説明したように、この .env ファイルは、チームで共有するファイルではありません。そのため、その中に記述された値も、開発段階でのみ使用されるものであり、本番環境へ反映させるものではありません。

例えば、第 4 章で作成した composables プロジェクトでは、OpenWeather へアクセスするための API キーを .env ファイルに記述しています。この状態で、このプロジェクト上で npm run build を実行し、node .output/server/index.mjs にてプロジェクトの実行を行ったとします。すると、各都市の天気情報を取得する段階で、API キーがないためにアクセスエラーとなります。

一方、これを npm run preview で実行すると、天気情報が取得できます。これは、.env ファイルに記述された API キーの値を、一時的に適用しているからです。この違いは理解しておくようにしてください。その上で、より本番に近いのは、node .output/server/index.mjs による実行であることを念頭においておくようにしてください。

◎ 8.1.4 generate オプション

npm run には、**generate** というオプションもあります。すなわち、次の構文です。このコマンドを実行すると、静的ファイル一式が生成されます。

静的ファイルの生成コマンド

```
npm run generate
```

このコマンドを、例えば、第 3 章の use-head プロジェクトで実行すると、コンソールにはリスト 8-3 のように表示され、最終的にプロンプトが戻ってきます。

▼ リスト 8-3　use-head プロジェクトの npm run generate の実行結果

```
% npm run generate

> generate
> nuxt generate

Nuxi 3.6.1
Nuxt 3.6.1 with Nitro 2.5.2

ℹ Building client...
ℹ vite v4.3.9 building for production...
ℹ ✓ 131 modules transformed.
～省略～
ℹ ✓ built in 1.76s
✓ Client built in 1776ms
ℹ Building server...
ℹ vite v4.3.9 building SSR bundle for production...
ℹ ✓ 86 modules transformed.
```

8

```
～省略～
i ✓ built in 735ms
✓ Server built in 753ms
✓ Generated public .output/public
i Initializing prerenderer
i Prerendering 5 initial routes with crawler
  ├── / (52ms) ─────────────────────────────────────────────────────────── ❶
  ├── /member/memberAdd (14ms)
  ├── /member/memberList (9ms)
  ├── /200.html (3ms)
  ├── /404.html (2ms)
  ├── /_payload.json (1ms)
  ├── /member/memberAdd/_payload.json (1ms)
  ├── /member/memberList/_payload.json (1ms)
  ├── /member/memberDetail/33456 (7ms) ─────────────────────────────────┐
  ├── /member/memberDetail/47783 (6ms) ─────────────────────────────────┴ ❷
  ├── /member/memberDetail/33456/_payload.json (1ms)
  ├── /member/memberDetail/47783/_payload.json (1ms)
✓ You can preview this build using npx serve .output/public ──────────────── ❸
✓ You can now deploy .output/public to any static hosting! ───────────────── ❹
```

　すると、プロジェクトフォルダ内には、npm run build 同様に、.output フォルダが作成されています（図8-2）。さらに、npm run build とは違い、**dist** フォルダも作成されています。

▼ 図 8-2　npm run generate によって生成された .output と dist フォルダ

　この dist フォルダはエイリアスとなっており、その実体は .output/public フォルダです。そして、リスト8-3 の❹のメッセージにあるように、この public フォルダ内に生成されたファイル一式を、Apache などのWeb サーバのドキュメントルートフォルダに配置するだけで、Nuxt プロジェクトを公開できるようになります。

また、❸にもあるように、次のコマンドを実行することで、ブラウザでプレビューすることも可能です。

生成された静的ファイルのプレビューコマンド

```
npx serve .output/public
```

この仕組みは、Nuxt プロジェクト内でコーディングしたルーティングそれぞれに対してひとつずつ html ファイルと js ファイルを生成して動作させるようにしたものです。実際、use-head プロジェクトでは、パス / に該当するトップ画面を作成しました。図 8-2 でも確認できるように、これに該当する index.html が public フォルダ直下に生成されています。その生成を表すログが、リスト 8-3 の❶です。また、例えば、各会員詳細情報画面の場合は、❷のように、それぞれのルートパラメータごとにページ（html ファイル）が生成されています。さらに、これらの各 html ファイル上で動作する js ファイルが、_nuxt フォルダ内にそれぞれ作成されています。

このような仕組みで、全画面に対応する静的 html ファイルを生成し、さらに、それに対応する js ファイルを生成することで、npm run dev で確認した動作と同様の動作を実現しています。

◎ 8.1.5　generate 生成の制約

ただし、この npm run generate で生成された静的ファイル一式には制約があります。まず、全てが、静的 html ファイルとその相方となる js ファイルという仕組みで実現するため、middleware-fundamental プロジェクトや第 5 章で作成した server-storage プロジェクトなどで実装したサーバ API エンドポイント側の仕組み、すなわち、server フォルダ内の処理には対応できません。server フォルダ内の処理が含まれたプロジェクトは、npm run generate で生成されたファイルを Web サーバに配置してもまともに動作しません。

また、composables プロジェクトに含まれるように、外部 Web API へのアクセスコードが含まれたプロジェクトにも注意が必要です。この場合、npm run generate コマンドを実行したタイミングで Web API へアクセスし、取得したデータを元に静的 html ファイルを生成するため、画面が表示されたタイミングでのデータではなくなります。画面が表示されたタイミングで、その都度最新の情報を Web API から取得するようなプロジェクトには向きませんので注意してください。

8｜2　Nuxt のレンダリングモード

　前節で紹介したように、npm run dev の開発者モードも含めて、Nuxt ではさまざまな実行形態（ビルド形態）が用意されています。それと同じように、画面のレンダリングに関してもさまざまな形態が用意されています。これらに関しては、1.1 節で概要だけを解説しています。本節では、それらレンダリングモードの違いを、実際にコーディングを行いながら確認していこうと思います。

◎ 8.2.1　Nuxt の 4 種のレンダリングモード

　1.1 節で紹介したように、Nuxt では、CSR、SSR、SSG、ISG の 4 種のレンダリングモードがサポートされています。しかも、これらのレンダリングモードをプロジェクト単位で設定するのではなく、レンダリングするパス単位で設定できるようになっています。本節では、これらのレンダリングの違いがわかるサンプルを作成しながら、どのような動作になっているのかを確認していきます。

　ただし、実は、これらのレンダリングモードの切り替えは、原稿執筆時点では実験機能とされており、まだまだ発展途上の機能となっています。そのため、本節で紹介する内容は、そのレンダリング結果も含めて、今後変更される可能性があることを最初に断っておきます。また、どのように発展途上なのか、のちに詳しく紹介します。

┃サンプルプロジェクトの概要

　さて、レンダリングモードの違いを理解するサンプルとして、本節では、rendering プロジェクトを作成します。このプロジェクトには、表 8-1 の 5 個の画面用コンポーネントが含まれており、それぞれ表 8-1 の通りの情報となっています。

▼ 表 8-1　rendering プロジェクト含まれている画面用コンポーネント

	パス	プロジェクト内ファイルパス	レンダリングモード
①	/	pages/index.vue	指定なし
②	/spa	pages/spa.vue	CSR
③	/universal	pages/universal.vue	SSR
④	/ssg	pages/ssg.vue	SSG
⑤	/isg	pages/isg.vue	ISG

　この表の通り、①の index.vue を除き、②〜④の 4 個の画面用コンポーネントはそれぞれ別のレンダリングモードを設定することにします。表示内容に関しては、①の index.vue は図 8-3 の①のように表 8-1 の②〜④の画面へのリンクリストだけの表示とします。そして、残りの②〜④の画面は、全て同じ表示として図 8-3 の②のような表示、すなわち、画面が表示された時点での時刻を表示するものとします。

▼ 図8-3　rendering プロジェクトの画面

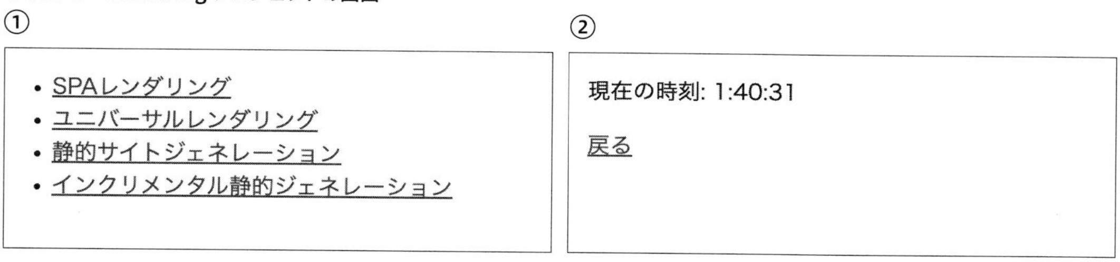

①
- SPAレンダリング
- ユニバーサルレンダリング
- 静的サイトジェネレーション
- インクリメンタル静的ジェネレーション

②
現在の時刻: 1:40:31

戻る

プロジェクトの作成と app.vue の変更

では、早速コーディングを行っていきましょう。まず、rendering プロジェクトを作成し、app.vue をリスト 8-4 の内容に変更してください。

▼ リスト 8-4　rendering/app.vue

```
<template>
  <NuxtPage />
</template>
```

index.vue の作成

次に、①の pages/index.vue を作成しましょう。これは、リスト 8-5 の内容です。単なるリンクの設定ですので、コード内容的には特に問題ないと思います。

▼ リスト 8-5　rendering/pages/index.vue

```
<template>
  <ul>
    <li>
      <NuxtLink v-bind:to="{name: 'spa'}">
        SPAレンダリング
      </NuxtLink>
    </li>
    <li>
      <NuxtLink v-bind:to="{name: 'universal'}">
        ユニバーサルレンダリング
      </NuxtLink>
    </li>
    <li>
      <NuxtLink v-bind:to="{name: 'ssg'}">
        静的サイトジェネレーション
      </NuxtLink>
    </li>
    <li>
      <NuxtLink v-bind:to="{name: 'isg'}">
        インクリメンタル静的ジェネレーション
      </NuxtLink>
```

8

```
    </li>
  </ul>
</template>
```

残りのコンポーネントの作成

　最後に、② pages/spa.vue、③ pages/universal.vue、④ pages/ssg.vue、⑤ pages/isg.vue のコンポーネントを作成しましょう。これは全て同じコードであり、リスト 8-6 の内容となります。コード内容的にも特に問題ないでしょう。

▼ リスト 8-6　表 8-1 の②〜⑤のコンポーネントのコード

```
<script setup lang="ts">
//現時点でのDateオブジェクトを取得。
const now = new Date();
//取得したDateオブジェクトから現在の時刻文字列をテンプレート変数として設定。
const nowTime = ref(now.toLocaleTimeString());
</script>

<template>
  <p>現在の時刻: {{nowTime}}</p>
  <p>
    <NuxtLink v-bind:to="{name: 'index'}">
      戻る
    </NuxtLink>
  </p>
</template>
```

　この時点で、npm run dev で動作確認を行ってください。プロジェクトを起動すると図 8-3 の①の画面が表示され、その画面のどのリンクをクリックしても②の画面が表示され、その時点での時刻が表示されるはずです。

◎ 8.2.2　レンダリングモードの設定

　では、ここから、この rendering プロジェクトにレンダリングモードの設定を行っていきます。これは、**nuxt.config.ts** への記述です。nuxt.config.ts の defineNuxtConfig() 関数の引数オブジェクトに、リスト 8-7 の太字のコードを追記してください。

▼ リスト 8-7　rendering/nuxt.config.ts

```
export default defineNuxtConfig({
  devtools: { enabled: true },
  routeRules: {                        ────────────────────❶
    "/spa": {ssr: false},              ────────────────────❷
    "/ssg": {prerender: true},         ────────────────────❸
    "/isg": {swr: 60}                  ────────────────────❹
  }
});
```

┃レンダリングモードの設定書式

　動作確認に関しては、次項以降行っていきますので、ここでは、コードの意味を先に解説しておきます。まず、レンダリングモードを設定する場合は、defineNuxtConfig() 関数の引数オブジェクトに、リスト 8-7 の❶のように、**routeRules** プロパティを設定します。設定値は、オブジェクトとなり、それぞれ以下の構文のプロパティを記述します。

レンダリングモードの設定値

```
"パス": {レンダリングモード設定}
```

　:（コロン）より左側のパスに該当する部分は、文字通りルーティングのパスです。リスト 8-7 では、/spa や /ssg のように単一のパスを指定していますが、/members/** のようなワイルドカード ** を記述することで、特定のフォルダ以下のパス全て、のような設定も可能です。

┃レンダリングモードの設定記述

　一方、:（コロン）より右側のオブジェクト内の記述であるレンダリングモード設定に関しては、表 8-2 より選択します。

▼ 表 8-2　レンダリングモードの設定値

設定記述	内容
ssr: false	レンダリングモードを CSR に設定
prerender: true	レンダリングモードを SSG に設定
swr: 数値	レンダリングモードを ISG に設定し、指定した数値の秒数ごとに再レンダリング
isr: true	レンダリングモードを CDN にも対応した ISG に設定

　それぞれのレンダリングモードがどのようなもので、設定値がどのように働くのかは、次項以降詳細に解説します。ただ、1 点補足しておくと、表 8-2 には SSR の設定値がありません。実は、Nuxt のデフォルトのレンダリングモードが SSR を基本としたユニバーサルレンダリングモードとなっているので、SSR でレンダリングする場合は、何も設定する必要がありません。逆に、この SSR の設定をオフ、すなわち、設定値を false とすることで CSR になります。

◎ **8.2.3** CSR の挙動

　それでは動作確認を行っていきましょう。ただし、これらのレンダリングモードは、npm run dev の開発者モードでは区別されずに動作してしまいます。そこで、本番環境と同じように動作させます。

　npm run build でビルドを行い、node .output/server/index.mjs で node サーバを起動させてください。トップ画面を表示させると、無事、図 8-3 の①の画面が表示されます。ここで、[SPA レンダリング] のリンクをクリックし、/spa パスの図 8-3 の②の画面を表示させてください。このパスは、リスト 8-7 の❷の設定の通り、CSR モードでレンダリングされた画面です。

8

9

レンダリングの挙動はソースで確認

単に画面を見ただけでは違いはわかりません。そこで、この画面を右クリックして［ページのソースを表示］などのメニューから表示されたソースを確認してください。図 8-4 のような表示になります。

▼ 図 8-4　表示された /spa 画面のソース

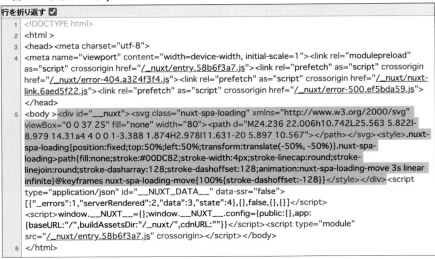

図 8-4 の選択された div タグに注目してください。タグ内には、時刻の表示や戻るリンクに関するタグは何も記述されていません。一方、同じ画面をブラウザの開発者ツールで確認すると、図 8-5 のようになっています。

▼ 図 8-5　/spa 画面を開発者ツールで確認した画面

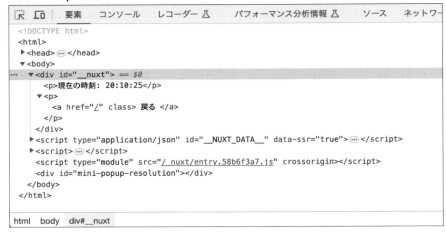

div タグ内に、画面に表示させた内容と同じタグがレンダリングされています。この処理の流れを図にすると、図 8-6 の通りです。

▼ 図 8-6　CSR の動作イメージ

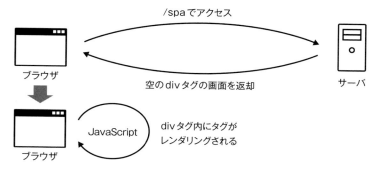

CSR の仕組み

ブラウザがサーバにアクセスして読み込む HTML データは、基本的に空の div タグであり、その中に表示に必要なタグは何もレンダリングされていません。図 8-4 がそのことを物語っています。

その後、その画面を受け取ったブラウザ側で JavaScript コードが実行され、その処理内容に合わせて div タグ内に必要なタグがレンダリングされます。結果、図 8-5 のようなレンダリング結果になり、実際に目に見える画面が図 8-3 の②のようになります。

このように、ブラウザ側、すなわち、クライアント側でそのレンダリングの全てを行い、実際に表示に必要な画面を用意する仕組みを、**クライアントサイドレンダリング**（**Client-Side Rendering**）、略して **CSR** といいます。そして、全ての画面がクライアントサイドレンダリングで構成されたアプリケーションのことを、**シングルページアプリケーション**（**Single Page Application**）、略して、**SPA** といいます。

そして、Nuxt では、この CSR モードでレンダリングしたい場合は、リスト 8-7 の❷のように、**ssr: false** という設定値を記述することになっています。というのは、Nuxt のデフォルトレンダリングモードが SSR を基本とするユニバーサルレンダリングであり、それをオフ（false）にすることで、CSR になるという仕組みだからです。

> **NOTE　ClientOnly**
>
> Nuxt には、コンポーネント内でクライアント側でのみレンダリングされる部分を設けることができます。その場合、例えば、次のコードのように、**ClientOnly** タグで囲みます。
>
> ```
> <template>
>   <section>
>       ⋮
>   </section>
>   <ClientOnly>
>     <MessageList/>
>   </ClientOnly>
> </template>
> ```
>
> 上記例の場合では、MessageList コンポーネントは、クライアント側でのみレンダリングされるようになります。

8

8.2.4　SSR の挙動

では、その Nuxt のデフォルトレンダリングモードであるユニバーサルレンダリングはどのようなものかを確認しておきましょう。これは、図 8-3 の①の［ユニバーサルレンダリング］のリンク先である /universal が該当します。リスト 8-7 を見ても、この /universal パスはレンダリングモードの設定はされておらず、したがってデフォルトのユニバーサルレンダリングとなります。

SSR の動作確認

この［ユニバーサルレンダリング］のリンク先画面を表示させ、前項と同じく、開発者ツールではなく、［ページのソースを表示］を利用してサーバから帰ってきたソースコードを確認してください。図 8-7 のような表示になっています。

▼ 図 8-7　表示された /universal 画面のソース

```
行を折り返す ☑
1  <!DOCTYPE html>
2  <html >
3  <head><meta charset="utf-8">
4  <meta name="viewport" content="width=device-width, initial-scale=1"><link rel="modulepreload" as="script" crossorigin
   href="/_nuxt/Users/shinzo/Workdir/Gihyo/GihyoNuxt/chap08/rendering/node_modules/nuxt/dist/app/entry.mjs"></head>
5  <body><div id="__nuxt"><!--[--><p>現在の時刻: 19:28:53</p><!--]--></div><script>window.__NUXT__={data:{},state:
   {},_errors:{},serverRendered:true,config:{public:{},app:{baseURL:"\u002F",buildAssetsDir:"\u002F_nuxt\u002F",cdnURL:""}}}
   </script><script type="module" src="/_nuxt/@vite/client" crossorigin></script><script type="module"
   src="/_nuxt/Users/shinzo/Workdir/Gihyo/GihyoNuxt/chap08/rendering/node_modules/nuxt/dist/app/entry.mjs" crossorigin>
   </script></body>
6  </html>
```

注目すべきは選択された div タグ内です。図 8-4 とは違い、サーバからレスポンスが送信された段階で、すでに div タグ内がレンダリングされており、表示時刻が埋め込まれています。

ユニバーサルレンダリングの仕組み

この処理の流れを図にすると、図 8-8 の通りです。

▼ 図 8-8　ユニバーサルレンダリングの動作イメージ

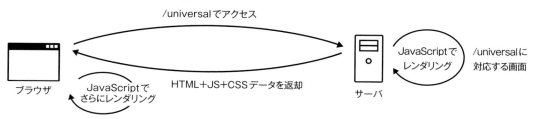

ブラウザがサーバにアクセスして /universal の内容を要求した際、サーバ側ですでにレンダリングが行われ、生成された HTML データが送信されます。ブラウザは、単に送信された HTML データを表示させる

だけです。

　このようなレンダリングの仕組みを、**サーバサイドレンダリング**（**Server-Side Rendering**）、略して **SSR** といいます。この SSR は、Java や PHP などのいわゆるサーバサイド Web アプリケーションと同じと考えてよいでしょう。

　ただし、Nuxt の場合は、単なる SSR ではなく、アプリのユーザと相互のやり取りが必要な処理など、どうしてもクライアントサイドで動作しないと成り立たない処理内容に関しては、その処理をサーバサイドで行わず、JavaScript コードをブラウザに返すことで、ブラウザ上でも動作させるように自動的に制御してくれます。このように、SSR と CSR のいいとこ取りが、**ユニバーサルレンダリング**（**Universal Rendering**）であり、Nuxt のデフォルトレンダリングとなっています。

▌CSR で生成されるリンク

　このいいとこ取りについては、図 8-7 でも確認できます。図 8-7 をよく見ると、div タグ内に［戻る］に該当するタグがレンダリングされていません。一方、表示された画面には問題なく［戻る］リンクが表示されています。そのタグは、開発者ツールで確認できます（図 8-9）。すなわち、［戻る］リンクに関しては、クライアント側で後からレンダリングされたことがわかります。

▼ **図 8-9　開発者ツールでは［戻る］リンクタグが確認できる**

◎ 8.2.5　SSG の挙動

　前項まで紹介した CSR とユニバーサルレンダリングに関しては、現状の Nuxt でも問題なく動作します。一方、本項から紹介する SSG と ISG に関しては、原稿執筆時点では発展途上です。そのあたりも含めて紹介していきます。

8

SSG の動作確認

まず、動作確認を行っておきましょう。図 8-3 の①の［静的サイトジェネレーション］のリンク先画面である /ssg を表示させ、開発者ツールではなく［ページのソースを表示］を利用してサーバから帰ってきたソースコードを確認してください。図 8-10 のような表示になっています。

▼ 図 8-10　表示された /ssg 画面のソース

```
行を折り返す ☑
1  <!DOCTYPE html>
2  <html >
3  <head><meta charset="utf-8">
4  <meta name="viewport" content="width=device-width, initial-scale=1"><link rel="modulepreload" as="script" crossorigin
   href="/_nuxt/Users/shinzo/Workdir/Gihyo/GihyoNuxt/chap08/rendering/node_modules/nuxt/dist/app/entry.mjs"></head>
5  <body><div id="__nuxt"><!--[--><!--[--><p>現在の時刻: 1:58:11</p><p><a href="/" class=""> 戻る </a></p><!--]--><!--]-->
   </div><script>window.__NUXT__={data:{},state:{},_errors:{},serverRendered:true,config:{public:{},app:
   {baseURL:"\u002F",buildAssetsDir:"\u002F_nuxt\u002F",cdnURL:""}}}</script><script type="module" src="/_nuxt/@vite/client"
   crossorigin></script><script type="module"
   src="/_nuxt/Users/shinzo/Workdir/Gihyo/GihyoNuxt/chap08/rendering/node_modules/nuxt/dist/app/entry.mjs" crossorigin>
   </script></body>
6  </html>
```

図 8-7 と同様に、div タグ内に表示に必要な現在時刻がすでにレンダリングされているだけでなく、図 8-7 とは違い、［戻る］リンクもレンダリングされています。さらに、このソースコードが表示されている画面をリロードしてください。何回リロードしても、表示時刻は全く変化しません。一方、/universal のソースコードである図 8-7 のソース表示画面をリロードしたら、div タグ内の表示は、リロードしたタイミングの時刻表示に変化します。

SSG の仕組み

この処理の流れを図にすると、図 8-11 の通りです。

▼ 図 8-11　SSG の動作イメージ

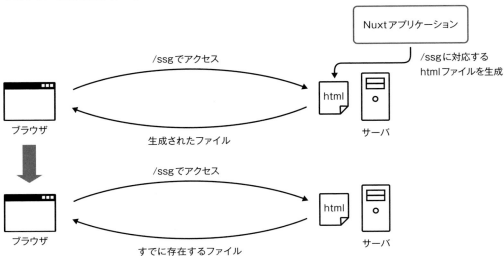

　ブラウザがサーバにアクセスした際、初回アクセスの場合は、/ssg の表示内容に対応する html ファイルを生成します。そして、それをブラウザに返します。次にアクセスしてきた場合は、すでに生成された html ファイルを返します。一度生成したファイルを何らかの方法で削除したり、強制的に再生成させたりしない限りは、永久に同じ内容のファイルが返されます。そのため、図 8-10 のソースコード表示の画面を何回リロードしても、表示時刻は変化しません。

　このような仕組みのレンダリングを、**静的サイトジェネレーション**（Static Site Generation）、略して **SSG** といいます。まさに、静的ファイルの生成ですね。そして、Nuxt でこの SSG を利用する場合は、リスト 8-7 の ❸ のように、**prerender: true** という設定値を記述することになっています。

Nuxt の SSG の問題点

　ただし、この仕組みには現状で問題があります。ここでの動作確認では、サーバから返されたソースコードでの確認でした。すなわち、サーバサイドの挙動としては、正しく SSG となっています。ところが、これを、表示された画面で確認した場合、実は、画面をリロードするたびに時刻がその時点の時刻に変化してしまいます。しかも、よくよく見ると、サーバから返されたソースコード上の時刻（図 8-10 ならば 1:58:11）が一瞬表示された後で、現在時刻に変化します。このカラクリは、サーバから返されたソースコードをブラウザが表示した後、すかさず JavaScript が実行され、現在の時刻に上書きされている、という仕組みです。

　原稿執筆時点では、Nuxt の開発陣もこの現象を把握しており、SSG（や次項で紹介する ISG）はあくまでサーバサイドの問題であり、その後クライアントサイドで変更されているところまでは現時点では未対応、というアナウンスをしています。筆者としては、今後の発展に期待したいところです。

　また、次項で紹介する ISG も含めて、SSG がまともに動作する本運用環境も限られており、原稿執筆時点では、Netlify と Vercel のみとアナウンスされています。こちらも併せて今後の発展に期待したいところです。なお、Netlify に関しては、次章で紹介します。

◎ 8.2.6　ISG の挙動

　最後に ISG の挙動を確認しておきましょう。図 8-3 の ① の ［インクリメンタル静的ジェネレーション］のリンク先画面である /isg を表示させ、開発者ツールではなく ［ページのソースを表示］を利用してサーバから帰ってきたソースコードを確認してください。図 8-12 のような表示になっています。

▼ 図 8-12　表示された /isg 画面のソース

```
行を折り返す ☑
1  <!DOCTYPE html>
2  <html>
3  <head><meta charset="utf-8">
4  <meta name="viewport" content="width=device-width, initial-scale=1"><link rel="modulepreload" as="script" crossorigin
   href="/_nuxt/entry.79d5706b.js"><link rel="modulepreload" as="script" crossorigin href="/_nuxt/isg.bf0d9ff8.js"><link
   rel="modulepreload" as="script" crossorigin href="/_nuxt/nuxt-link.5a503d8c.js"><link rel="prefetch" as="script" crossorigin
   href="/_nuxt/error-component.fa247600.js"></head>
5  <body> <div id="__nuxt"><!--[-->><!--[-->><p>現在の時刻: 1:03:28</p><p><a href="/" class=""> 戻る </a></p><!--]-->><!--]-->>
   </div><script>window.__NUXT__={data:{},state:{},_errors:{},serverRendered:true,config:{public:{},app:
   {baseURL:"\u002F",buildAssetsDir:"\u002F_nuxt\u002F",cdnURL:""}}}</script><script type="module"
   src="/_nuxt/entry.79d5706b.js" crossorigin></script><script type="module" src="/_nuxt/isg.bf0d9ff8.js" crossorigin></script>
   </body>
6  </html>
```

　/ssg の図 8-10 の画面とほぼ同じく、div タグ内に現在時刻と［戻る］リンクがレンダリングされているのがわかります。そして、このソースの表示画面をリロードしても、表示時刻は変化しません。ただし、図 8-12 を表示させてから 1 分後にリロードを行うと、表示時刻が更新されています。

ISG の仕組み

　この処理の流れを図にすると、図 8-13 の通りです。

▼ 図 8-13　ISG の動作イメージ

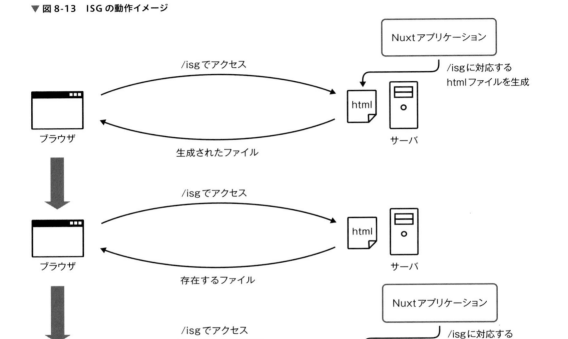

　ブラウザがサーバにアクセスした際、初回アクセスの場合は、SSG と同様に /isg の表示内容に対応する html ファイルを生成し、それをブラウザに返します。以降、ある一定期間は、そのファイルを返します。ただし、一定期間を過ぎると、その時点での /isg の表示内容に合わせて再度 html ファイルを生成します。

　このような仕組みのレンダリングを、**インクリメンタル静的ジェネレーション**（**Incremental Static Generation**）、略して ISG といいます。そして、Nuxt でこの ISG を利用する場合は、リスト 8-7 の❹のように、**swr: 数値**という設定値を記述することになっています。この数値が、まさに html ファイルを再生成する間隔を表す秒数です。リスト 8-7 の❹では、60 と指定しているため、60 秒、つまり 1 分経過すると、新たな html ファイルが生成され、従って、表示時刻が変わるようになっています。

　なお、この ISG にも、現状 SSG と同様の問題を含んでおり、確かにサーバサイドでは正しく一定間隔で再レンダリングされるものの、クライアントサイドで表示が書き変わってしまいます。SSG 同様、今後の発展に期待したいと思います。

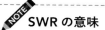
SWR の意味

　ISG の設定値には、**swr** というプロパティが使われています。これは、**Stale While Revalidate** の頭文字をとったものです。この **SWR** は、キャッシュに関する仕組みを表す用語であり、「再検証している間は古いキャッシュを返す」という意味になります。この再検証を、指定されて一定期間と読み替えると、まさに ISG の仕組みと合致します。

　ところで、表 8-2 には **isr: true** という設定値の記載があります。これは、swr と同じく ISG の挙動となります。しかも、通常の ISG だけでなく、CDN[*2] にも対応した ISG が可能となります。ただし、この設定値は、現状、Netlify、または、Vercel のみにしか対応していません。なお、Netlify に関しては次章で詳細に紹介します。

COLUMN　　　　　　　　　　　**Nuxt Content**

　Nuxt と連携するモジュールに、**Content** があります[*1]。このモジュールは、Nuxt プロジェクト内の **content** フォルダ内に格納されたマークダウン形式のファイルをそのままコンポーネントとしてレンダリングできるものです。マークダウン形式だけでなく、YAML や JSON、CSV データも利用できます。しかも、これらのファイルの内容を単にコンポーネントとして埋め込むだけでなく、そのファイル内のデータの検索なども可能です。

　Content を利用すると、コンテンツ部分を別ファイルとして content フォルダ内に作成し、そのコンテンツを利用するアプリケーション全体を Nuxt の各機能を使って作成することで、ブログのようなアプリケーションも簡単に作成できます。

　Content を利用するには、**@nuxt/content** モジュールを既存のプロジェクトに追加します。また、以下のコマンドを実行すると、Content を利用するプロジェクトを新規に作成することもできます。

```
npx nuxi init プロジェクト名 -t content
```

＊1　https://content.nuxtjs.org/

＊2　CDN に関しては、3.1 項末（p.73）のコラムを参照してください。

8│3　Redisとの連携

　前節で、本章の主要なテーマである Nuxt の動作の仕組みに関しては一通り解説したことになります。本章の最後に、少し趣旨を変えて、次章で紹介する本番環境へのデプロイを見据えて、Nuxt アプリケーションと Redis との連携方法を紹介します。

◎ 8.3.1　Redis の必要性と Redis とは

　5.4 節でサーバストレージを紹介して以降、本書中のさまざまなサンプルプロジェクトでそのサーバストレージを利用してきています。

　ただし、同じく 5.4 節で説明したように、このサーバストレージはあくまで一時的なデータ保存であり、Node.js サーバを停止させるとそのデータは消えてしまいます。これでは、当然ですが、本運用には耐えません。やはり、データを管理する専用のストレージ機能を利用する必要があります。

　そのようなもののうち、真っ先に思いつくのは、MySQL や PostgreSQL などのいわゆる RDB ですが、Nuxt から直接データを保存するには、少し手間がかかります。そこで、Nuxt のストレージ機能から簡単に利用できる Redis というデータストアがあるので、それを利用することにします。

　Redis（レディス）[3] は、オープンソースのデータストアで、その最大の特徴は、メモリ上にデータを管理し、高速にデータのやり取りができることです。もちろん、メモリ上にあるデータを適宜ストレージに保存する機能、すなわち、データの永続化機能も含まれており、安心して利用できます。この永続化機能は、利用しないように設定することもでき、その場合は、完全にメモリのみで動作するため、HTTP セッションやキャッシュの管理に利用することもできます。

　また、Redis が管理するデータ形式は、RDB とは違い、キーと値の組み合わせでデータを管理する、いわゆる、Key-Value ストアとなっており、JavaScript/TypeScript がブラウザにデータを保存する際によく利用するローカルストレージやセッションストレージと同じ形式でデータ保存が可能です。すなわち、キーに対して JSON データをそのまま保存できます。

　さらに、Nuxt には、この Redis を簡単に利用できる仕組みが含まれており、Nuxt のサーバ API エンドポイント側のデータストレージとしては最適な選択肢といえます。

　そのため、本節では、前章で作成した middleware-fundamental プロジェクトを移植した redis プロジェクトを作成し、Redis を利用したサンプルを作成することにします。

　なお、本書は Redis の解説書ではありません。詳細な解説は別媒体に譲り、Nuxt と連携させるのに必要最小限の解説にとどめることをあらかじめご了承ください。

---

[3]　https://redis.io/

◎ 8.3.2 macOS への Redis のインストールと起動

では、早速、Redis を利用していきましょう。そのためには、まず Redis をインストールしておく必要があります。本項では、macOS へのインストールを紹介します。

▌Redis のインストール

macOS への Redis のインストールは、**Homebrew** を利用します。もし、Homebrew がまだインストールされていないならば、Homebrew の公式サイト[4] などを参照の上、インストールしておいてください。その上で、次のコマンドを実行してください。

```
brew install redis
```

コマンド実行後は、Homebrew がさまざまなメッセージを表示しますが、特にエラー表示などなくプロンプトが返ってくれば、無事インストールが完了しています。

▌Redis の起動

インストールされた Redis を起動する場合は、次のコマンドを実行します。ただし、このコマンドの場合は、プロンプトが返らずフォアグラウンドで実行されます。そのため、終了させる場合は、コマンドの強制終了である [ctrl] + [C] を押下します。

```
redis-server
```

▌Redis をサービスとして起動

上記コマンドと違い、Redis をバックグラウンド、すなわち、サービスとして実行したい場合は、次のコマンドを実行します。

```
brew services start redis

〜省略〜
==> Successfully started `redis` (label: homebrew.mxcl.redis)
```

上記のように、「Successfully started ……」と表示されていれば、サービスとして起動しています。起動状態がどのようなものかを調べたい場合は、次のコマンドを実行します。

```
brew services info redis

redis (homebrew.mxcl.redis)
Running: ✓
```

---

[4] https://brew.sh/

8

```
Loaded: ✓
Schedulable: ✗
User: shinzo
PID: 7919
```

上記のように、起動状態が表示されます。

Redis サービスの終了

サービスとして起動した Redis を終了させたい場合は、次のコマンドを実行します。

```
brew services stop redis

Stopping `redis`... (might take a while)
==> Successfully stopped `redis` (label: homebrew.mxcl.redis)
```

上記のように、「Successfully stopped …」と表示されていれば、サービスとして起動した Redis が終了しています。

◎ 8.3.3　Windows への Redis のインストールと起動

本項では Windows への Redis のインストール方法を紹介します。ただし、残念ながら、公式の Windows 版 Redis は存在しません。そのため、Windows で Redis を利用する場合は、**Windows Subsystem for Linux（WSL）**を利用して **Ubuntu**[*5]をインストールした上で、その Ubuntu 上で動作させる必要があります。

WSL のインストール

そこで、まず、WSL をインストールする必要があります。WSL のインストール、および、インストール後の利用方法などに関する詳細な手順に関しては、別媒体に譲りますが、基本的には、ターミナル上で次のコマンドを実行すればインストールできます。インストール後は、コマンドの指示に従ってください。

```
wsl --install
```

Redis のインストール

無事インストールが完了し、WSL 上の Ubuntu にログインできたならば、Redis をインストールします。これは、Ubuntu の **apt** コマンドを利用しますが、apt コマンドが参照するリポジトリを追加しておく必要があります。そのために、次のコマンドを実行します[*6]。

[*5]　Redis は Ubuntu 以外の Linux でも動作します。ただし、WSL の規定の Linux が Ubuntu のため、特段の理由がない限り、Ubuntu を利用すれば問題ありません。

[*6]　このコマンドは長いものですので、入力ミスを減らすために、Redis の公式サイトの Windows のインストールページからコピー＆ペーストすることをお勧めします。URL は次の通りです。
https://redis.io/docs/getting-started/installation/install-redis-on-windows/

```
curl -fsSL https://packages.redis.io/gpg | sudo gpg --dearmor -o /usr/share/keyrings/↩
redis-archive-keyring.gpg
```

その後、次のコマンドですでにインストールされたパッケージなどをアップデートしておきます。

```
sudo apt update
```

　最終的に、次のコマンドでインストールを行います。インストール途中で、確認メッセージが表示される場合があります。その場合は、Y を入力してインストールを進めてください。最終的にプロンプトが返れば、インストールは完了です。

```
sudo apt install redis
```

Redis の起動

　インストールされた Redis を起動する場合は、次のコマンドを実行します。このコマンドでサービスとして Redis が起動します。

```
sudo service redis-server start

Starting redis-server: redis-server.
```

　上記のように、「Starting redis-server …」と表示されていれば、サービスとして起動しています。起動状態がどのようなものかを調べたい場合は、次のコマンドを実行します。

```
sudo service redis-server status

* redis-server is running
```

　上記のように、「running」と表示されていれば、サービスとして起動しています。

Redis の終了

　サービスとして起動した Redis を終了させたい場合は、次のコマンドを実行します。

```
sudo service redis-server stop

Stopping redis-server: redis-server.
```

　上記のように、「Stopping redis-server …」と表示されていれば、サービスとして起動した Redis が終了しています。

◎ 8.3.4　コマンドで Redis に接続

サービスとして起動している Redis にローカルマシンから接続する場合は、次のコマンドを実行します。

```
redis-cli

127.0.0.1:6379>
```

　すると、プロンプトが上記「127.0.0.1:6379」のように「IP アドレス : ポート番号」に変化します。この状態で、プロンプトに表示されている IP アドレスとポート番号の Redis に接続したことになります。ここから、Redis の命令を入力し、データを確認していきます。主な命令を表 8-3 にまとめておきます。他の詳細に使い方に関しては、公式サイトなどの別媒体を参照してください。

▼ 表 8-3　Redis の主な命令

命令	内容	例
QUIT/EXIT	接続を切断する	
KEYS パターン	指定されたパターンに一致するキーを表示する	KEYS *（登録されている全てのキーを表示） KEYS my_*（my_ で始まる全てのキーを表示）
GET キー	指定されたキーの値を表示する	GET my_new_world
SET キー 値	指定されたキーで値を登録。すでにキーがある場合は上書きする	SET my_new_world "Hello World!"
SETNX キー 値	指定されたキーで値を登録。すでにキーがある場合は上書きしない	SETNX my_new_world "Hello World!"
DEL キー	指定されたキーを削除する	DEL my_new_world

◎ 8.3.5　redis プロジェクトの作成

　Redis の準備ができたところで、Redis と連携する Nuxt アプリケーションを作成していきましょう。まずは、middleware-fundamental プロジェクトの移植からです。redis プロジェクトを作成し、middleware-fundamental プロジェクトの次のファイル一式を、ファイルごと redis プロジェクトの同階層にコピー＆ペーストしてください。

- interfaces.ts
- server/routes/member-management/members.get.ts
- server/routes/member-management/members.post.ts
- server/routes/member-management/members/[id].get.ts
- server/routes/user-management/auth.post.ts
- middleware/loggedin-check.ts
- layouts/default.vue
- layouts/loggedout.vue
- layouts/member.vue

- components/TheLoggedInSection.vue
- pages/index.vue
- pages/login.vue
- pages/logout.vue
- pages/member/memberList.vue
- pages/member/memberAdd.vue
- pages/member/memberDetail/[id].vue

また、redis プロジェクトの app.vue の中のソースコードも、middleware-fundamental プロジェクトの app.vue のものをコピー＆ペーストして、丸々書き換えておいてください。

その上で、layouts/default.vue と layouts/loggedout.vue と layouts/member.vue のテンプレートブロックの h1 タグを、リスト 8-8 のように変更しておいた方がよいでしょう。

▼ **リスト 8-8　redis/layouts/default.vue と redis/layouts/member.vue と redis/layouts/loggedout.vue**

```
<template>
  <header>
    <h1>Redis連携サンプル</h1>
  </header>
  ～省略～
</template>
```

移植が終了したら、プロジェクトを起動し、動作確認を行ってください。ただし、ログインチェック以外のミドルウェアは移植していませんので、ログ出力されない点には注意しておいてください。それ以外は、middleware-fundamental プロジェクトと同様の動作になります。

◎ **8.3.6　Redis 連携コードの記述**

先述のように、Nuxt は、デフォルトで Redis と連携できる仕組みが備わっています。これを利用するには、**nuxt.config.ts** に設定情報を記述するだけです。早速、nuxt.config.ts の defineNuxtConfig() 関数の引数オブジェクトに、リスト 8-9 の太字のコードを追記してください。

▼ **リスト 8-9　redis/nuxt.config.ts**

```
export default defineNuxtConfig({
  devtools: { enabled: true },
  nitro: {                                          ❶
    storage: {                                      ❷
      "redis": {                                    ❸
        driver: "redis"                             ❹
      }
    }
  }
});
```

8

9

271

　たったこれだけのコードで Redis と連携できます。まず、リスト 8-9 の❶のように **nitro** プロパティを定義します。1.1.8 項で解説したように、サーバ API エンドポイント側の処理は、Nitro を利用して行っています。そのため、Nuxt の中の Nitro に関する設定項目は、このように nitro プロパティオブジェクトに設定します。

　その nitro プロパティのうちで、ストレージとのやり取りに関する設定項目は、**storage** プロパティに設定します。それが、❷です。この storage プロパティオブジェクトに、利用するストレージの設定をオブジェクト形式で記述し、それに対して適切な名称のプロパティを与えます。リスト 8-9 では、❸の redis としていますが、この文字列は、任意のものでかまいません。ただし、この文字列が非常に重要な働きをします。これについては、後述します。

　その redis と命名したプロパティのオブジェクトに、利用するストレージに関する設定情報を記述します。そのうち、Redis と連携する場合は、必ず、❹の **driver** プロパティに **redis** を記述します。この記述があるだけで、Redis と連携できるようになります。

　ただし、driver プロパティの設定のみの場合は、デフォルトの接続設定、すなわち、接続先ホストは localhost で、ポートは 6379、接続ユーザ名、パスワードともになしとなります。デフォルト以外の設定をする場合は、表 8-4 のプロパティを追加で記述します。あるいは、これらをまとめた URI 形式の **url** プロパティで指定します。こちらは、利用した例を次章で紹介します。

▼ **表 8-4　Redis 接続先設定プロパティ**

プロパティ	内容
host	接続先ホスト
port	接続先ポート番号
username	接続ユーザ名
password	接続パスワード

◎ **8.3.7　Redis 連携のためのキー文字列の変更**

　これで Redis と連携できる設定ができました。ただし、このままでは、Redis とデータのやり取りは行えません。というのは、server フォルダ内の各処理コード中で、ストレージとやり取りする際に指定するキー文字列を、Redis と連携するように変更する必要があります。その変更を行っていきましょう。

　まず、members.get.ts をリスト 8-10 の太字のように変更してください。

▼ **リスト 8-10　redis/server/routes/member-management/members.get.ts**

```
import type {Member, ReturnJSONMembers} from "@/interfaces";

export default defineEventHandler(
  async (event): Promise<ReturnJSONMembers> => {
    ～省略～
    const storage = useStorage();
    const memberListStorage = await storage.getItem("redis:member-management_members") as any;
    ～省略～
  }
);
```

┃コロンより前はストレージ設定名

　これまで、太字の部分は、local:member-management_members でした。この local 部分を redis に変更しています。

　実は、Nuxt（というより Nitro）は、ストレージを利用する際、すなわち、storage オブジェクトの各メソッドを利用する際、渡されるキー文字列のコロン（:）より前を参照します。そして、その文字列に該当するストレージ設定が nuxt.config.ts にされている場合は、その情報を元にしたストレージとやり取りするようになっています。

　リスト 8-9 の❸では、Redis と接続するための設定を redis と命名しました。そのため、リスト 8-10 のようにキー文字列のコロン（:）より前には redis を指定する必要があります。

　もしこれまでのキー文字列である local のように、nuxt.config.ts に設定情報がない場合は、自動的にメモリをストレージとして利用するような仕組みとなっているのです。

┃[id].get.ts の改造

　それでは、server フォルダ内のストレージとやり取りしている他のコードも、このキー文字列（redis:member-management_members）に変更していきましょう。

　次は、[id].get.ts です。これは、リスト 8-11 の太字のようになります。リスト 8-10 の members.get.ts と差はありません。

▼ **リスト 8-11**　redis/server/routes/member-management/members/[id].get.ts

```
import type {Member, ReturnJSONMembers} from "@/interfaces";

export default defineEventHandler(
  async (event): Promise<ReturnJSONMembers> => {
    ～省略～
    const storage = useStorage();
    const memberListStorage = await storage.getItem("redis:member-management_members") as any;
    ～省略～
  }
);
```

┃members.post.ts の改造

　最後に、members.post.ts です。こちらは、変更箇所がリスト 8-12 の太字の 2 箇所あるので注意してください。

▼ **リスト 8-12**　redis/server/routes/member-management/members.post.ts

```
import type {Member, ReturnJSONMembers} from "@/interfaces";

export default defineEventHandler(
  async (event): Promise<ReturnJSONMembers> => {
    ～省略～
```

```
  const storage = useStorage();
  const memberListStorage = await storage.getItem("redis:member-management_members") as any;
  if(memberListStorage != undefined) {
    memberList = new Map<number, Member>(memberListStorage);
  }
  memberList.set(member.id, member);
  await storage.setItem("redis:member-management_members", [...memberList]);
  〜省略〜
  }
);
```

▌動作確認

　これで、全てのコーディングは終了です。Redis が起動していることを確認して、動作確認を行ってください。初回は、図 8-14 の①のように何もデータが登録されていませんが、会員を一人登録してみてください。その後、図 8-14 の②のようにリストに表示されるようになります。この動作は、これまでと同様です。

▼ 図 8-14　redis での動作確認画面

① ②

Redis連携サンプル

山本五郎さんがログイン中

ログアウト

会員管理

TOP > 会員リスト

会員リスト

新規登録はこちらから

- 会員情報は存在しません。

Redis連携サンプル

山本五郎さんがログイン中

ログアウト

会員管理

TOP > 会員リスト

会員リスト

新規登録はこちらから

- IDが55126の田中太郎さん

▌Redis でのキーの確認

　この状態で、8.3.4 項で紹介したコマンドを利用して、Redis のデータを確認してみてください。まず、KEYS で登録されているキーを確認すると、リスト 8-13 のように表示されます。

▼ リスト 8-13　Redis で登録されたキーの確認

```
127.0.0.1:6379> KEYS *

1) "member-management_members" ──────────────────────────────────────── ❶
```

無事、member-management_members でデータ登録されていることが確認できます。ここで、リスト 8-13 の❶の登録されたキーに注目してください。コロン（:）より前がありません。このように、コロン（:）より前は、あくまで Nuxt/Nitro がストレージの識別のために利用するだけで、実際に Redis に登録される際は、コロン（:）より右側の文字列で登録されることを理解しておいてください。

Redis でのデータの確認

さらに、このキーで登録されたデータを確認しておきましょう。これは、リスト 8-14 のようになります。

▼ **リスト 8-14　Redis で登録されたデータの確認**

```
127.0.0.1:6379> GET member-management_members

"[[55126,{\"id\":55126,\"name\":\"\xe7\x94\xb0\xe4\xb8\xad\xe5\xa4\xaa\xe9\x83\x8e\",\"email\":↵
\"taro@tanaka.com\",\"points\":100,\"note\":\"Redis\xe3\x81\xab\xe5\x88\x9d\xe7\x99\xbb\xe9\x8c↵
\xb2\xe3\x80\x82\"}]]"
```

JSON エンコードされているので、日本語部分の内容はわかりませんが、会員 ID やポイント数など、登録された会員情報がそのまま保存されているのが確認できます。もちろん、このデータは、Nuxt アプリケーションを終了しても、Redis を終了しても、保存されたままとなっており、次回アクセスした時には問題なく利用できます。

このように、Nuxt と Redis を組み合わせると、簡単にデータを保存できる Web アプリケーションが作成できるようになります。

COLUMN　　　　　　　　　　　**Nitro と h3**

Nuxt には、その内部に Nitro と h3 が含まれており、これまでも知らず知らずのうちに、これらの機能を利用してきています。特に、第 5 章のサーバ機能は、Nitro と h3 抜きにはありえないものです。

この Nuxt と Nitro と h3 の関係を図にすると、図 8-n1 のようになります。そして、この Nitro も h3 も、単独で利用することができます。

▼ **図 8-n1　Nuxt と Nitro と h3 の関係**

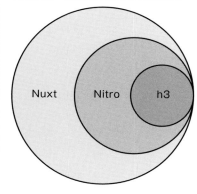

8

9

　h3[*1] は、簡易 Web サーバです。その利用方法は、同じく Node.js 上で動作する Web サーバフレームワークである **Express**[*2] に似ており、例えば、GET メソッドによるアクセスに対する処理を登録する場合は、次のようなコードを記述します。

```
router.get("/showHello", …);
```

　この h3 を **Nitro**[*3] と組み合わせることにより、get() や post() によるルーティング登録をファイルパス構造、すなわち、ファイルシステムルーティングとして Nitro が自動で行ってくれるようになります。

　そのようにコーディングしたサーバ処理コードを、Node.js ランタイムならばどこででも動作するようにビルドするのが Nitro の役割です。さらに、ストレージとの自動接続や、オートインポート機能、本書で紹介してきた Nuxt のサーバ機能やデプロイ関連の機能などは、ほぼ、この Nitro のおかげで実現しているといえます。

　なお、h3 も Nitro も、**UnJS**[*4] というプロジェクトのひとつとして作成されており、4.1.4 項末（p.116）の Note で紹介した ofetch も UnJS プロジェクトの成果です。このように Nuxt 内では UnJS プロジェクトの製品が多々使われていますが、それもそのはずで、UnJS プロジェクトの主要メンバーは Nuxt の主要メンバーとほぼ同じです。

―――――――
[*1]　https://github.com/unjs/h3
[*2]　https://expressjs.com/
[*3]　https://nitro.unjs.io/
[*4]　https://unjs.io/

第 **9** 章

応用編

Nuxtを
本番環境へデプロイ

Nuxtを解説してきた本書も、いよいよ最終章です。本章で
は新しい機能を実装したサンプルは作成しません。これまで
作成してきたサンプルプロジェクトのうちから適切なものを選
び、それを本番環境にデプロイしながら、Nuxtのデプロイの
方法を紹介していきます。

9 | 1　Nuxt のデプロイ先サービス

　本書の最後を飾る本章では、Nuxt アプリケーションのデプロイを紹介していきます。具体的なデプロイ方法に関しては、次節より解説するとして、本節では、Nuxt のデプロイ先について概観しておきます。

◎ 9.1.1　2 種のデプロイ先

　8.1 節で解説したように、Nuxt アプリケーションをビルドする場合、npm run build と npm run generate の 2 種のビルド方法があります。8.1.2 項の通り、build でビルドしたファイル一式は、Node.js 上で動作します。一方、8.1.4 項の通り、generate で生成した静的ファイル一式は、Apache などの Web サーバのドキュメントルートに配置することで表示、動作するようになります。

　この 2 種類が、そのままデプロイ先への種類となります。すなわち、Node.js 環境と、Web サーバです。ということは、まず、Node.js 環境で動作させたいアプリケーションの場合は、自分でインターネット上に用意したサーバや VPS などの仮想サーバ、AWS EC2 などのクラウドサーバサービスに Node.js 環境を用意し、その Node.js に npm run build でビルドしたファイル一式を読み込ませれば、アプリケーションを公開できます。

　また、静的ファイル一式の場合は、同様に、自身のサーバでも VPS でも EC2 でも、そこに Apache などの Web サーバを稼働させて、そのドキュメントルートに npm run generate で生成したファイル一式を配置しておけば、表示、動作します。この Web サーバ環境は、何も自分で構築する必要はなく、いわゆるレンタルサーバのドキュメントルートでもかまいません。このような Web サーバのドキュメントルートを、Nuxt の公式ドキュメントでは、**静的ホスティングサービス（Static Hosting Services）** と総称しています。

◎ 9.1.2　Nuxt が対応しているホスティングプロバイダ

　前項で説明したように、Nuxt の実行環境、表示環境を自身で用意する方法もありますが、世の中にはこれらの実行環境をあらかじめ用意してくれているサービスがあります。Nuxt の公式ドキュメントでは、これらは、**ホスティングプロバイダ（Hosting Providers）** と呼んでいます。

　これらのホスティングプロバイダに Node.js アプリケーションをデプロイする場合は、それぞれのホスティングプロバイダに合わせた設定やコーディング、ビルドを行う必要があります。

　ただし、Nuxt は、あらかじめ主要なホスティングプロバイダに対応しています。これらの Nuxt が対応したホスティングプロバイダにデプロイする場合は、設定の必要がないか、あったとしても、設定を少し記述するだけで、そのホスティングプロバイダに合わせたビルドを自動で行ってくれます。場合によっては、ビルドそのものもホスティングプロバイダ側で行ってくれるものもあります。また、Nuxt 側が対応しているだけでなく、ホスティングプロバイダ側が Nuxt に対応しているものもあります。

　そのため、本運用環境としては、通常は、Nuxt 対応ホスティングプロバイダを利用します。表 9-1 に、

原稿執筆時点での、Nuxt 対応ホスティングプロバイダをアルファベット順にまとめておきます。

▼ **表 9-1　Nuxt が対応しているホスティングプロバイダ**

名称	概要	課金方法
AWS Lambda	Amazon Web Service（AWS）のサーバレスサービス	従量課金
Azure Functions	Azure のサーバレスサービス	従量課金
Azure Static Web Apps	Azure の静的ホスティングサービス	従量課金
Cleavr	Node.js と PHP、および、MariaDB や MySQL、PostgreSQL の DB 環境を提供しているサービス	月額
Cloudflare Pages	Cloudflare の Jamstack[*1] アプリケーション用ホスティングサービス	月額料金（無料利用可能）
Cloudflare Workers	Cloudflare のサーバレスサービス	従量課金（無料利用可能）
Digital Ocean App Platform	フルマネージドプラットフォームサービス[*2]	月額料金（無料利用可能）
Edgio	CDN[*3] サービス	公表なし
Firebase Hosting	Firebase の静的ホスティングサービス	従量課金（無料枠あり）
Heroku	フルマネージドプラットフォームサービス[*2]	月額料金
Netlify	Node.js のホスティングサービス	月額料金（無料利用可能）
Render	Node.js や PHP、Ruby などの言語、および、各種データベース環境を提供しているサービス	月額料金（無料利用可能）
Stormkit	Jamstack アプリケーション用ホスティングサービス	月額料金（無料利用可能）
Vercel	Node.js のホスティングサービス	月額料金（無料利用可能）

　これらのホスティングプロバイダのうち、本章では、Netlify と AWS Lambda、Heroku に実際にデプロイする方法を、次節以降、順に紹介します。なぜ、これらのホスティングプロバイダを選んだのか、それぞれの特徴についても、それぞれの節中で紹介しますが、簡単な比較を表 9-2 にまとめておきます。この表の○と×の意味するところは、各節で解説を行っていきます。

▼ **表 9-2　Netlify と AWS Lambda と Heroku の比較**

	Git 連携	無料枠	状態保持	DB 連携	オートスケール
Netlify	○	○	○	×	×
AWS Lambda	×	×	×	○	○
Heroku	○	×	○	○	○

　なお、Netlify も AWS Lambda も Heroku も、詳細な解説を行おうとすると、それぞれに 1 冊の小冊子になるぐらいの内容があります。そのため、デプロイに関連する部分にだけポイントを絞った解説になることをご了承ください。特に、アカウントの開設やログイン方法、課金管理など、そのサービスを利用するための基本的な部分は割愛することをご了承ください。また、アカウントの作成などは事前に行うようにしておいてください。

　また、後述するように、Netlify と Heroku は、GitHub を同時に利用します。この GitHub の使い方に関しても、解説は割愛することをご了承ください。

＊1　4.5 項末（p.137）のコラムを参照してください。
＊2　さまざま言語、さまざまな実行環境をサポートし、かつ、それらの管理を自動化しているクラウドサービスのこと。
＊3　3.1 項末（p.73）のコラムを参照してください。

9|2 Netlifyへのデプロイ

概論はここまでにして、早速、実際にデプロイを行っていきましょう。最初は、Netlify へのデプロイです。

◎ 9.2.1　Netlify とは

Nuxt アプリケーションのデプロイを紹介していく本章のトップバッターとして **Netlify**（ネトリファイ）を選んだのには、理由があります。そして、その理由が Netlify の特徴そのものを表しています。Netlify の URL は次の通りです。

　　https://www.netlify.com/

表 9-1 にもあるように、Netlify（ネトリファイ）は、Node.js のホスティングサービスです。Node.js 上で動作する Web アプリケーションならば、動作する環境を自動で用意することができます。自動というのは、ほぼ設定の必要がない、ということです。もちろん、設定をカスタマイズすることもできますが、基本的な環境はほぼ全て自動で用意されます。ということは、同じく Node.js 上で動作する Nuxt アプリケーションを実行させるには、最適な選択肢といえます。

しかも、デプロイの方法も非常に簡単であり、GitHub などの Git ホスティングサービスでソースコードの管理を行っていれば、そこから自動で取得、ビルドを行ってくれるようになっています（図 9-1）。プログラマは、ソースコードを zip などのアーカーブにしてアップロードしたり、その中に必要なライブラリ類を含めたり、といった操作は不要です。このお手軽さを、次項以降味わっていただこうと思います。

▼ 図 9-1　Netlify でのデプロイ

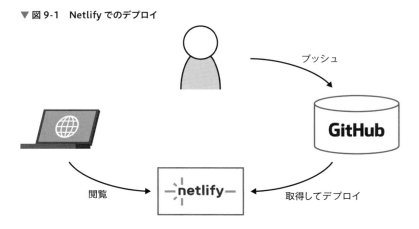

このように、非常に便利な Netlify なため、かなりの Nuxt プログラマは第 1 選択として Netlify を利用しています。しかも、表 9-1 にある通り、料金設定としては月額料金が必要とはいえ、原稿執筆時点では、次のような制約下で利用する限りは、無償となっています。

- デプロイの管理を行えるユーザが一人
- ひとつのサイトに複数のビルドパターンを併用できない
- 100GB/ 月の帯域
- ビルド時間の制限が 300 分 / 月

上記を見てもわかるように、かなりの範囲を無料利用の範囲で済ますことができます。

ただし、欠点がないわけではありません。まず、用意されている環境が Node.js 環境のみですので、データベースなどのデータ保存部分に関しては、別のサービスを独自に用意し、連携させる必要があります。そのため、8.3 節で作成したような Redis を利用したアプリケーションの場合は、Netlify 単独では実現できません。

この制約のため、本書で作成したサンプルのうち、第 7 章で作成した middleware-fundamental プロジェクトは適切に動作しますが、Redis を利用しないため、データの永続化は行われていません。また、第 4 章で作成した composables プロジェクトも動作します。そこで、本節では、この 2 個のプロジェクトを Netlify 用に移植し、デプロイしていくことにします。

◎ 9.2.2　middleware-fundamental プロジェクトの移植

前項で説明したように、Netlify へのデプロイは、Git ホスティングサービス経由で行うことになっています。そこで、本書では GitHub を利用し、GitHub 経由で Netlify へデプロイします。

まず、middleware-fundamental プロジェクトを移植するプロジェクトとして、gihyonuxt-members-netlify プロジェクトを作成してください。middleware-fundamental プロジェクトの次のファイル一式を、ファイルごと gihyonuxt-members-netlify プロジェクトの同階層にコピー＆ペーストしてください。

- interfaces.ts
- server/routes/member-management/members.get.ts
- server/routes/member-management/members.post.ts
- server/routes/member-management/members/[id].get.ts
- server/routes/user-management/auth.post.ts
- middleware/loggedin-check.ts
- layouts/default.vue
- layouts/loggedout.vue
- layouts/member.vue
- components/TheLoggedInSection.vue
- pages/index.vue
- pages/login.vue
- pages/logout.vue
- pages/member/memberList.vue

- pages/member/memberAdd.vue
- pages/member/memberDetail/[id].vue

また、gihyonuxt-members-netlify プロジェクトの app.vue の中のソースコードも、middleware-fundamental プロジェクトの app.vue のものをコピー&ペーストして、丸々書き換えておいてください。

その上で、layouts/default.vue と layouts/loggedout.vue と layouts/member.vue のテンプレートブロックの h1 タグを、リスト 9-1 のように変更しておいた方がよいでしょう。

▼ リスト 9-1　gihyonuxt-members-netlify/layouts/default.vue と gihyonuxt-members-netlify/layouts/member.vue と gihyonuxt-members-netlify/layouts/loggedout.vue

```
<template>
  <header>
    <h1>会員管理-Netlify版</h1>
  </header>
  ～省略～
</template>
```

移植が終了したら、プロジェクトを起動し、動作確認を行ってください。ただし、redis プロジェクト同様に、ログインチェック以外のミドルウェアは移植していませんので、ログ出力されない点には注意しておいてください。それ以外は、middleware-fundamental プロジェクトと同様の動作になります。

次に、このプロジェクトを、そのまま GitHub のリポジトリとして作成してください。リポジトリ名も、プロジェクト名と同様の gihyonuxt-members-netlify、リポジトリの種類もプライベートでかまいません。

◎ 9.2.3　Netlify へ GitHub からのデプロイ

これで、GitHub 経由で Netlify にデプロイできる準備ができました。次に、Netlify を GitHub と連携させていきます。Netlify にログインし、[Sites] メニューをクリックしてください。初回は、図 9-2 のようなサイト画面が表示されます。この画面の [Import from Git] ボタンをクリックします。

▼ 図 9-2　Netlify のサイト管理画面

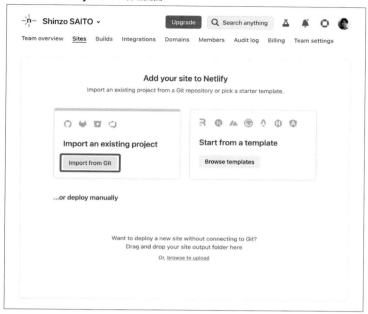

すると、図 9-3 の Git ホスティングサービスの選択画面が表示されるので、[GitHub] をクリックします。もちろん、他の Git ホスティングサービスを利用する場合は、それに合わせたボタンをクリックします。ただし、先述のように、本書では、GitHub を利用して解説していきます。

▼ 図 9-3　Git ホスティングサービスの選択画面

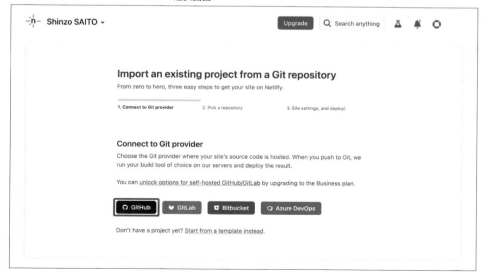

　すると、図 9-4 の GitHub の認証画面が表示されるので、[Authorize Netlify] をクリックして先に進めます。

▼ **図 9-4　GitHub の認証画面**

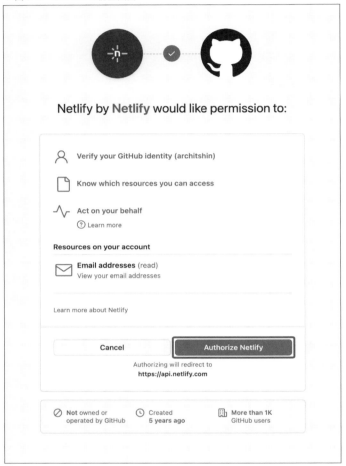

　すると、図 9-5 のアカウントの接続方法（Netlify アプリの GitHub へのインストール方法）の選択画面（Install Netlify 画面）が表示されるので、[All repositories] を選択して、[Install] をクリックします。これで、GitHub と Netlify との連携が完了しました。

▼ 図 9-5　Install Netlify 画面

　すると、図 9-3 の画面が変わり、図 9-6 のデプロイ元リポジトリの選択画面が表示されます。検索ボックスを活用するなどして、前項で作成した gihyonuxt-members-netlify を選択します。

▼ 図 9-6　デプロイ元リポジトリの選択画面

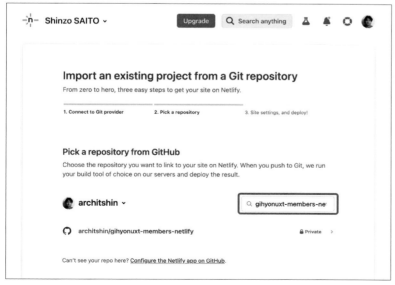

すると、図 9-7 のサイト設定画面が表示されます。基本的にデフォルトのままでかまいませんので、内容を確認の上、［Deploy site］をクリックします。

▼ 図 9-7　サイト設定画面

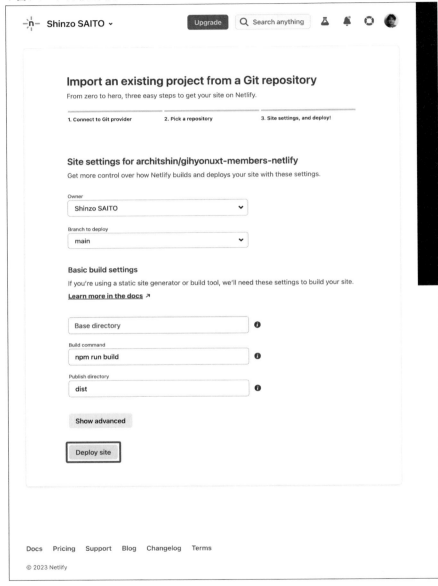

すると、図 9-8 のサイト概要画面に変わります。

▼ 図 9-8　サイト概要画面

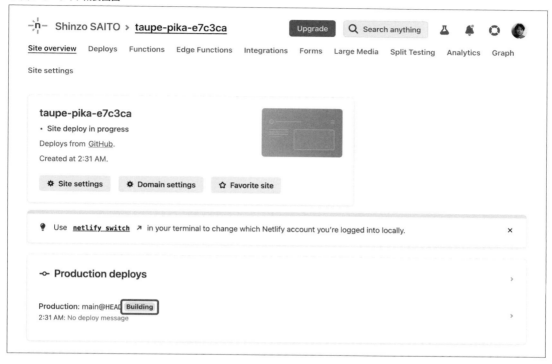

◎ 9.2.4　デプロイの内容確認

　実は、図 9-8 の画面が表示されたら、基本的なデプロイ作業は終了です。残りの作業である GitHub から
ソースコードを取得し、Nuxt アプリケーションとしてビルドし、実行するという作業は、全て Netlify が自動
で行ってくれます。

　実際、しばらくすると、図 9-8 の画面の［Production deploys］のセクションの［Production: main@
HEAD］という表示右横の［Building］という表示は、図 9-9 のように［Published］という表記に変わり
ます。この段階で、全ての作業は終了し、アプリケーションは動作して確認できる状態になっています。

8

9

▼ 図 9-9　ビルドが完了したサイト概要画面

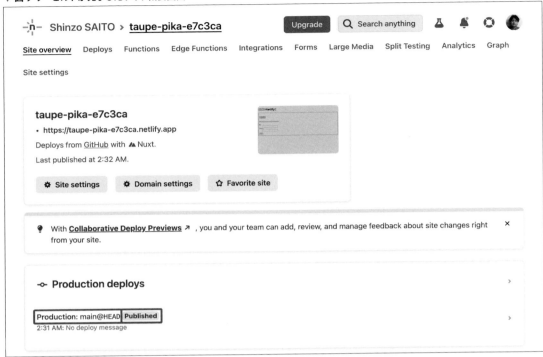

そのビルドの様子に関しても、確認することが可能です。図 9-9 の［Production: main@HEAD］をクリックしてください。図 9-10 の画面が表示されます。

［Deploy summary］という欄にデプロイの概要が書かれています。また、その下の黒い画面部分に、ログが表示され、細かいビルドプロセスが確認できます。注目すべきは、71 行目に「npm run build」という表記が確認できます。これにより、Nuxt アプリケーションのビルドが自動で行われているのがわかります。また、最終行に「Finished processing build request in 39.606s」という表記があり、ビルドがわずか 40 秒ほどで無事終了したことがわかります。

▼ 図 9-10　ビルド内容の詳細表示

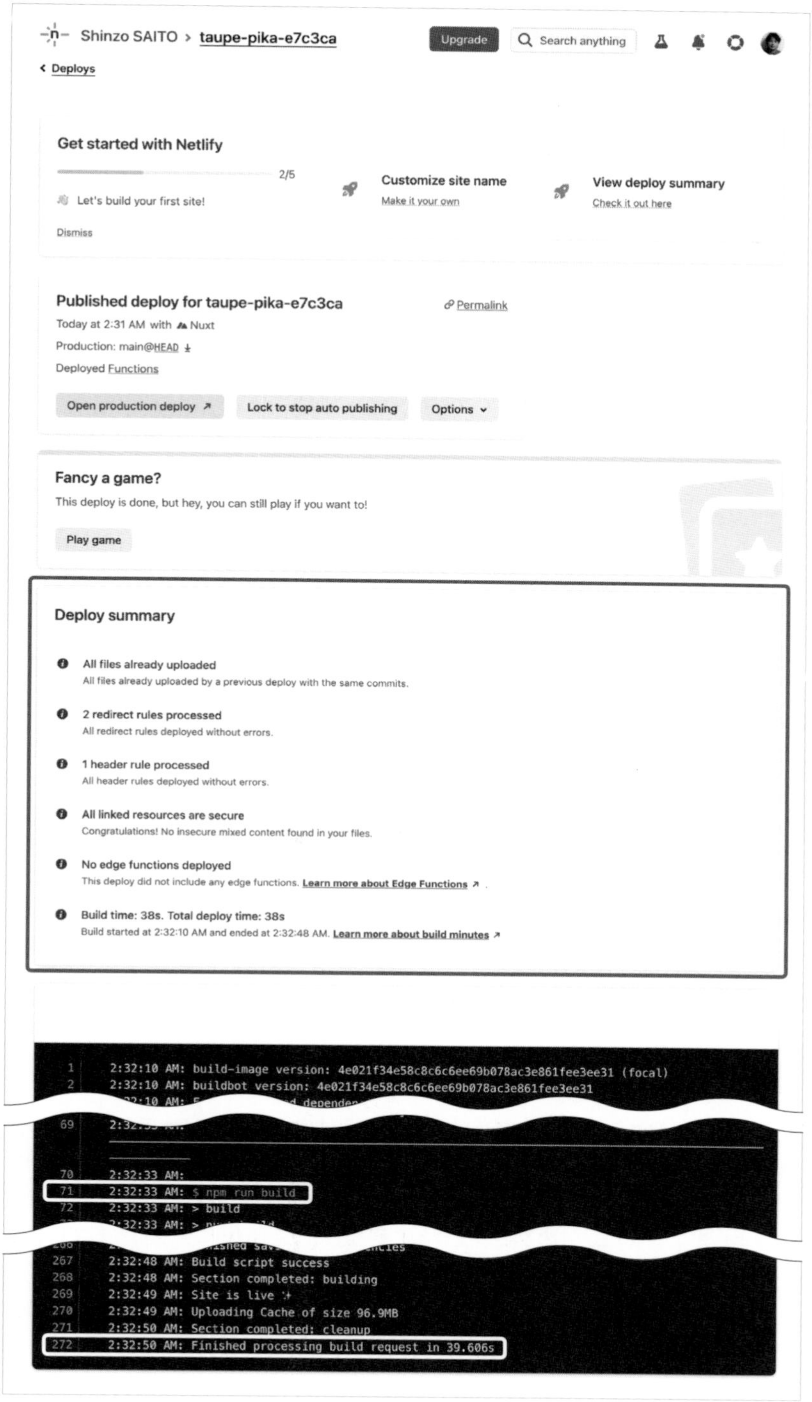

このようにして自動でビルドされ、実行状態のアプリケーションを確認するには、図 9-9 のサイト名らしき表記、図 9-9 ならば「taupe-pika-e7c3ca」の下に表示されているリンクが該当します。なお、このリンクは、図 9-8 のビルド途中の場合は、「Site deploy in progress」という表示になっており、リンクがまだ生成されていないことがわかります。

では、このリンクをクリックしてください。すると、図 9-11 のログイン画面が別タブで表示されます。もちろん、middleware-fundamental プロジェクトと同様にログインでき、その後の動作も同様となることが確認できます。もちろん登録した会員情報もリストに表示されます。

▼ 図 9-11　Netlify にデプロイした Nuxt アプリケーションの画面

このように、Nuxt を Netlify にデプロイする場合は、Nuxt 側の設定は全く不要であり、非常に手軽に実運用環境として公開することができます。

ただし、問題があります。9.2.1 項で説明した通り、Netlify 上で動作する gihyonuxt-members-netlify で登録した会員情報は、Redis などのデータストアやデータベースで管理できているわけではありません。そのため、なんらかのきっかけでこのサイトが再起動すると、データは全て消えてしまいます。そういった意味で、このような、いわゆるデータ管理アプリケーションを Netlify にデプロイし、Netlify のみで実稼働させるのは無理があるといえます。この問題に関しては、9.4 節で紹介する Heroku へのデプロイで解決したいと思います。

◎ 9.2.5　Netlify 版天気情報アプリの作成

Netlify にデプロイするアプリケーションとして、データを管理するものは向かないといっても、すでに外部でデータの管理が行われているものを利用する場合、すなわち、Web API を利用するアプリケーションの場合は問題なく動作します。本書のサンプルでいえば、OpenWeather から天気情報を取得する第 4 章の composables プロジェクトが該当します。次に、このプロジェクトを移植し、Netlify にデプロイしていきましょう。

まず、プロジェクトの移植からです。gihyonuxt-weathers-netlify プロジェクトを作成し、composables プロジェクトの次のファイル一式を、ファイルごと gihyonuxt-weathers-netlify プロジェクトの同階層にコピー＆ペーストしてください。

- interfaces.ts
- composables/useWeatherInfoFetcher.ts
- pages/index.vue
- pages/WeatherInfo/[id].vue
- .env

また、gihyonuxt-weathers-netlify プロジェクトの app.vue、および、nuxt.config.ts の中のソースコードも、composables プロジェクトの app.vue、および、nuxt.config.ts のものをコピー&ペーストして、丸々書き換えておいてください。

その上で、app.vue のテンプレートブロックの h1 タグを、リスト 9-2 のように変更しておいた方がよいでしょう。

▼ リスト 9-2　gihyonuxt-weathers-netlify/app.vue

```
〜省略〜
<template>
  <header>
    <h1>天気情報アプリ-Netlify版</h1>
  </header>
  〜省略〜
</template>
```

移植が終了したら、プロジェクトを起動し、動作確認を行ってください。

次に、このプロジェクトを、そのまま GitHub のリポジトリとして作成してください。リポジトリ名も、プロジェクト名と同様の gihyonuxt-weathers-netlify、リポジトリの種類もプライベートでかまいません。

◎ 9.2.6　天気情報アプリの Netlify へのデプロイ

では、9.2.3 項同様に、gihyonuxt-weathers-netlify リポジトリから Netlify へデプロイを行いましょう。Netlify の管理画面から［Sites］メニューをクリックしてください。図 9-12 の画面が表示されます。

▼ 図 9-12　Netlify のサイト管理画面

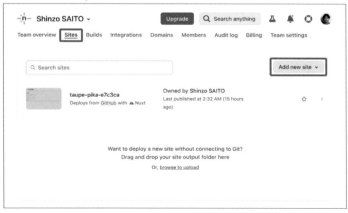

　図 9-2 とは違い、すでにサイトが稼働している場合は、サイトがリスト表示されています。この画面の右上の［Add new site］ボタンをクリックしてください。図 9-13 のようにメニューが表示されるので、このメニューから［Import an existing project］を選択してください。

▼ 図 9-13　［Add new site］ボタンをクリックして表示されるメニュー

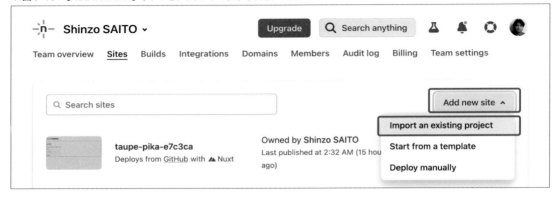

　図 9-3 と同じ画面が表示されるので、［GitHub］をクリックしてください。9.2.3 項の手順で、すでに GitHub の認証が完了しているので、すぐに図 9-6 と同じ図 9-14 のデプロイ元リポジトリの選択画面が表示されるので、前項で作成した gihyonuxt-weathers-netlify を選択します。

▼ 図 9-14　デプロイ元リポジトリの選択画面

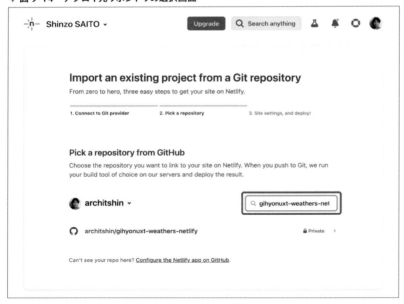

　図 9-7 と同じ画面が表示されるので、そのまま［Deploy site］をクリックします。以降は、9.2.3 項同様に、自動的にビルドが開始されます。最終的に、ビルドが完了すると、図 9-15 の画面が表示されます。

▼ 図 9-15　ビルドが完了した **gihyonuxt-weathers-netlify** の概要画面

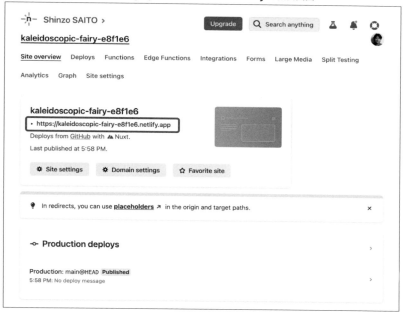

◎ 9.2.7 Netlify の環境変数の設定

　ビルドが完了したら、図 9-15 の画面に表示されているサイトの URL にアクセスしてください。図 9-16 の画面が表示され、天気情報アプリが Netlify 上で稼働しているのがわかります。

▼ 図 9-16　**Netlify 上で稼働している天気情報アプリの都市リスト画面**

天気情報アプリ-Netlify版

都市リスト

- 大阪の天気
- 神戸の天気
- 姫路の天気

　ただし、この都市リスト画面から各都市のリンクをクリックしても天気情報が表示されません。この原因は、開発者ツールのコンソールを表示させるとわかります。図 9-17 のようにエラーが表示されており、そのエラー内容を見ると、アクセス先 URL のクエリパラメータとして、正しい OpenWeather の API キーが付与されていないことが読み取れます。

▼ 図 9-17　天気情報画面でのエラー

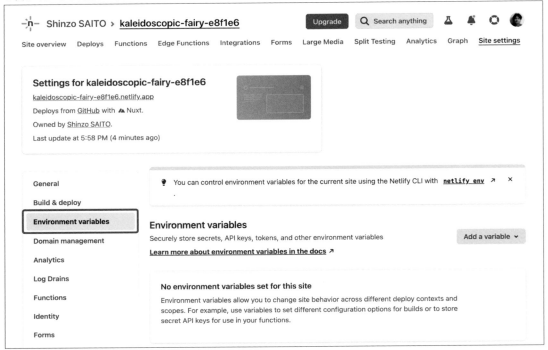

それもそのはずで、OpenWeather の API キーは、4.6.6 項の通り、.env ファイルに記載されています。しかし、この .env ファイルは Git には共有されないようになっており、したがって、GitHub から Netlify が取得したソースファイル一式には含まれていません。これは当然であり、そもそも、.env の仕組みそのものがそういう意図のもとに作られています。代わりに、.env ファイルに記載していた値、すなわち、環境変数を Netlify 上に設定します。

図 9-15 の画面から、［Site settings］のボタン、あるいは、メニューをクリックしてください。図 9-18 のサイト設定画面が表示されますので、画面左側の［Environment variables］のサブメニューをクリックしてください。

▼ 図 9-18　サイト設定の環境変数の管理画面

これが環境変数の管理画面であり、現在何も設定されていないことがわかります。この画面の［Add a variable］をクリックしてください。図 9-19 のメニューが表示されるので、［Add a single variable］を選択してください。

▼ 図 9-19　［Add a variable］をクリックして表示されるメニュー

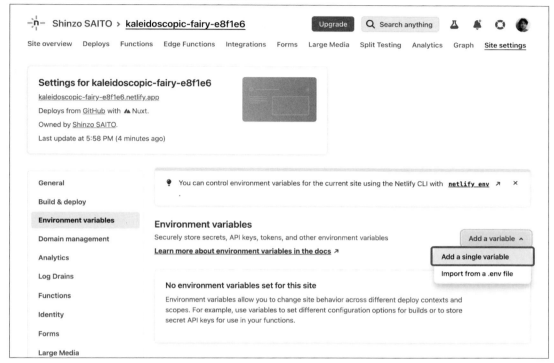

図 9-20 の環境変数設定画面が表示されるので、［Key］欄に「NUXT_PUBLIC_WEATHERMAP_APPID」を入力します。［Scopes］はデフォルトの［All scopes］が選択されていることを確認し、［Values］欄の［Same value for all deploy contexts］が選択されていることを確認して、その下の入力欄に、OpenWeather から割り当てられた各自の API キーを入力してください。

▼ 図 9-20　環境変数設定画面

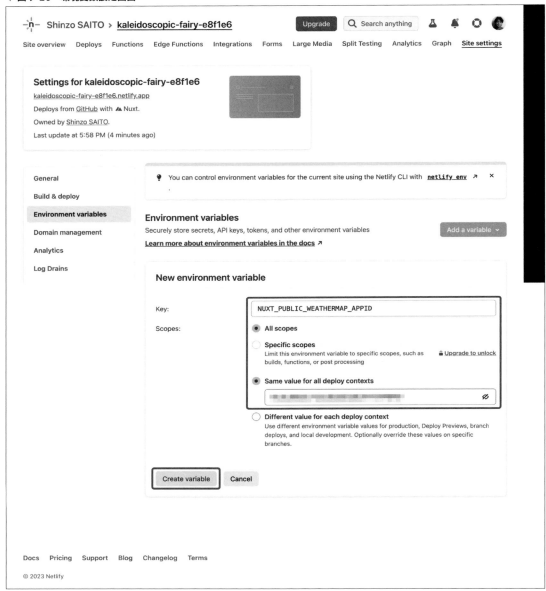

入力が完了したら、［Create variable］をクリックしてください。すると、図 9-21 の画面が表示され、環境変数 NUXT_PUBLIC_WEATHERMAP_APPID が設定されていることがわかります。

▼ 図9-21　設定された環境変数 NUXT_PUBLIC_WEATHERMAP_APPID

NOTE 環境変数の設定の補足

図9-19のメニューには、[Import from .env file] というのがあります。こちらを選択すると、現在 .env ファイルに記述されているコードをまるまるコピー&ペーストできるような入力欄が用意された画面となり、複数の環境変数をまとめて設定できるようになっています。

また、図9-20の [Values] 欄には、[Different value for each deploy context] という選択肢があり、こちらを選択すると実稼働用の Production モードやデプロイされたアプリを確認する Deploy Previews モードなど、環境変数の値をモードごとに設定できるようになります。なお、[Specific scopes] を有効にするには、Netlify の有料プランを申し込む必要があります。

　これで環境変数の設定が完了しましたが、現在デプロイされているアプリケーションにはこの環境変数が反映されていません。そこで、ビルドし直す必要があります。図9-15の画面から、[Deploys] メニューをクリックしてください。図9-22のデプロイ管理画面が表示されます。その画面の [Trigger deploy] ボタンをクリックし、表示されたメニューから [Clear cache and deploy site] を選択してください。

▼ 図 9-22　デプロイ管理画面

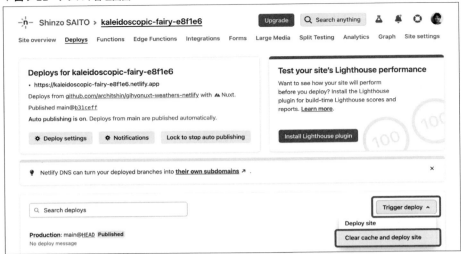

　再度ビルドとデプロイが開始されます。ビルドが終了したら、サイトの URL にアクセスし直し、動作確認を行ってください。今度は、無事天気情報が表示されます。

NOTE　**サイト名の設定**

　Netlify にアプリケーションをデプロイすると、図 9-9 や図 9-15 の画面に表示されているように、「taupe-pika-e7c3ca」などのサイト名が Netlify によって自動的に割り当てられます。こちらの名称は、任意の名称に変更することが可能です。これは、図 9-18 のサイト設定画面の［General］サブメニューの［Site details］から、［Change site name］ボタンをクリックして表示される画面から変更できます（図 9-23）。

▼ 図 9-23　サイト詳細設定画面

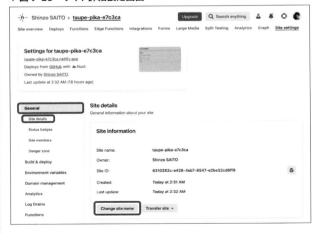

　また、同じくサイト設定画面の［Domain management］の画面から、独自ドメインの設定を行うこともできます。

9│3 AWS Lambdaへのデプロイ

Nuxt アプリケーションのデプロイ先として、次に紹介するのは、AWS Lambda です。

◎ 9.3.1 AWS Lambda とは

AWS Lambda は、いわゆる**サーバレスサービス**のひとつであり、クラウドベンダの雄 Amazon が提供しているサービスのひとつです。商用サーバレスサービスとしては、最初にリリースされたものです。URL は次の通りです。

https://aws.amazon.com/lambda/

そもそも、サーバレスとはどういうものかを簡単に解説します。その名称から、サーバが存在しないように思えるかもしれませんが、もちろんそんなことはありません。サーバレスサービスも、実在するサーバ上で動作しています。ただし、その管理が不要（＝レス）なサービスを、サーバレスサービスと呼んでいます。つまり、サーバレスとは、サーバ管理レスのことです。

このような特徴を持つサービスのため、このサーバレスサービスで実行されるコードを**関数**と呼び、その名称の通り、ひとつの JavaScript 関数を記述し、そこからさまざまなサービスを呼び出すことで実行するような仕組みとなっています。そのため、サーバレスサービスで稼働するプログラムは、アプリケーションと呼ぶには少し物足りないものとなりがちです。

さらに、関数という名称の通り、サーバレスサービスでは状態を保持しません。関数を呼び出す信号を受信したら、その関数の実行に必要なコンピュータプロセスが起動され、関数として登録されているソースコードが実行されます。全てのコードの実行が終了したら、起動していたコンピュータプロセスが終了します（図9-24）。

8

9

▼ 図 9-24　サーバレスの動作イメージ

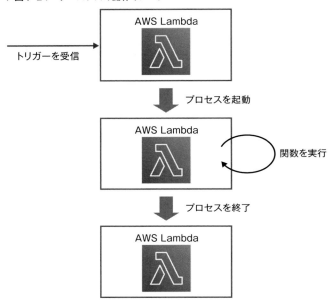

なお、この関数を呼び出す信号のことを、**トリガー**と呼んでおり、AWS Lambda は、さまざまなトリガーを用意しています。もちろん、それらの中に、HTTP トリガー、すなわち、Web によるアクセスも含まれています。

サーバレスは、このような仕組みのため、その最大の利点は、アクセス数の増大に対して自動対応できることです。すなわち、オートスケールアウトです。トリガーに対してプロセスを起動するだけですので、トリガー数、すなわちアクセス数がどれだけ増えたとしても、単にプロセス数が増えるだけで対応可能であり、それゆえ、アクセス数が急激に増減するようなアプリケーションには最適といえます。

◎ 9.3.2 AWS Lambda と Nuxt

サーバレスサービス、および、AWS Lambda の概説はこのあたりにして、次に話を進めます[4]。前項の通り、サーバレスサービスでは、ひとつの関数を実行するイメージですので、アプリケーションとしては物足りないものが稼働するようなものです。とはいえ、関数の実行環境として Node.js が使われているため、原理的には Nuxt アプリケーションが動作します。

ただし、Nuxt アプリケーションを AWS Lambda 上で動作させるには、それなりのコーディングが必要だったのが、Nuxt 2 までです。これが、Nuxt 3 になると、設定情報をわずかに記述するだけで、AWS Lambda で動作できるようになります。本書で紹介するデプロイ先のひとつとして AWS Lambda を選んだのは、これが理由です。

といっても、前項で説明した通り、そもそも、サーバレスサービスが状態を保持しない仕組みですので、たとえ

＊4　サーバレスサービスは、AWS Lambda の他に、Microsoft も Google もサービスを提供しています。それらの違いなど、もう少し詳しい内容は拙記事を参照してください。
　　　https://atmarkit.itmedia.co.jp/ait/articles/2302/08/news001.html

Nuxt 3 で作成したアプリケーションでも、次のように AWS Lambda でまともに動作するものは限られてきます。

- **クッキーの対応がうまくいかない。**
  middleware-fundamental プロジェクト（を移植したプロジェクト）は、ログインすらできません。
- **サーバストレージが利用できない。**
  そもそも、サーバレスは、トリガー（この場合は HTTP アクセス）によりプロセスが起動し、一通り実行した後、そのプロセスが終了します。Node.js でいうならば、すぐに停止状態となることを意味します。そのため、ストレージにデータを保持することができず、サーバストレージを利用する第 6 章の error-practical プロジェクトや、その元となる第 5 章で作成した server-storage プロジェクトも、適切に動作しません。

そこで、第 5 章の server-routes プロジェクトを題材に AWS Lambda へのデプロイを紹介することにします。

このプロジェクトの場合は、固定データを利用して会員情報表示を行っているので、状態を保持しないサーバレスサービスでは、一見まともに動作しているように見えます。ただし、server-routes プロジェクトの元となる server-basic プロジェクトを作成した 5.2.4 項でも解説したように、そもそも、server-routes プロジェクト自体がアプリケーションとしては不完全ですので、そのあたりはご了承ください。ここでは、Nuxt 3 で作成したアプリケーションが、いかに簡単に AWS Lambda へデプロイできるかを体験するための題材と捉えてください。

このように、このように Nuxt アプリケーションといえども、AWS Lambda で動作させる場合は、そのアプリケーションの種類を選ばざるをえません。ただし、前項末で説明したように、AWS Lambda の最大の利点は、そのアクセス数の急激な増減に対応できることであり、そのような Nuxt アプリケーションを公開する場合は、AWS Lambda 上で稼働させることでそのメリットを享受できます。

◎ 9.3.3 server-routes プロジェクトの移植

では、早速、server-routes プロジェクトの移植から始めましょう。移植先プロジェクトとして、gihyonuxt-members-aws プロジェクトを作成し、server-routes プロジェクトの次のファイル一式を、ファイルごと gihyonuxt-members-aws プロジェクトの同階層にコピー＆ペーストしてください。

- interfaces.ts
- membersDB.ts
- server/routes/member-management/members.get.ts
- server/routes/member-management/members.post.ts
- server/routes/member-management/members/[id].get.ts
- layouts/default.vue
- layouts/member.vue
- pages/index.vue
- pages/member/memberList.vue
- pages/member/memberAdd.vue
- pages/member/memberDetail/[id].vue

また、gihyonuxt-members-aws プロジェクトの app.vue の中のソースコードも、server-routes プロジェクトの app.vue のものをコピー＆ペーストして、丸々書き換えておいてください。

その上で、layouts/default.vue と layouts/member.vue のテンプレートブロックの h1 タグを、リスト 9-3 のように変更しておいた方がよいでしょう。

▼ リスト 9-3　gihyonuxt-members-aws/layouts/default.vue と gihyonuxt-members-aws/layouts/member.vue

```
<template>
  <header>
    <h1>会員管理-AWS Lambda版</h1>
  </header>
  〜省略〜
</template>
```

移植が終了したら、プロジェクトを起動し、動作確認を行ってください。

◎ 9.3.4　AWS Toolkit の導入

ここから移植した gihyonuxt-members-aws を AWS Lambda にデプロイしていきます。ただし、AWS Lambda へのデプロイは、Netlify のような Git リポジトリとの連携のような方法ではなく、該当ファイル一式を zip ファイルにしてアップロードする必要があります。このアップロードを半自動的に行ってくれる拡張機能が、VS Code にはあります。これは、AWS Toolkit[5] です。この拡張機能の利用準備を先に行っておきましょう。

まず、インストールからです。これは、VS Code の拡張機能管理画面から「aws」と検索すればすぐに見つかるので、インストールしてください（図 9-25）。

▼ 図 9-25　VS Code の拡張機能管理画面で検索した AWS Toolkit

＊5　https://aws.amazon.com/visualstudiocode/

インストールが完了すると、VS Code のアクティビティバー上に AWS のアイコンが増えますので、そちらをクリックします。すると、画面のサイドバーが図 9-26 のような表示になり、AWS のさまざまなサービスを管理できるようになります。

▼ 図 9-26　サイドバーで AWS の管理ができるようになった VS Code

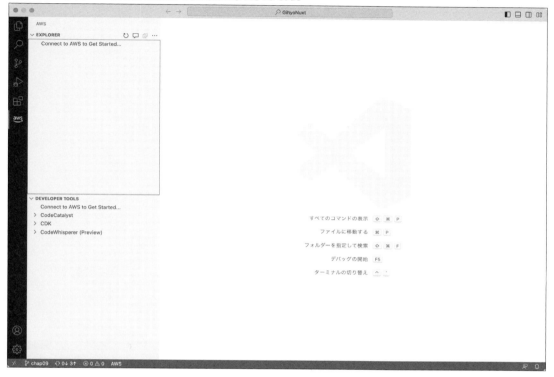

ただし、そのためには、AWS Toolkit が AWS にログインしておく必要があります。サイドバー上部の［EXPLORER］から［Connect to AWS to GetStarted］をクリックしてください。図 9-27 のようにコマンドパレットに認証方法の選択肢が 3 個表示されます。各自の環境に合わせて適切な認証方法を選択してください。その後は、VS Code の指示に従って認証を終えてください。

▼ 図 9-27　認証方法が表示された AWS Toolkit の画面

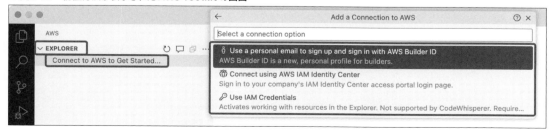

認証が終了すると、AWS Toolkit が AWS にログインした状態となり、サイドバーの表示が図 9-28 のように変わります。この［EXPLORER］には選択したリージョンとそのサービスが一覧表示されています。

▼ 図 9-28　サイドバーに表示されたリージョンとそのサービス

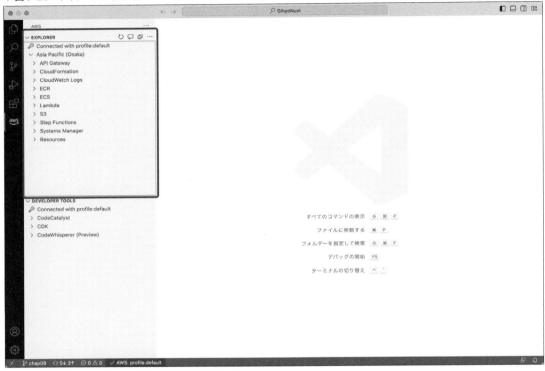

この［EXPLORER］に表示させるリージョンは、変更、追加ができます。その場合は、［EXPLORER］右横の［…］アイコンをクリックして表示されるメニューから、［Show or Hide Regions］を選択します（図 9-29）。

▼ 図 9-29　［EXPLORER］右横の［…］アイコンをクリックして表示されるメニュー

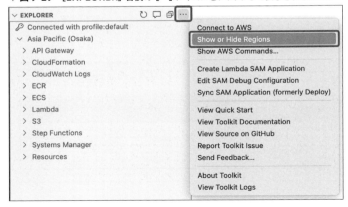

すると、図 9-30 のリージョン選択リストが表示されるので、適切なものを選択します。

▼ 図 9-30　リージョンの選択リスト

◎ 9.3.5　関数の作成

　前項で、AWS Toolkit の導入が完了し、VS Code から AWS Lambda へアップロードできる準備が完了しました。といっても、肝心のアップロード先の関数が用意されていません。次にその関数の作成を行っていきます。こちらは、AWS の管理画面より行います。

　AWS コンソールにログインし、図 9-31 の Lambda の管理画面を表示させてください。このとき、リージョンが正しく選択されているかをあらかじめ確認しておいてください。

▼ 図 9-31　AWS Lambda の管理画面

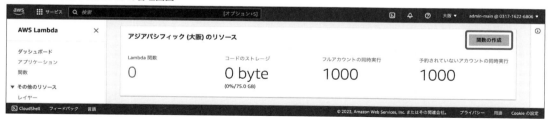

　右上の［関数の作成］ボタンをクリックしてください。図 9-32 の関数の作成画面が表示されます。この画面の［一から作成］が選択されていることを確認して、関数名を入力します。ここでは、プロジェクト名と同様の「gihyonuxt-members-aws」としておきます。次に、ランタイムとアーキテクチャを選択しますが、これらはそれぞれデフォルトの「Node.js 18.x」、「x86_64」のままでかまいません。

9

▼ 図 9-32　関数の作成画面

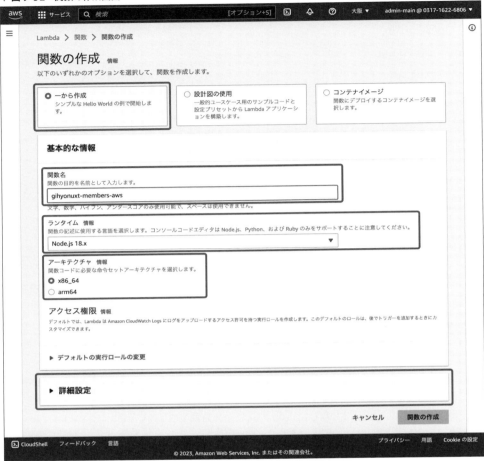

　そのまま画面を下部にスクロールします。最初は折りたたまれている［詳細設定］を展開します。すると、チェックボックスが 3 個表示されるので、そのうちの［関数 URL を有効化］にチェックを入れ、図 9-33 のように表示された［認証タイプ］から［NONE］を選択します。

▼ 図 9-33　関数の作成の詳細設定画面

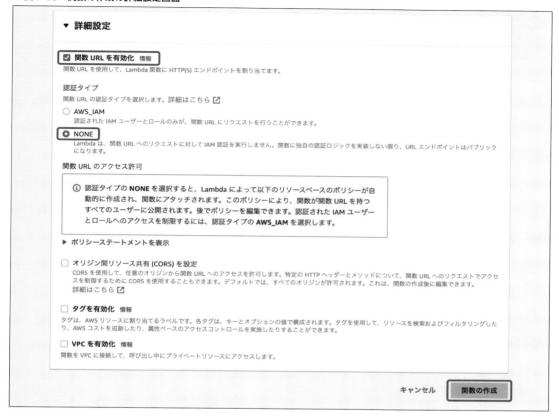

少し補足しておくと、この**関数 URL** とは、HTTP トリガーのことです。9.3.1 項で少し紹介したように、AWS Lambda にはさまざまなトリガーが用意されており、そのうち、HTTP アクセスをトリガーとする場合は、この関数 URL を利用します[6]。その関数 URL のうち、アクセスに認証を必要としないパブリックな URL を作成する場合は、［認証タイプ］を［NONE］とします。

　全ての入力、選択が終了したら、［関数の作成］ボタンをクリックしてください。すると、図 9-34 の画面が表示され、今作成した gihyonuxt-members-aws 関数のさまざまな設定が行えるようになっています。

＊6　HTTP アクセスをトリガーとする場合、関数 URL 以外にも **API Gateway** というのがあります。こちらはより高度な HTTP トリガーとなりますが、通常の HTTP アクセスの場合は、関数 URL で充分です。

▼ 図 9-34　作成された gihyonuxt-members-aws 関数の管理画面

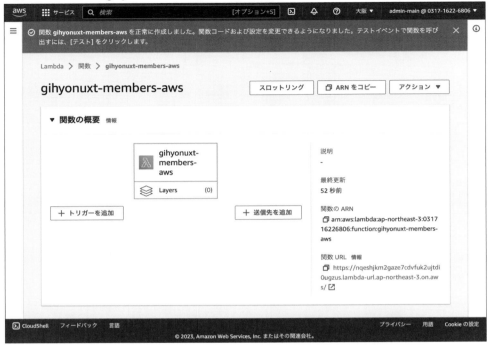

図 9-34 の画面の右下に関数 URL のリンクが掲載されています。これをクリックすると、別タブでブラウザが開き、早速、現在の関数が実行されます。その結果として、「"Hello from Lambda!"」が画面に表示されます。これは、関数を作成した際に、デフォルトで存在するコードが実行された結果です。

◎ 9.3.6　AWS Lambda 用の設定とビルド

このようにして作成した関数に対して、gihyonuxt-members-aws プロジェクトのコードをデプロイしていきます。ただし、AWS Lambda にデプロイする場合は、それ用の設定を記述し、ビルドを行う必要があります。

まず、設定コードの記述です。これは、nuxt.config.ts への記述です。nuxt.config.ts の defineNuxtConfig() 関数の引数オブジェクトに、リスト 9-4 の太字のコードを追記してください。

▼ リスト 9-4　gihyonuxt-members-aws/nuxt.config.ts

```
export default defineNuxtConfig({
  devtools: { enabled: true },
  nitro: {                                                          ❶
    preset: "aws-lambda"                                            ❷
  }
});
```

たったこれだけのコードで、gihyonuxt-members-aws プロジェクトが AWS Lambda 用に最適化されます。

　まず、リスト 9-4 の❶のように nitro プロパティを定義します。このプロパティは、8.3.6 項で登場していま
す。実は、各デプロイ先への最適化作業を行うのも Nitro の役割となっているため、nitro プロパティオブジェ
クトに設定を記述することになっているのです。

　そのうち、デプロイ先の指定は、preset プロパティに記述します。present の設定値として、どのようなも
のがあるのかを、表 9-1 に準えて、表 9-3 にまとめておきます。なお、表 9-1 にはあるが表 9-3 に記述がな
いもの、すなわち、Azure Static Web Apps、Cloudflare Pages、Netlify、Stormkit、Vercel は、原
則的に設定不要でデプロイできるホスティングプロバイダと思って問題ないでしょう。ただし、場合によっては、
より詳細なコーディングが必要なものがあります。実際にデプロイを行う場合は、デプロイ先ホスティングプロ
バイダに応じて、専用のドキュメント[7]を参照することをお勧めします。

▼ 表 9-3　デプロイ先ごとの preset プロパティの設定値

名称	設定値
AWS Lambda	aws-lambda
Azure Functions	azure-functions
Cleavr	cleavr
Cloudflare Workers	cloudflare
Digital Ocean App Platform	digital-ocean
Edgio	edgio
Firebase Hosting	firebase
Heroku	heroku
Render	render-com

　これで、AWS Lambda にデプロイできる設定ができました。この状態で、npm run build コマンドでプロ
ジェクトをビルドします。8.1.1 項で解説した通り、.output フォルダが作成されています。この .output フォ
ルダ内の server フォルダ内のファイル一式を、前項で作成した gihyonuxt-members-aws 関数にデプロイ
します。本来ならば、この server フォルダを zip 圧縮して、その zip ファイルを図 9-34 の画面からアップロー
ドします。その作業を AWS Toolkit は自動化してくれます。

　早速行いましょう。VS Code のエクスプローラーから server フォルダを右クリックしてください。図
9-35 のメニューが表示されるので、このうちの［Upload Lambda］を選択してください。

8

9

---

[7]　https://nuxt.com/docs/getting-started/deployment#supported-hosting-providers

▼ 図 9-35　server フォルダを右クリックして表示された［Upload Lambda］メニュー

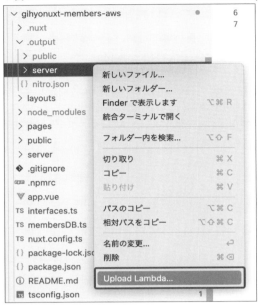

ここから、VS Code の指示に従って 3 手順を行います。まず、VS Code 画面上部のコマンドパレットに図 9-36 のリージョンの選択リストが表示されます。このリストから、gihyonuxt-members-aws 関数を作成したリージョンを選択します。

▼ 図 9-36　アップロード先リージョンの選択リスト

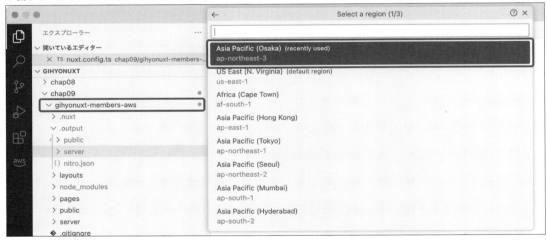

次に、図 9-37 のように、選択したリージョンに存在する関数がリスト表示されます。現在は、ひとつしか関数が存在しないので、リストは gihyonuxt-members-aws のひとつのみとなっています。この gihyonuxt-members-aws を選択してください。

▼ 図 9-37　アップロード先関数の選択リスト

▼ 図 9-37　アップロード先関数の選択リスト

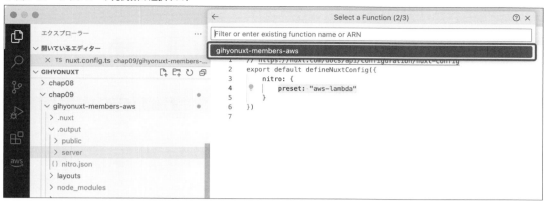

最後に、図 9-38 のように、アップロード先の関数内のコードをまるまる上書きするかの確認ダイアログが表示されるので、[Yes] をクリックします。

▼ 図 9-38　上書きの確認ダイアログ

すると、VS Code がアップロードを始めます。その際、図 9-39 のように、VS Code 画面の右下にアップロード中のメッセージが表示されます。

▼ 図 9-39　関数へのアップロード中のメッセージ

しばらくすると、メッセージは図 9-40 のように変わり、アップロードが終了したことになります。

▼ 図 9-40　関数へのアップロードが終了したメッセージ

この状態で、関数 URL に再度アクセスしてください。図 9-41 の画面が表示され、無事 gihyonuxt-members-aws プロジェクトが AWS Lambda 上で動作していることが確認できます。

▼ 図 9-41　AWS Lambda 上で動作させた gihyonuxt-members-aws の画面

［会員管理はこちら］からのリンクの先の動作も一通り確認してください[8]。ただし、5.2.4 項で説明したように、会員情報を登録しても、リストに反映されません。これは、gihyonuxt-members-aws プロジェクトの移植元となる server-routes プロジェクトからそうですし、そのようなアプリケーションしか AWS Lambda では適切に動作しません。

◎ 9.3.7　AWS Lambda 版天気情報アプリの作成

前項までで、一通り AWS Lambda への Nuxt アプリケーションのデプロイ方法を理解してもらえたと思います。ここから、9.2 節の Netlify へのデプロイで行ったように、よりデータ保持の必要のないアプリである天気情報アプリを、同じく AWS Lambda にデプロイしていきましょう。併せて、AWS Lambda で環境変数の設定方法も紹介します。

まずは、プロジェクトの作成と移植からです。AWS Lambda 版の天気情報アプリとして、gihyonuxt-weathers-aws プロジェクトを作成し、gihyonuxt-weathers-netlify プロジェクトの次のファイル一式を、

＊8　場合によっては、500 エラーが表示されることもありますが、画面をリロードすると無事表示されます。このことからも、たとえ AWS Lambda に最適化されていても、現段階では、このような Nuxt アプリケーションを AWS Lambda で動作させるには、まだまだ不安定なことがわかります。

ファイルごと gihyonuxt-weathers-aws プロジェクトの同階層にコピー＆ペーストしてください。

- interfaces.ts
- composables/useWeatherInfoFetcher.ts
- pages/index.vue
- pages/WeatherInfo/[id].vue
- .env

また、gihyonuxt-weathers-aws プロジェクトの app.vue、および、nuxt.config.ts の中のソースコードも、gihyonuxt-weathers-netlify プロジェクトの app.vue、および、nuxt.config.ts のものをコピー＆ペーストして、丸々書き換えておいてください。

その上で、app.vue のテンプレートブロックの h1 タグを、リスト 9-5 のように変更しておいた方がよいでしょう。

▼ リスト 9-5　gihyonuxt-weathers-aws/app.vue

```
〜省略〜
<template>
  <header>
    <h1>天気情報アプリ-AWS Lambda版</h1>
  </header>
  〜省略〜
</template>
```

移植が終了したら、プロジェクトを起動し、動作確認を行ってください。

次に、AWS Lambda 用のビルド設定を追記します。nuxt.config.ts の defineNuxtConfig() 関数の引数オブジェクトに、リスト 9-6 の太字のコードを追記してください。

▼ リスト 9-6　gihyonuxt-weathers-aws/nuxt.config.ts

```
export default defineNuxtConfig({
  devtools: { enabled: true },
  runtimeConfig: {
    public: {
      weatherInfoUrl: "https://api.openweathermap.org/data/2.5/weather",
      weathermapAppid: "xxxxxx"
    }
  },
  nitro: {
    preset: "aws-lambda"
  }
});
```

最後に、npm run build コマンドでプロジェクトをビルドしておきます。

313

◎ 9.3.8　天気情報アプリ用関数の作成とアップロード

　次に、アップロード先関数を作成しましょう。9.3.5 項の手順通り、関数名がプロジェクト名と同じ「gihyonuxt-weathers-aws」関数を作成してください。その際、[認証タイプ] が [NONE] の関数 URL の作成を忘れないようにしてください。

　関数の作成ができたら、アップロードを行います。gihyonuxt-weathers-aws プロジェクト内の .output/server フォルダを右クリックし、[Upload Lambda] を選択してください。その後、リージョンを選択すると、図 9-42 のように、関数の選択リストに 2 個表示されます。

▼ 図 9-42　アップロード先関数が 2 個になった選択リスト

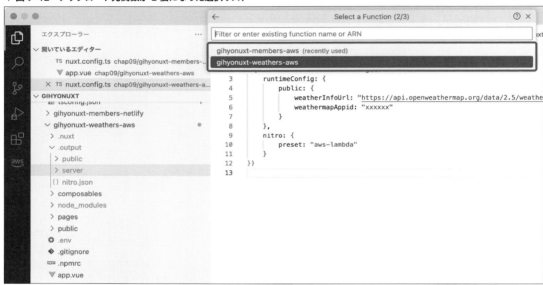

　間違わず gihyonuxt-weathers-aws を選択し、次に表示されたダイアログにも [Yes] をクリックし、アップロードを完了してください。

◎ 9.3.9　AWS Lambda の環境変数の設定

　もちろん、この状態では API キー情報がないため、天気情報が適切に取得できません。そこで、gihyonuxt-weathers-aws 関数に環境変数を設定しましょう。これは、関数の管理画面の [関数の概要] セクションの下のセクションから [設定] を選択し、表示されたサブメニューから [環境変数] を選択してください。図 9-43 の画面となります。

▼ 図 9-43　関数の環境変数の管理画面

この画面の［編集］ボタンをクリックしてください。すると、図 9-44 の関数の環境変数の編集画面が表示されます。

▼ 図 9-44　関数の環境変数の編集画面

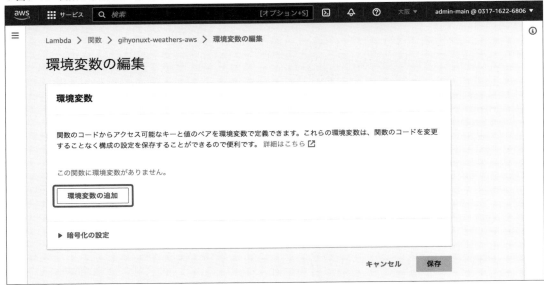

この画面の［環境変数の追加］ボタンをクリックしてください。図 9-45 の画面が表示されるので、［キー］欄に「NUXT_PUBLIC_WEATHERMAP_APPID」を、［値］欄に OpenWeather から割り当てられた各自の API キーを入力し、［保存］ボタンをクリックしてください。

▼ 図 9-45　環境変数の登録画面

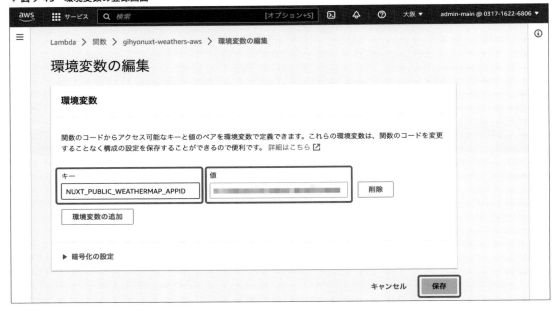

すると、図 9-46 の画面に戻り、図 9-43 とは違い、今登録した環境変数が追加されているのがわかります。

▼ 図 9-46　追加された環境変数

これで、準備は整いました。関数 URL のリンクをクリックし、動作確認を行ってください。天気情報アプリが無事動作するのが確認できると思います。

NOTE

AWS Lambda は有料

　Netlify とは違い、AWS の各サービスは、初回特典の無料枠がある場合もありますが、原則有料であり、従量課金となっています。これは、Lambda も例外ではなく、アクセスして関数を起動するたびに課金されます。そのため、本書で作成したような学習用の関数は、不要となったところで削除しておいた方がよいでしょう。

9｜4 Herokuへのデプロイ

さあ、いよいよ、最後のデプロイ先である Heroku の紹介です。

◎ 9.4.1 Heroku とその利点

前節までみてきたように、Nuxt アプリケーションをデプロイする際、そのアプリケーションの内容によっては状態を保持し、さらに Redis のようなデータソースと連携しなければ成り立たない場合もあります。そのような場合、Netlify や AWS Lambda 単独では難しいといえます。もちろん、Netlify と外部の Redis のサービス、あるいは、AWS Lambda と AWS の Redis のサービスである **Amazon MemoryDB for Redis** を組み合わせれば、これらのアプリケーションのデプロイも可能です。

しかし、Nuxt アプリケーションの実行環境と Redis を始めとする各種データソースサービスをワンパックで提供しているホスティングサービスを利用する方が、手軽です。そのようなホスティングサービスの最古参が、**Heroku**（ヘロク）です。Heroku の URL は次の通りです。

https://www.heroku.com/home

Heroku は、Node.js の実行環境を提供しているだけでなく、Ruby や Java、PHP、Python などさまざまな言語のアプリケーションの実行環境も提供しています。しかも、それらのアプリケーションの実行環境は、デプロイするアプリケーションで自動判定されるようになっており、AWS Lambda のように環境作成段階でどの実行環境かを指定する必要がありません。アプリケーションのデプロイ方法も、Netlify 同様、GitHub と連携できるようになっています。

さらに、単にアプリの実行環境だけでなく、PostgreSQL と Redis のデータサービスを Heroku 純正サービスとして提供しています。また、純正ではありませんが Heroku と連携できる外部サービスである**アドオン**としてさまざまなものがあり、それらを利用することで、より便利なアプリケーション実行環境を用意することができます。

これらの実行環境は、**フルマネージドサービス**として用意されているため、いわゆるサーバ管理というものがほぼ必要ない状態として利用できるようになっています。そのようなフルマネージドホスティングサービスの最古参である Heroku に、本書のサンプルの最終形態である 8.3 節で作成した redis プロジェクトを移植したものをデプロイし、本書の締めくくりとしたいと思います。

◎ 9.4.2 Heroku Dyno の用意

早速デプロイの準備を行っていきましょう。まず、Heroku に実行環境を用意するところから始めます。

Heroku では、アプリケーションの実行環境を **Dyno**（ダイノ）と呼んでいます。その Dyno を作成します。Heroku にログインし、ダッシュボード画面右上の［New］ボタンをクリックして表示されるメニューから［Create new app］を選択してください（図 9-47）。

▼図 9-47　［New］ボタンをクリックして表示されるメニュー

Salesforce Platform
HEROKU
Jump to Favorites, Apps, Pipelines, Spaces...
Personal
New
Create new app
Create new pipeline
Filter apps and pipelines

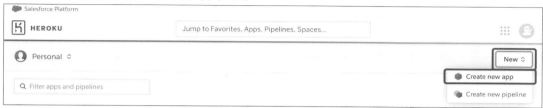

すると図 9-48 のアプリ作成画面が表示されます。［App name］欄にアプリ名を入力します。ここでは、「gihyonuxt-members-heroku」としています。ただし、このアプリ名は Heroku 全体でユニーク（一意）である必要があります。gihyonuxt-members-heroku という名称は、すでに筆者が利用していますので、読者各々が作成する場合は、別の名称をつけるようにしてください。

なお、［Choose a region］のドロップダウンリストは、この Dyno を作成するリージョンの選択です。アメリカ合衆国（United States）かヨーロッパの 2 種類しか選択肢がありませんので、どちらかを選択してください。ここでは、図 9-48 の通り、United States を選択して作成することにします。

▼図 9-48　アプリ作成画面

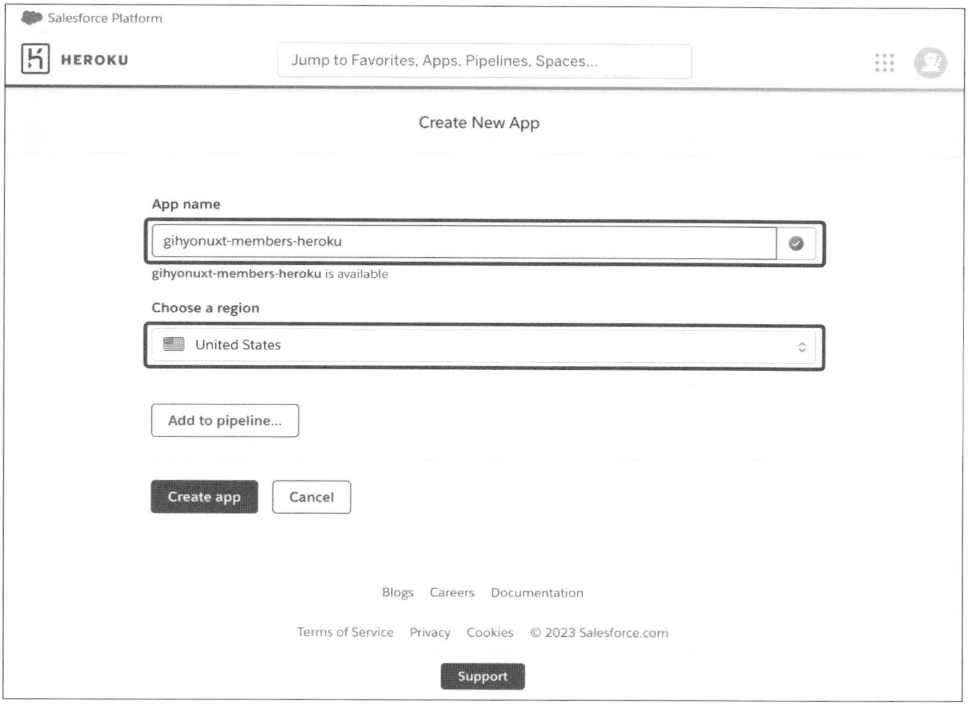
Salesforce Platform
HEROKU
Jump to Favorites, Apps, Pipelines, Spaces...
Create New App
App name
gihyonuxt-members-heroku
gihyonuxt-members-heroku is available
Choose a region
United States
Add to pipeline...
Create app
Cancel
Blogs Careers Documentation
Terms of Service Privacy Cookies © 2023 Salesforce.com
Support

　すると、図 9-49 の画面が表示されます。この画面は、この Dyno へのデプロイ設定を行う画面であり、
[Deployment method]セクションを見ればわかるように、Heroku が独自に用意した Git（Heroku
Git）か GitHub かを選択できるようになっています[*9]。こちらは、9.4.5 項で GitHub と連携させます。

▼ 図 9-49　作成した Dyno のデプロイ設定画面

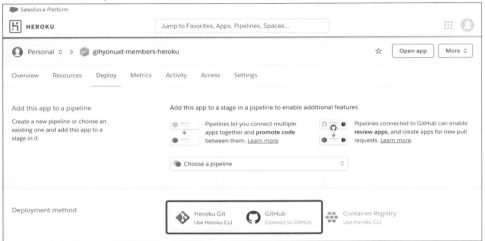

　その前に、Redis 環境を用意しておきましょう。[Resources]メニューをクリックし、表示されたリソース管
理画面の[Add-ons]欄に「Redis」と入力してください。図 9-50 のように自動的に候補が表示されるので、
[Heroku Data for Redis]を選択してください。こちらが、Heroku 純正のデータサービスの Redis 版です。

▼ 図 9-50　リソース管理画面から Redis を追加

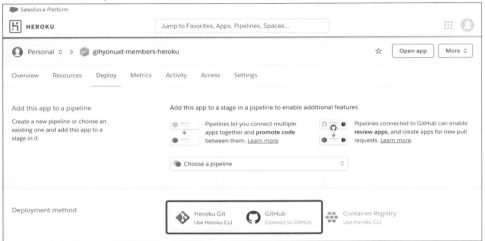

[*9]　一番右端のボタンは、Heroku のコマンドラインツールである **Heroku CLI** を利用して、コンテナイメージをデプロイする方法です。

　すると、図9-51の確認ダイアログが表示されます。これは、Heroku Data For Redis のプランを選択するダイアログです。Heroku Data For Redis には無料枠はありませんので、一番安いプラン（原稿執筆時点では Mini プラン）を選択し、［Submit Order Form］を選択してください。

▼ **図9-51　Heroku Data for Redis のプランを選択するダイアログ**

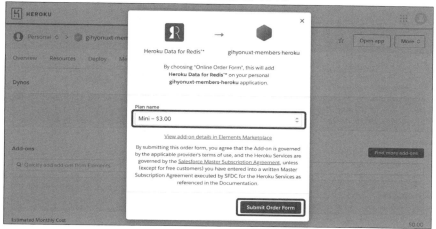

　すると、図9-52の画面が表示され、アドオンとして Heroku Data for Redis が追加されたことがわかります。

▼ **図9-52　Heroku Data for Redis が追加されたリソース管理画面**

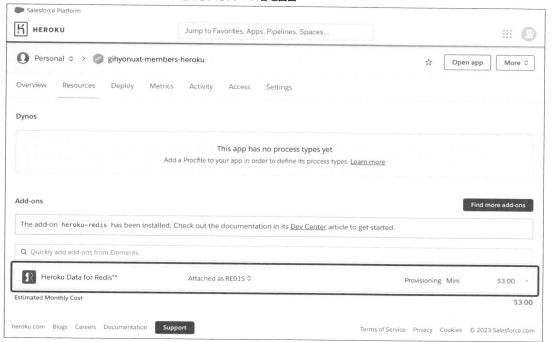

　アドオン追加直後は、アドオンの利用準備を行っています。しばらくすると、表示が図 9-53 のように変わり、[Heroku Data for Redis] の部分がリンクとしてクリックできるようになります。

▼ **図 9-53　Heroku Data for Redis の追加が終了した表示**

　このリンクをクリックしてください。すると、ブラウザの別タブで Heroku Data For Redis（以降 **Heroku Redis** と記載）の管理画面が表示されます。この画面の [Settings] メニューをクリックしてください。図 9-54 の設定画面が表示されます。この画面の [View Credentials] をクリックすると、この Redis の稼働ホストやポート番号、パスワードなどが確認できます。もし、Redis のデータ内容を確認したい場合は、この接続情報を利用します。

▼ **図 9-54　Heroku Redis の管理の設定画面**

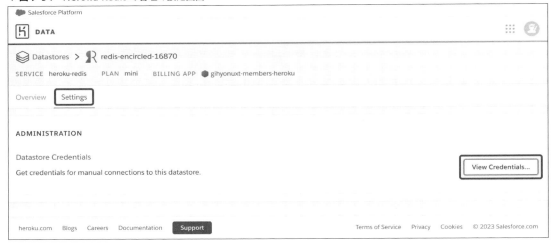

　ただし、Heroku 内部においては、この接続情報は環境変数として自動登録されています。もう一度、図 9-52 の Dyno の管理画面から [Settings] を選択してください。図 9-55 の Dyno 設定画面が表示されます。この画面の [Reveal Config Vars] ボタンをクリックしてください。

▼ 図 9-55　Dyno 設定画面

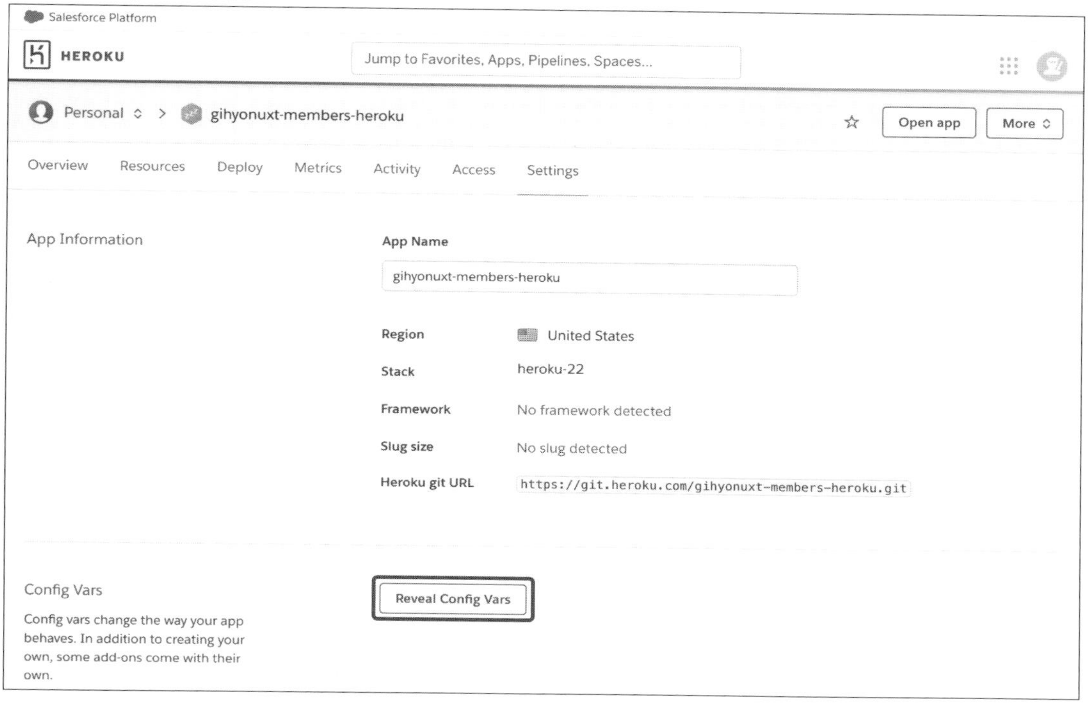

　すると、図 9-56 のように、現在設定されている環境変数が表示されます。この画面から独自の環境変数を追加することもできますが、ここで注目したいのは、**REDIS_URL** です。Heroku では、Redis に接続するための接続情報を、URI 形式の環境変数として自動登録されています。のちに、この環境変数を利用していきます。

▼ 図 9-56　現在設定されている環境変数

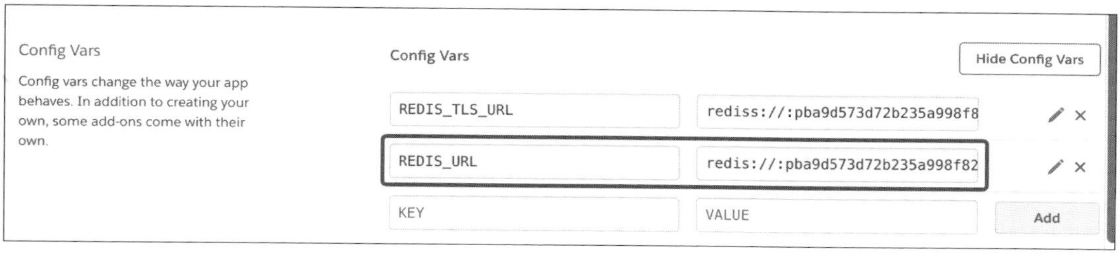

◎ 9.4.3　redis プロジェクトの移植

　これで、Heroku 側の Dyno の準備ができました。ここから、この Dyno にデプロイするプロジェクトを作成していきます。といっても、先述の通り、redis プロジェクトがベースになるので、その移植から始めましょう。gihyonuxt-members-heroku プロジェクトを作成し、redis プロジェクトの次のファイル一式を、ファイルごと gihyonuxt-members-heroku プロジェクトの同階層にコピー＆ペーストしてください。

- interfaces.ts
- server/routes/member-management/members.get.ts
- server/routes/member-management/members.post.ts
- server/routes/member-management/members/[id].get.ts
- server/routes/user-management/auth.post.ts
- middleware/loggedin-check.ts
- layouts/default.vue
- layouts/loggedout.vue
- layouts/member.vue
- components/TheLoggedInSection.vue
- pages/index.vue
- pages/login.vue
- pages/logout.vue
- pages/member/memberList.vue
- pages/member/memberAdd.vue
- pages/member/memberDetail/[id].vue

また、gihyonuxt-members-heroku プロジェクトの app.vue、および、nuxt.config.ts の中のソースコードも、redis プロジェクトの app.vue のものをコピー＆ペーストして、丸々書き換えておいてください。

その上で、layouts/default.vue と layouts/loggedout.vue と layouts/member.vue のテンプレートブロックの h1 タグを、リスト 9-7 のように変更しておいた方がよいでしょう。

▼ リスト 9-7　gihyonuxt-members-heroku/layouts/default.vue と gihyonuxt-members-heroku/layouts/member.vue と
　　　　　　 gihyonuxt-members-heroku/layouts/loggedout.vue

```
<template>
  <header>
    <h1>会員管理-Heroku版</h1>
  </header>
  ～省略～
</template>
```

移植が終了したら、ローカルにインストールした Redis、および、プロジェクトを起動し、動作確認を行ってください。

◎ 9.4.4　Heroku で動作するアプリケーションへの改造

移植が完了したところで、gihyonuxt-members-heroku を Heroku で動作するように改造します。改造点は以下の 3 点です。

① ビルド設定を Heroku 用に設定する。
② Heroku Redis に接続できるようにする。
③ Dyno が gihyonuxt-members-heroku プロジェクトを実行できるように設定する。

①と②ともに、nuxt.config.ts への追記です。リスト 9-8 の太字のコードを追記してください。

▼ **リスト 9-8** gihyonuxt-members-heroku/nuxt.config.ts

```
export default defineNuxtConfig({
  devtools: { enabled: true },
  nitro: {
    preset: "heroku",                                           ❶
    storage: {
      "redis": {
        driver: "redis",
        url: process.env.REDIS_URL                              ❷
      }
    }
  }
});
```

上記①と②に沿って、順に解説します。

①ビルド設定を Heroku 用に設定する。

リスト 9-8 の❶が該当します。こちらについては、9.3.6 項で解説した通りであり、Heroku の設定は、表 9-3 にある通り preset プロパティを **heroku** とします。

② Heroku Redis に接続できるようにする。

9.4.2 項末（p.323）で説明した通り、Heroku では Heroku Redis への接続情報を、URI 形式の環境 変数として提供しています。それを利用した設定が、リスト 9-8 の❷です。8.3.6 項（p.272）の解説通り、 Redis への接続設定については、**url** プロパティで設定することも可能です。それを利用し、環境変数から取 得します。Node.js には、環境変数を **process.env** で取得できる仕組みがあります。それに続けて、環境変 数名である REDIS_URL を記述する❷の設定で、問題なく環境変数の REDIS_URL を Redis の接続設定と して利用できます。

ただし、この状態のままだと、今度はローカルでのテストが行えなくなります。そこで、ローカルでは今ま で通り localhost に接続するような設定を別に行う必要が出てきます。これは、.env ファイルに環境変数 REDIS_URL を設定するだけです。実際に行いましょう。リスト 9-9 の .env ファイルを作成してください。

▼ **リスト 9-9** gihyonuxt-members-heroku/.env

```
REDIS_URL=redis://localhost:6379
```

Redis に接続するための URI は、次の書式となります。

Redis への接続 URI

```
redis://ユーザ名:パスワード@ホスト:ポート番号
```

　ローカル接続の場合は、ユーザ名もパスワードも不要なため、ホストとして localhost、ポート番号としてデフォルトの 6379 を適用し、リスト 9-9 の記述となります。

　この状態で、gihyonuxt-members-heroku を再起動し、これまで通りの動作となることを確認しておいてください。

.env.local

　これまでも何度か説明してきたように、.env は Git 管理対象外のファイルです。一方、4.6.6 項の Note（p.146）で説明した通り、.env.local のような拡張子を追加することで、Git 管理対象の .env ファイルとすることができます。ここで作成した .env ファイルは、OpenWeather の API キーとは違い、このプロジェクトに関わる全ユーザで共有した方がよいような内容を持ちます。すなわち、Git で管理した方よい .env ファイルといえます。そのため、ダウンロードサンプルでは、.env ではなく、.env.local としてリスト 9-9 の内容を含めています。

　最後に③の設定を行っておきましょう。これは、package.json への追記です。リスト 9-10 の太字の 1 行を追加してください。

▼ リスト 9-10　gihyonuxt-members-heroku/package.json

```
{
  "name": "nuxt-app",
  "private": true,
  "scripts": {
    ～省略～
    "postinstall": "nuxt prepare",
    "start": "node .output/server/index.mjs"
  },
  ～省略～
}
```

　Heroku では、Dyno にアプリケーションがデプロイされると、npm の build コマンドによって自動的にビルドが行われるようになっています。一方、ビルドされたアプリケーションの実行には **start** コマンドが利用されるようになっています。ところが、Nuxt アプリケーションには、デフォルトで start コマンドが設定されていません。そこで、ビルドされた Nuxt アプリケーションを、start コマンドによって実行するように設定する必要があります。そこで、8.1.2 項での解説を思い出してください。Nuxt アプリケーションの実行は、.output/server/index.mjs ファイルを node コマンドで実行することです。まさに、そのコードを設定しているのが、リスト 9-10 の太字の部分です。

　これで、全ての改造が終了しました。このプロジェクトを、そのまま GitHub のリポジトリとして作成してください。リポジトリ名も、プロジェクト名と同様の gihyonuxt-members-heroku、リポジトリの種類もプライベートでかまいません。

◎ 9.4.5 会員管理アプリの Heroku へのデプロイ

全ての準備が整いました。いよいよ最後の手順です。GitHub の gihyonuxt-members-heroku リポジトリを Heroku の Dyno と連携させて、デプロイを行いましょう。図 9-49 の Dyno のデプロイ設定画面に戻ってください。この画面の ［Deployment method］ セクションの ［GitHub］ をクリックしてください。最初は、9.2.3 項の Netlify 同様に GitHub と連携する画面が表示されるので、指示に従って連携を終えておいてください。連携が終わっていると、図 9-57 のような画面が表示されるので、検索ボックスにリポジトリ名である「gihyonuxt-members-heroku」を入力して ［Search］ ボタンをクリックしてください。

▼ 図 9-57　GitHub と連携後のデプロイ設定画面

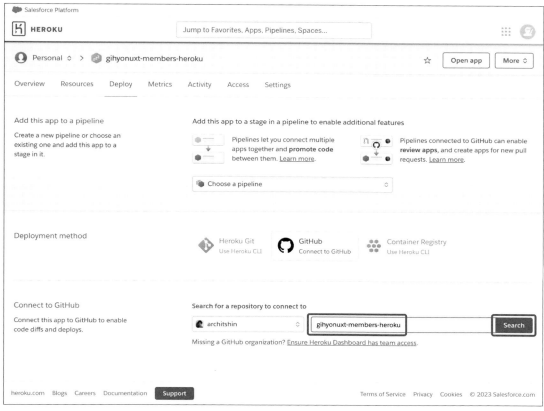

すると、図 9-58 のような検索結果が表示されるので、［Connect］ をクリックしてください。

▼ 図 9-58　検索結果として表示された gihyonuxt-members-heroku リポジトリ

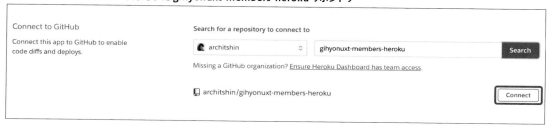

　すると、リポジトリとの連携が行われ、図 9-59 の画面が表示されます。画面下部の［Deploy Branch］を
クリックしてください。

▼ 図 9-59　gihyonuxt-members-heroku リポジトリとの連携が完了した画面

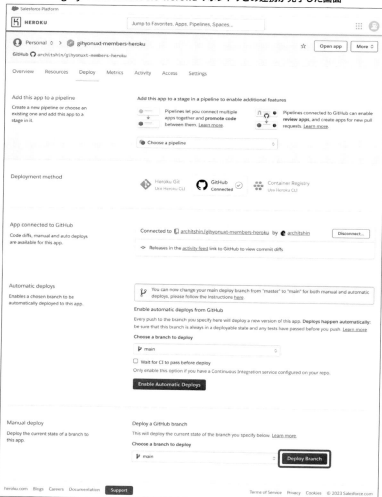

すると、図 9-60 のような画面に変わり、デプロイの進行状況がログとして確認できます。

▼ 図 9-60　デプロイが進行中の画面

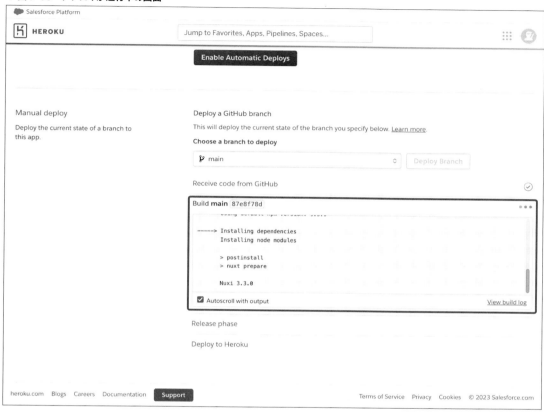

最終的にデプロイが完了すると、図 9-61 の画面へと変わります。

▼ 図 9-61　デプロイが完了した画面

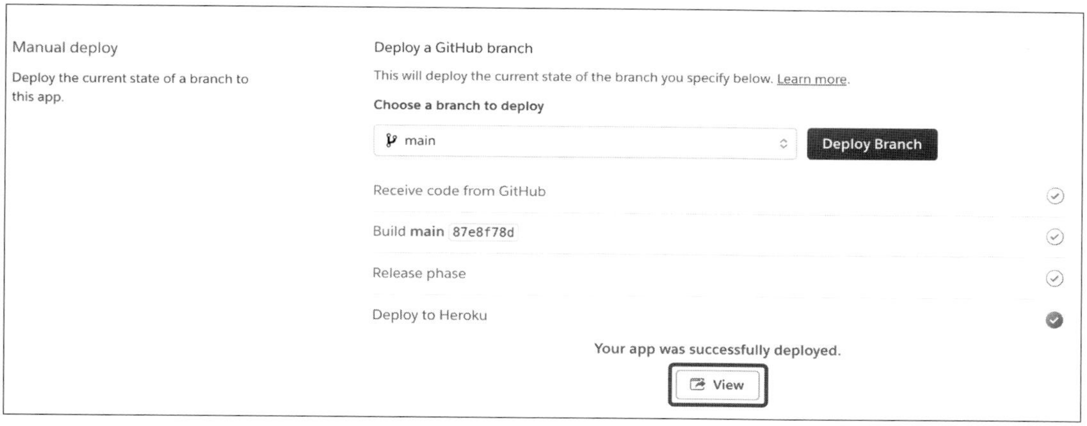

　この画面中の［View］ボタンをクリックしてください。図 9-62 の画面が表示され、無事 gihyonuxt-members-heroku プロジェクトが Heroku の Dyno 上で動作していることがわかります。もちろん、ログインも可能ですし、ログイン後の会員管理での会員登録も可能です。登録した会員情報は、Heroku Redis に保存され、Dyno を再起動しても問題なくデータが永続化されています。

▼ 図 9-62　Heroku 上で動作させた gihyonuxt-members-heroku の画面

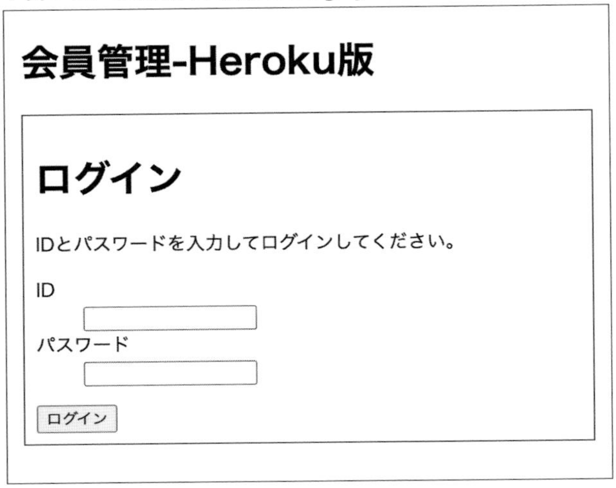

> # 会員管理-Heroku版
>
> ## ログイン
>
> IDとパスワードを入力してログインしてください。
>
> ID
>
> パスワード
>
> ログイン

NOTE

Heroku は有料

　Heroku は、AWS 同様に有料です。それは、図 9-51 の Heroku Data for Redis のプラン選択ダイアログからもわかります。もちろん、Dyno も有料です。しかも月額料金ですので、利用してもしなくても、Dyno とそのアドオンが存在する限り課金されてしまいます。本書で作成したような学習用の Dyno は、不要となったところで削除しておいた方がよいでしょう。

　これで、本書で紹介したい内容は全て終了しました。Nuxt アプリケーションの作り心地はいかがでしたか。本書を通じて、Nuxt アプリケーション作成の素晴らしさ、楽しさを味わっていただけたなら、これほど嬉しいことはありません。

付録 1　ネットワーク速度の変更

　第 4 章で紹介したような、サーバ API エンドポイントへアクセスするアプリケーションの動作確認を行う際、ある程度ネットワーク速度が遅い場合を想定した動作を再現したいことがあります。ブラウザの開発者モードには、ネットワーク速度を擬似的に調整できる機能があります。

　図 A-1 は、4.6 節で作成した composables プロジェクトで姫路市の天気を表示させた画面について、Chrome の開発者モードの**ネットワークタブ**を表示させたものです。この画面の名前欄を見ると、画面表示時に、確かに OpenWeather の Web API へのアクセスが発生していることが確認できます。

▼ 図 A-1　開発者モードのネットワークタブを表示させた画面

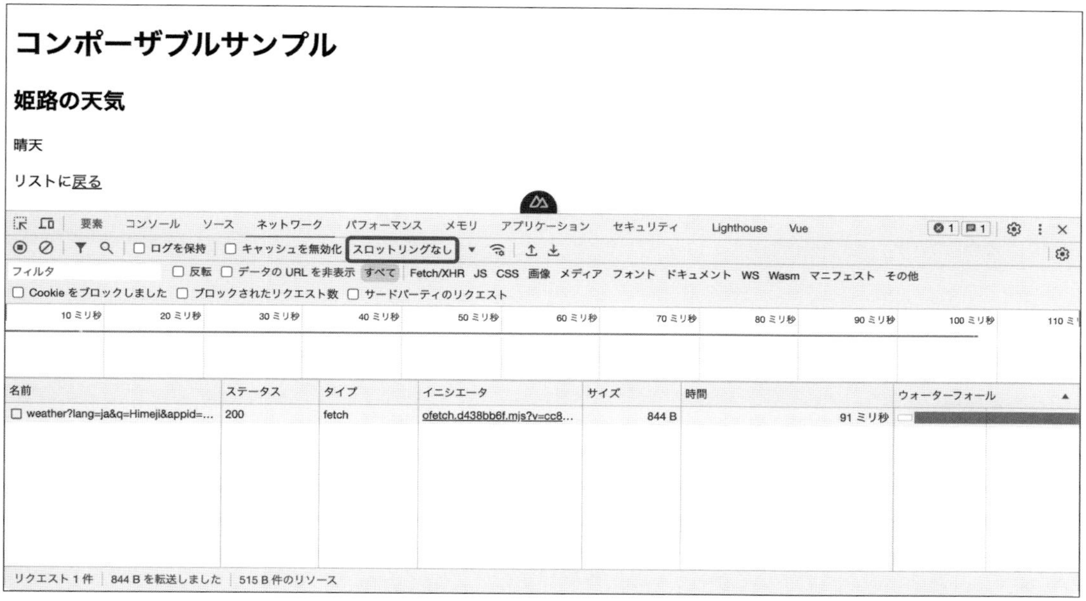

　この画面の［スロットリングなし］をクリックすると、図 A-2 のように、ドロップダウンリストが表示され、ネットワーク速度をエミュレートできます。

▼ 図 A-2 ［スロットリングなし］をクリックして表示されたドロップダウンリスト

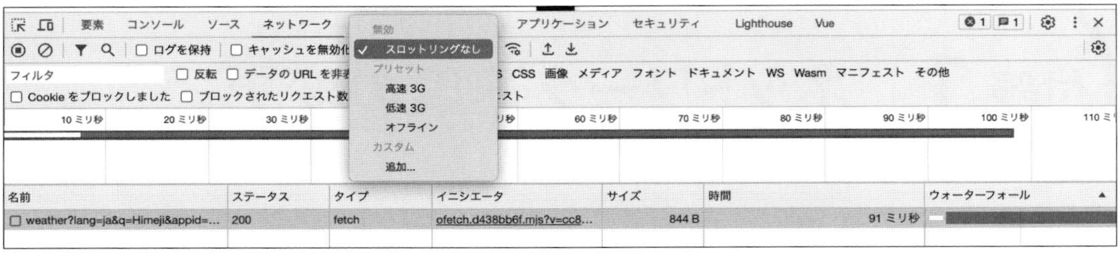

このうち、「スロットリングなし」は現在のネットワーク速度のままアクセスすることを意味しています。ここからリストにある「高速 3G」、「低速 3G」、「オフライン」を選択することで、それぞれのネットワーク速度を擬似的に再現します。さらに、「追加」を選択して表示される画面から、独自のネットワーク速度を設定することもできます。

このドロップダウンリストから試しに「低速 3G」を選択した上で、再度姫路市の天気の画面を表示させると、図 A-3 のようになります。

▼ 図 A-3 「低速 3G」で姫路市の天気の画面を表示させた際のネットワークタブの結果

図 A-1 では 91 ミリ秒だったアクセス時間が 2.04 秒に増えています。もちろん、この約 2 秒間の間、図 4-11（p.129）のような「データ取得中…」という画面が表示されることになります。

この開発者モードのネットワーク速度の変更機能を使うことで、開発環境ならば一瞬しか表示されないような画面でも、適切に表示されているかどうかの動作確認を行うことが可能となります。

Nuxt は、Vue をベースにしたフレームワークです。そして、その Vue の開発者支援ツールとして、**Vue Devtools**[*1] があります。Vue 開発者ならば必須のツールといえます。

Vue Devtools は、ブラウザの拡張機能として実現されています。図 A-4 は、Chrome のウェブストアにて「vue devtools」を検索した結果画面です。3 個の結果が表示されており、一番上が該当します。筆者の環境ではすでにインストール済みですので、「追加済」の帯がかかっていますが、追加済でない場合は、インストールします。

▼ **図 A-4　Chrome ウェブストアでの検索結果**

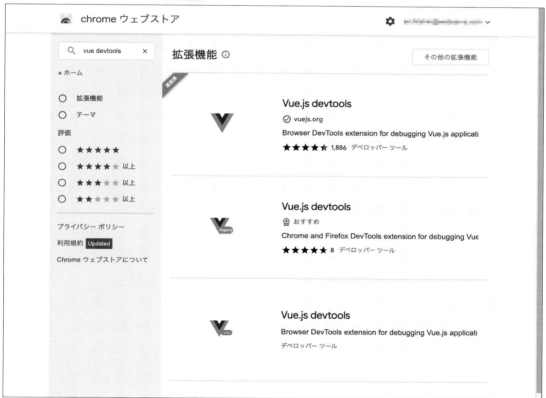

[*1]　https://devtools.vuejs.org/

　なお、真ん中のものは「legacy」という表記からもわかるように、旧バージョンの Vue 用の Devtools であり、現在は利用しません。また、一番下のものは「beta」という表記の通り、ベータ版です。

　この Vue Devtools のインストールが完了したら、ブラウザの開発者モードを表示させてください。図 A-5 のように ［Vue］というタブが増えています。このタブをクリックすることで、現在の画面の Vue に関するさまざまな情報が確認できるようになります。

▼ 図 A-5　Chrome の開発者モードの Vue タブをクリックして表示される画面

　図 A-5 では、Vue Devtools 内の ［Components］タブを表示させています。この画面は、タブ名の通り、現在の画面表示で利用されているコンポーネントの階層構造が表示されます。さらに、特定のコンポーネントをクリックすることで、そのコンポーネント内のリアクティブ変数などの構成要素も表示されます。

　また、［Timeline］タブをクリックすると、図 A-6 のような表示となります。ここからは、現在の画面が表示される際の各種イベントが確認できます。また、コンポーネントのライフサイクルイベントも含め、画面が表示されるにあたって各処理にどれくらいの時間がかかったかのパフォーマンス測定結果も表示されています。

▼ 図 A-6　Vue Devtools の Timeline タブ

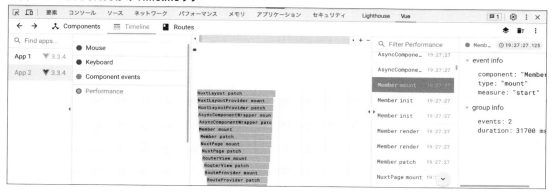

　[Routes] タブに関しては、画面遷移を伴う Vue/Nuxt アプリケーション、つまり、Vue Router を利用した場合に表示されます。そして、そのタブをクリックすると、図 A-7 のような表示になり、アプリケーション内でどのようなルーティング設定となっているのか、現在表示されているルートがどれか、などの情報を確認できます。

▼ 図 A-7　Vue Devtools の Routes タブ

　なお、本書では利用していませんが、ステート管理の Pinia を利用した場合は、図 A-8 のように [Pinia] タブも表示され、ステート管理状態を確認できるようになっています。

▼ 図 A-8　Vue Devtools の Pinia タブ

付録3 Nuxt Devtools

付録2で紹介したVue Devtoolsとは別に、Nuxt専用の開発者ツールとして**Nuxt Devtools**^{＊2}があります。このNuxt DevtoolsはNuxtアプリケーションに埋め込む形で利用し、Vue Devtoolsと併用できます。さらに、Nuxt用の開発者ツールというだけのことはあって、Vue Devtoolsでは参照できないNuxt専用のデータを参照することができます。

Nuxt Devtools のインストール

原稿執筆時点でのNuxtの最新バージョンである3.6では、プロジェクトを作成するだけで自動的にNuxt Devtoolsが組み込まれます。もし、手動で既存のプロジェクトに組み込む場合は、次のコマンドを実行してプロジェクトにモジュールを追加します。

```
npm install --save-dev @nuxt/devtools
```

その後、nuxt.config.tsに次の太字の1行を追記します。

```
export default defineNuxtConfig({
  devtools: {enabled: true}
})
```

Nuxt Devtools の利用

Nuxt Devtoolsが有効になると、Nuxtアプリケーションを起動した画面最下部に、図A-9のように アイコンが表示されます。

▼ 図 A-9　Nuxt Devtools が組み込まれた画面

Redis連携サンプル

ログイン

IDとパスワードを入力してログインしてください。

ID
[_____]

パスワード
[_____]

[ログイン]

＊2　https://devtools.nuxtjs.org/

　このアイコンをクリックすると、図 A-10 のようなモーダルウィンドウが表示されます。これが Nuxt Devtools の画面です。

▼ **図 A-10　Nuxt Devtools の画面が表示された状態**

　ここから、画面左側の各アイコンをクリックすることで表示内容が変わり、さまざまな情報が確認できます。図 A-10 では、このナビ部分はアイコンのみの表示ですが、画面を広げると、図 A-11 のように、アイコンとその名称も表示されます。

▼ **図 A-11　アイコンとナビ名が表示された Nuxt Devtools の画面**

付録

　これらのナビをクリックして表示される情報の概要を、表 A-1 にまとめておきます。なお、Nuxt Devtools はまだまだ発展途上であり、これらの内容はあくまで原稿執筆時点のものです。今後も変更される可能性が多々あることはご了承ください。

▼ 表 A-1　Nuxt Devtools のアイコンと表示される情報

アイコン	名称	内容
	Overview	プロジェクトの概要
	Pages	ルーティング情報
	Components	プロジェクト内のコンポーネント
	Imports	オートインポートの登録情報
	Modules	プロジェクト内のモジュール
	Plugins	プロジェクト内のプラグイン
	Runtime Configs	プロジェクトのランタイム設定
	Payload	データ情報
	Hooks	各フックイベントの実行時間
	Virtual Files	Nuxt によって生成されたファイル一覧
	Inspect	Vite による変換過程の参照
	VS Code	VS Code との連携

　以下、順にサンプル画面とともに簡単に補足解説を行っていきます。なお、VS Code との連携に関しては、VS Code Server のインストールが必要であり、本書の範囲を超えますので、割愛させていただきます。

Overview

　表 A-1 の最初の **Overview** 画面は、図 A-10 の画面です。これは、⚙ のアイコンをクリックしても表示されます。ここからは、プロジェクトで利用している Nuxt のバージョンやページ数、コンポーネント数、インポート数、モジュール数、利用プラグイン数など、まさに概要を確認できるようになっています。

Pages

アイコンをクリックすると、図 A-12 の **Pages** 画面が表示されます。この画面では、このプロジェクトのルーティング情報が確認できます。[Current route] には、現在表示されているページのルート情報が、[All Routes] には全てのルーティング情報が表示されています。

▼ **図 A-12　Nuxt Devtools の Pages 画面**

Components

アイコンをクリックすると、図 A-13 の **Components** 画面が表示されます。この画面では、プロジェクト内のコンポーネントが確認できます。図 A-13 では、コンポーネントを複数利用した第 2 章の state プロジェクトの画面を表示させています。

▼ **図 A-13　Nuxt Devtools の Components 画面**

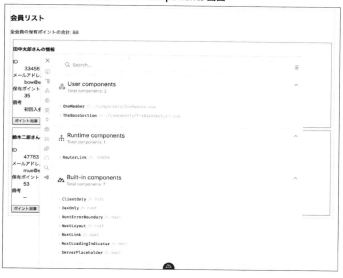

　この画面の通り、[User components]には、独自に作成したコンポーネントがリスト表示されます。このような独自コンポーネント以外にも、Nuxt内で元々利用されているコンポーネントも[Runtime components]や[Built-in components]として表示されています。

　また、右上の :≡ アイコンをクリックすると、図A-14の画面が表示され、コンポーネントの関連をグラフで表示してくれます。

▼ 図A-14　グラフ表示のComponents画面

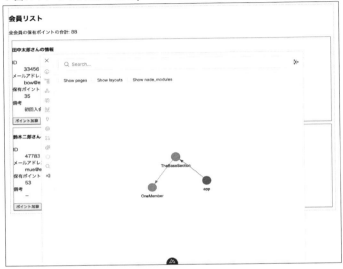

　上部にある[Show pages]チェックボックスにチェックを入れると、画面用コンポーネントが表示されます。同様に、[Show layouts]ではレイアウト用コンポーネントが、[Show node_modules]ではnode_modules内にあるコンポーネントが表示されます。図A-15は、第8章のredisプロジェクトに対して全てのチェックボックスにチェックを入れた状態の画面です。

▼ 図A-15　関連する全てのコンポーネントがグラフ表示されたComponents画面

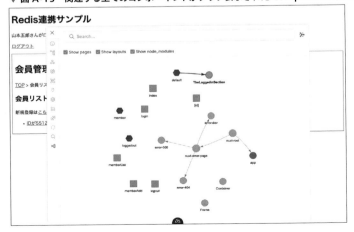

Imports

アイコンをクリックすると、図 A-16 の **Imports** 画面が表示されます。この画面では、このプロジェクト内のオートインポートの各コンポーザブルの利用状況が確認できます。黒文字で表示されているものが利用中のもので、グレーアウトしたものはオートインポートされてはいるが利用していないものです。

▼ **図 A-16　Nuxt Devtools の Imports 画面**

この画面の［Show used only］のスイッチをオンにすると、図 A-17 のように利用中のもののみが表示された画面になります。

▼ **図 A-17　利用中のもののみを表示した Imports 画面**

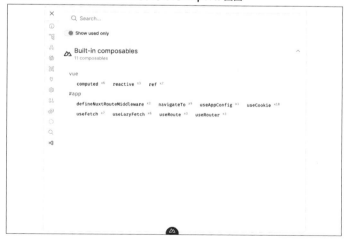

また、図 A-16 や図 A-17 は Nuxt であらかじめ用意したコンポーザブルのみしか表示されていませんが、第 4 章で作成した composables プロジェクトのように、独自のコンポーザブルがあるプロジェクトでは、図 A-18 のように［User composables］にそれらのコンポーザブルが表示されます。

▼ 図 A-18　独自のコンポーザブルも表示した Imports 画面

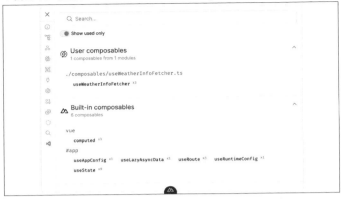

Modules

 アイコンをクリックすると、図 A-19 の **Modules** 画面が表示されます。本書のサンプルには、モジュールを追加して利用したものはありませんが、追加したプロジェクトがある場合は、ここにリスト表示されます。

▼ 図 A-19　Nuxt Devtools の Modules 画面

Plugins

 アイコンをクリックすると、図 A-20 の **Plugins** 画面が表示されます。本書のサンプルでは、モジュール同様にプラグインを追加して利用したものはありませんが、デフォルトで利用しているプラグインがあるため、図 A-20 ではそれらがリスト表示されています。

▼ A-20　Nuxt Devtools の Plugins 画面

Runtime Configs

⚙️ アイコンをクリックすると、図 A-21 の **Runtime Configs** 画面が表示されます。図 A-21 はランタイム設定を利用した第 4 章の composables プロジェクトの画面であり、このようにプロジェクト内部で利用されているランタイム設定情報が表示されます。

▼ 図 A-21　Nuxt Devtools の Runtime Configs 画面

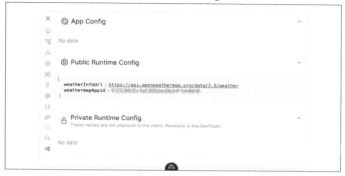

Payload

⠿ アイコンをクリックすると、図 A-22 の **Payload** 画面が表示されます。図 A-22 は、図 A-21 同様、第 4 章の composables プロジェクトの画面です。このプロジェクトでは、useState() によるステートの利用と、useAsyncData() によって取得したデータの両方が含まれています。そして、図 A-22 の通り、これら両方の内容が確認できるようになっているのが、この Payload 画面です。

▼ 図 A-22　Nuxt Devtools の Payload 画面

Hooks

🔲 アイコンをクリックすると、図 A-23 の **Hooks** 画面が表示されます。この画面では、ライフサイクルフックなどの各種フックが実行された処理時間が表示されており、画面表示のパフォーマンス改善に利用できます。

▼ 図 A-23　Nuxt Devtools の Hooks 画面

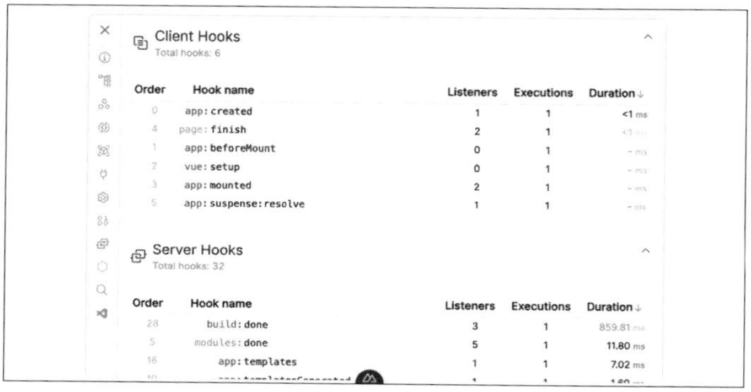

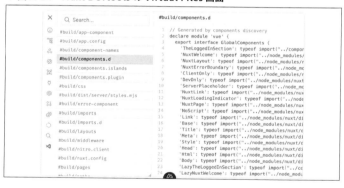

Virtual Files

⬡ アイコンをクリックすると、図 A-24 の **Virtual Files** 画面が表示されます。この画面では、Nuxt によっ
て生成されたファイル類がリスト表示されており、リストの各アイテムをクリックすることで、そのファイル内の
コードを確認することができます。

▼ 図 A-24　Nuxt Devtools の Virtual Files 画面

Inspect

🔍 アイコンをクリックすると、図 A-25 の **Inspect** 画面が表示されます。この画面では、コーディングした
各ファイル類が Vite によってどのように変換されているかの過程を確認することができます。

▼ 図 A-25　Nuxt Devtools の Inspect 画面

図 A-25 のリスト表示されている各ファイルをクリックすると、図 A-26 のような表示になり、コードがどのように変換されているのかを確認できます。

▼ 図 A-26　各ファイルの変換過程を確認できる Inspect 画面

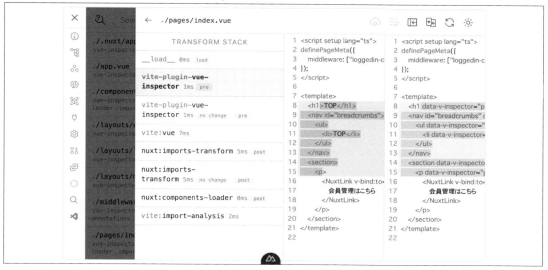

Index

■ 著者プロフィール

WINGS プロジェクト（https://wings.msn.to/）

有限会社 WINGS プロジェクトが運営する、テクニカル執筆コミュニティ（代表：山田祥寛）。主に Web 開発分野の書籍／記事執筆、翻訳、講演などを幅広く手がける。2023 年 8 月時点での登録メンバーは約 55 名で、現在も執筆メンバーを募集中。興味のある方は、どしどし応募頂きたい。著書、記事多数。

RSS：https://wings.msn.to/contents/rss.php

Facebook：facebook.com/WINGSProject

X（旧 Twitter）：@yyamada（公式）

齊藤 新三（さいとう しんぞう）

WINGS プロジェクト所属のテクニカルライター。Web 系製作会社のシステム部門、SI 会社を経てフリーランスとして独立。屋号は Sarva(サルヴァ)。Web システムの設計からプログラミング、さらには、Android 開発までこなす。HAL 大阪の非常勤講師を兼務。

主な著書：

『Vue 3 フロントエンド開発の教科書』（技術評論社）

『ゼロからわかる TypeScript 入門』（技術評論社）

『たった 1 日で基本が身に付く！ Java 超入門』（ 技術評論社 ）

『PHP マイクロフレームワーク Slim Web アプリケーション開発』（ソシム）

『これから学ぶ JavaScript』（インプレス）

『これから学ぶ HTML/CSS』（インプレス）

『Android アプリ開発の教科書』（ 翔泳社 ）

■ 監修プロフィール

山田 祥寛（やまだ よしひろ）

静岡県榛原町出身、一橋大学経済学部卒業後、NEC にてシステム企画業務に携わるが、2003 年 4 月に念願かなってフリーライターに転身. Microsoft MVP for Visual Studio and Development Technologies. 執筆コミュニティ「WINGS プロジェクト」の代表でもある。最近の活動内容は、著者サイト（https://wings.msn.to/）にて。

主な著書：

『改訂 3 版 JavaScript 本格入門』（技術評論社）

『Angular アプリケーションプログラミング』（技術評論社）

『3 ステップでしっかり学ぶ Python 入門』（技術評論社）

「独習シリーズ（Java・C#・Python・PHP・Ruby・ASP.NET など）」（翔泳社）

『はじめての Android アプリ開発』（秀和システム）

『書き込み式 SQL のドリル 改訂新版』（日経 BP）

「速習シリーズ（React、Vue、TypeScript、ASP.NET Core、Laravel など）」（Amazon Kindle）

カバーデザイン ◆ 菊池祐（株式会社ライラック）

本文デザイン ◆ 株式会社トップスタジオ

本文レイアウト ◆ 株式会社トップスタジオ

編集担当 ◆ 青木宏治

Nuxt 3
ナクスト
フロントエンド開発の教科書
かいはつ　きょうかしょ

2023 年 10 月 5 日　初　版　第 1 刷発行

著　者　WINGSプロジェクト　齊藤新三
　　　　ウイングス　　　　　　さいとうしんぞう
監修者　山田　祥寛
　　　　やまだ　よしひろ
発行者　片岡　巌
発行所　株式会社技術評論社
　　　　東京都新宿区市谷左内町 21-13
　　　　電話　03-3513-6150　販売促進部
　　　　　　　03-3513-6160　書籍編集部
印刷所　港北メディアサービス株式会社

定価はカバーに表示してあります

造本には細心の注意を払っておりますが、万一、乱丁（ページの乱れ）
や落丁（ページの抜け）がございましたら、小社販売促進部までお
送りください。送料小社負担にてお取り替えいたします。

ISBN978-4-297-13685-7　C3055

Printed in Japan

■ご質問について
本書の内容に関するご質問は、下記の宛先ま
で FAX か書面、もしくは弊社 Web サイトの
電子メールにてお送りください。お電話によ
るご質問、および本書に記載されている内容
以外のご質問には、いっさいお答えできませ
ん。あらかじめご了承ください。

宛先：〒 162-0846
東京都新宿区市谷左内町 21-13
株式会社技術評論社　書籍編集部
『Nuxt 3　フロントエンド開発の教科
書』係
FAX：03-3513-6167
Web：https://book.gihyo.jp/116

※ご質問の際に記載いただきました個人情報は、ご質問
の返答以外での目的には使用いたしません。回答後は
速やかに削除させていただきます。